ボクの LPC810 工作ノート

鈴木哲哉

Rutles

本書のサポートページ➔http://www.rutles.net/download/433/index.html

本書に掲載したソフトウェアを公開しています。
本書に説明の誤りや重大な誤植が見付かった場合はこちらでお知らせいたします。

ARMおよびCortexはARM Limitedの登録商標です。NXPおよびI²C-BusはNXP Semiconductorsの登録商標です。WindowsはMicrosoft Corporationの登録商標です。Linux は Linus Torvalds 氏の登録商標または商標です。ArduinoはArduino Teamの登録商標です。本書が記載する会社名、ロゴ、製品名などは一般に各社の登録商標または商標です。本文中には®、™、©マークを明記しておりません。

［はじめに］

　電子工作は技術的な好奇心が先に立つので、目標とする機能があり、その実現に向けて設計を練り、回路図が仕上がったら部品を揃えるという手順がしばしば逆になります。ボクは、しばしばどころかつねに逆で、散歩がてら電気街をうろつき、面白そうな部品が目に付いたら衝動買いし、どう動くのかを知るために、何を作ろうかと考えます。NXPのLPC810は、そんな風に出会って、目下、夢中になっているマイコンです。
　LPC810は今をときめくARM系ですが、その中では最弱とさえ評される、ちょっとした変わりダネです。パッケージは伝統的なオペアンプと同じDIP8ピンで、価格は、もしかすると伝統的なオペアンプを下回るかも知れません。中身は紛れもなく32ビットの構造ですから、プログラムを書くときの気分は最高です。つまり、面白くて安くてブレッドボードに組み立てられる、電子工作に打って付けのマイコンなわけです。
　この「曲がりなりにもARM系」をOSの助けなしでちゃんと動かせるだろうかという不安はあたりません。たとえ幾多の困難が待ち構えていようとも、電源関係を除いてたった6本のピンの話です。たぶんうまくいきますし、むしろ、ちゃんと動いたら「曲がりなりにもARM系」をモノにした感動が得られます。ボクはこれまでいくたびとなくそれを味わってきました。できればみなさんにも味わってほしいと思っています。
　本書は、そんな願いを込めて、ボクが最初のLPC810を衝動買いしてからこのかた熱い想いで取り組んできた電子工作の成果を紹介するものです。手当たり次第に何でもやったので、LPC810が備える機能を網羅していますし、みなさんの関心がどこを向いていてもたくさんの参考になる事例があると思います。そして、気に入ってもらえたら同じ働きが再現できるよう、全部の製作物に回路図、配線図、部品表を掲載しました。
　誠に都合のいい解釈で恐縮ですが、ボクが楽しければみなさんも楽しいはずだと考えています。趣味を同じくする人が顔を合わせたときのように、設計上の愉快な試みを語り、製作上の事務的な説明はさっさとすませ、完成したら得意げに実測値を示し、ここを見てほしいというところの写真を撮りました。そんな紙面を通じ、電子工作の工程やうまく動いたときの達成感を、みなさんと共有できたらとても嬉しいことです。

著者しるす

［目次］

［第1章］Fundamental Theory
基礎構築編——— 9

⑩ それぞれのゴールへ向けて突っ走る

開発環境⇒12 ―［PLUS⊕ONE］プログラム書き込み装置の製作
12	電子工作の基本方針
15	開発環境の整備
18	プロジェクトの取り扱い
20	書き込み装置の製作
24	プログラムの書き込み

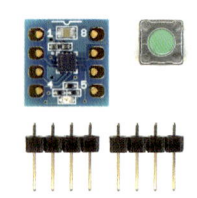

開発装置⇒26 ―［PLUS⊕ONE］非同期シリアルハンドラの制作
26	スイッチマトリクスの操作
29	非同期シリアルの制御
32	文字列の書式制御
36	非同期シリアルと書式制御のテスト

LEDの点滅⇒40 ―［PLUS⊕ONE］MRTハンドラの制作
40	LEDを点滅させる回路
42	SysTickタイマとスリープ
44	MRTの構造
46	MRTの制御
50	MRTを使ったLEDの点滅
52	パワーダウンとWKT
54	パワーダウンを使ったLEDの点滅
56	電力制御の効果

大気圧計⇒58 ―［PLUS⊕ONE］I²Cマスタハンドラの制作
58	大気圧計の試作
61	I²Cマスタの制御
64	LPS25Hの内部構造
66	LPS25Hの制御
68	大気圧計のテスト

温湿度計 ⇒ 72 ― [PLUS ⊕ ONE] ひねくれたスレーブの取り扱い

- 72 | 温湿度計の試作
- 75 | AM2321 の内部構造
- 77 | AM2321 の制御
- 79 | 温湿度計のテスト

LCD 表示装置 ⇒ 82 ― [PLUS ⊕ ONE] AQM0802A ハンドラの制作

- 82 | LCD 表示装置の試作
- 85 | AQM0802A の内部構造
- 87 | AQM0802A の制御
- 90 | LCD 表示装置のテスト

気象観測装置 ⇒ 92 ― [PLUS ⊕ ONE] フラッシュメモリを使い切る

- 92 | 気象観測装置の概要
- 94 | 気象観測装置の設計と製作
- 96 | 気象観測装置のテスト

[第2章] Distributed Computing
分散処理編 ―― 101

102 脇役の立場で得意な仕事に専念する

周波数カウンタ ⇒ 104 ― [PLUS ⊕ ONE] I²C スレーブハンドラの制作

- 104 | 周波数カウンタの概要
- 105 | 周波数カウンタの設計と製作
- 107 | I²C スレーブの制御
- 111 | 周波数カウンタのプログラム

方形波発振器 ⇒ 114 ― [PLUS ⊕ ONE] 汎用ポートの高度な制御

- 114 | 方形波発振器の概要
- 116 | 方形波発振器の設計
- 118 | 方形波発振器の製作
- 120 | 方形波発振器のプログラム
- 123 | 方形波発振器のテスト

LPC810親機 ➲ 124 ― [PLUS ⊕ ONE] 周波数カウンタのテスト

124	LPC810親機の概要
125	LPC810親機の設計と製作
127	LPC810親機のプログラム
130	LPC810親機のテスト

精密温度計 ➲ 132 ― [PLUS ⊕ ONE] 抵抗値計の製作

132	抵抗値計の製作
134	精密温度計の製作
139	温度 – 周波数対照表の作成
141	精密温度計のプログラム
144	精密温度計のテスト

Linuxで分散処理 ➲ 146 ― [PLUS ⊕ ONE] 理想的な精密温度計の製作

146	BeagleBone Blackの接続
148	精密温度計のLinux版プログラム
151	精密温度計のテスト

超音波距離計 ➲ 154 ― [PLUS ⊕ ONE] LPC810親機で分散処理

154	超音波距離計の概要
156	超音波距離計の動作原理
158	超音波距離計の設計と製作
160	超音波距離計のプログラム
164	超音波距離計のテスト

Arduinoで分散処理 ➲ 168 ― [PLUS ⊕ ONE] 理想的な超音波距離計の製作

168	Arduino Unoの接続
170	超音波距離計のスケッチ
172	閾値の自動調整のテスト

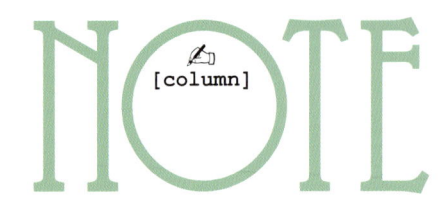

NOTE [column]

【コラム】
動作クロックは腹八分目の設定 ― 39
得手に帆を揚ぐ幻の精密湿度計 ― 153
ブレッドボードは刹那の芸術 ― 225
小学校で習わない電気のあとひとつ ― 289

[第3章] Practical Application
実践応用編 —— 173

174 普通の仕事を全力で頑張ってみる

指先脈拍計 ➡ 176 ― [PLUS ⊕ ONE] SCTの高度な制御
176	指先脈拍計の概要
178	指先脈拍計の設計と製作
181	脈拍を数える仕組み
182	指先脈拍計のプログラム
185	指先脈拍計のテスト

リモコン解析機 ➡ 188 ― [PLUS ⊕ ONE] リモコンハンドラの制作
188	リモコン解析機の概要
190	リモコン解析機の設計と製作
192	リモコンの制御
202	リモコン解析機のプログラム
206	リモコン解析機のテスト

リモコンサーボ ➡ 208 ― [PLUS ⊕ ONE] サーボモータの制御
208	リモコンサーボの概要
210	リモコンサーボの設計と製作
212	リモコンサーボのプログラム
215	リモコンサーボのテスト

傾き検出器 ➡ 216 ― [PLUS ⊕ ONE] ADXL345ハンドラの制作
216	傾き検出器の概要
217	傾き検出器の設計と製作
218	ADXL345の内部構造
220	ADXL345の制御
222	傾き検出器のプログラム
224	傾き検出器のテスト

水平維持装置 ➡ 226 ― [PLUS ⊕ ONE] 直流モータとモータドライバ
226	水平維持装置の概要
227	水平維持装置の設計
230	水平維持装置の製作
233	水平維持装置のプログラム
236	水平維持装置のテスト

[第4章] Mission Impossible
無理難題編——— 237

238 妥当な範囲でギリギリの無理をする

数値表示装置 ➡ 240 ─ [PLUS ⊕ ONE] ピン数の不足を克服する
- 240 数値表示装置の概要
- 242 数値表示装置の設計と製作
- 244 数値表示装置のプログラム

昇圧型電源 ➡ 248 ─ [PLUS ⊕ ONE] 電圧の不足を克服する
- 248 昇圧型電源の概要
- 250 昇圧型電源の設計と製作
- 252 昇圧型電源のプログラム
- 255 昇圧型電源のテスト

カラー LED 基板 ➡ 258 ─ [PLUS ⊕ ONE] 速度の不足を克服する
- 258 カラー LED 基板の概要
- 260 カラー LED 基板の設計と製作
- 262 PL9823-F5 の制御
- 266 カラー LED 基板のプログラム
- 268 カラー LED 基板のテスト

AD 変換器 ➡ 270 ─ [PLUS ⊕ ONE] 電圧を読めない弱点を克服する
- 270 AD 変換器の動作原理
- 272 AD 変換器の設計と製作
- 274 AD 変換器のプログラム
- 278 電圧計のプログラム
- 280 電圧計のテスト

微小電圧出力機 ➡ 282 ─ [PLUS ⊕ ONE] LPC810 でアナログの弱点を克服する
- 282 微小電圧出力機の概要
- 284 微小電圧出力機の設計と製作
- 286 AD 変換器のテスト

索引 ➡ 290

chapter1

[第1章]
基礎構築編

Fundamental Theory

それぞれのゴールへ向けて突っ走る

マイコンは使いみちを確定しないままお店に並ぶ半完成品です。LPC810の使いみちは、買った人が実物を手にして、ためつすがめつ考えます。本書は普通こう使うという話をしますが、どう使おうと自由です。それぞれのゴールに向かい、突っ走ってください。しかし、スタート地点はみんな一緒です。とりあえずやることも同じです。ここでは普通こう始めるという話をしますから、できればそのとおりに始めてください。

まず、プログラムの開発環境を整備します。好き嫌いはあるでしょうが、奇抜な開発環境で自己主張することは得策といえません。みんながやっているようにやるほうが、困ったとき助けを求めたり、作ったプログラムを自慢したりするのに好都合です。無難なセンで、標準のIDE、純正のライブラリ、よく知られた書き込みソフトを選びました。ほかに書き込み装置が必要で、これは、本書が紹介する最初の製作物となります。

通例にしたがい、次にLEDの点滅をやります。成功したら、開発環境が整い、書き込み装置が完成したと判断できます。たいていうまくいく退屈な作業なので、ちょっとした試みを加えました。LEDが消灯している期間、電力制御を徹底し、消費電流を極小に抑えます。やりかたを工夫してプログラムを書き直すと電流計の数字がグッと小さくなったりして何だか痛快です。電流計を見なければ、よくあるLEDの点滅です。

ここから、電子工作の本番です。さしあたりLPC810をI^2Cのマスタの立場で動かし、スレーブとして動作するいろいろな部品をつなぎます。スレーブが優秀であれば、マスタは難なく目的の働きを実現します。したがって、当面は連戦連勝ですが、それで満足してはいけません。LPC810は、どちらかというとI^2Cのスレーブの立場で動かしたとき真価を発揮します。どういうスレーブが使いやすいか、体に記憶してください。

設計の理屈と並行して製作の技術も電子工作の楽しみな要素です。動けばいいだろうという感じの行き当たりばったりの配線は、動かなかったとき原因を突き止めるのに苦労します。製作例は事前に配線を練り上げ、配線図を描いてから製作しています。この過程を面白いと感じられるのがツウですが、すでに配線図があるので、ツウには申し訳なく思います。ハンダ付けや部品の脚の加工などで腕前を見せてください。

それぞれのゴールへ向けて突っ走る

chapter1

開発環境

PLUS ⊕ ONE──プログラム書き込み装置の製作

［第1章］
基礎構築編
Fundamental Theory

⊕ 電子工作の基本方針

　NXPのLPC810は、ARMのCortex-M0+を組み込んだ、いわゆるARM系の32ビットマイコンです。CPU、割り込み制御、SysTickタイマ、汎用ポートはARMの設計で、同じCortex-M0+を組み込んだ各社のマイコンと共通です。それ以外はNXPが設計した独自の機能で、大部分の入出力はピンをプログラムで決められる特徴をもちます。

　LPC810の外観と主要な仕様を下に示します。要点は、盛りだくさんの機能、控えめなメモリ、平凡すぎるパッケージです。せっかくのARM系ですが、メモリとピン数の制約で、全部の機能をいっぺんに動かすことができません。さしあたり単体では一芸に徹し、いずれ複数の製作物を組み合わせて多芸な装置にまとめようと思います。

● LPC810の外観と主要な仕様

項目	仕様
CPU	ARM Cortex-M0+、最高30MHz/標準24MHz、精度±1%クロック生成器内蔵
メモリ	フラッシュメモリ4Kバイト、RAM1Kバイト、ROM8Kバイト
ROM API	自己書き込み機能(ISP)、クロック生成、非同期シリアル制御、I²C制御
汎用ポート	最大6本。入力/出力、プルアップ/ダウン、オープンドレイン設定可能
タイマ	SysTickタイマ、MRT×4、SCT、WKT、WDT
通信機能	非同期シリアル×2、I²C、SPI
アナログ機能	コンパレータ、電源電圧32段階分圧機能、定電圧源0.9V
電源仕様	動作電圧1.8V～3.6V、消費電流2.2mA (3.3V/24MHz)、電力制御可能

●製作例でよく使うブレッドボードとユニバーサル基板

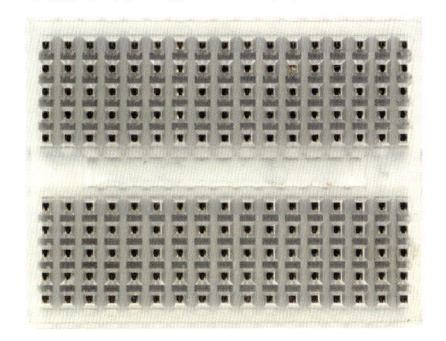

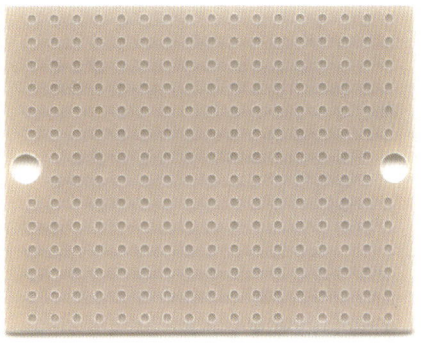

　LPC810はピン間隔が0.1インチなので、回路をブレッドボードやユニバーサル基板に組み立てることができます。製作例でよく使う製品を上に示します。ブレッドボードは電気街で手に入る最小のサイズです。ユニバーサル基板は、普通、最小のサイズで間に合いますが、気合いの入った製作物だともうひと回り大きなサイズを使います。
　ユニバーサル基板の製作物は、下に示すとおり、LPC810の両側にピンソケットを取り付け、外部との配線、テスト、電気的特性の実測などさまざまに利用します。外部との配線は、ブレッドボードと同様、ジャンパワイヤです。こうして、ブレッドボードに準ずる融通性を確保しつつ、込み入った回路を高密度で実装します。

●ユニバーサル基板に組み立てた製作物の例

1─開発環境

●複数の製作物をアクリル板に固定した例

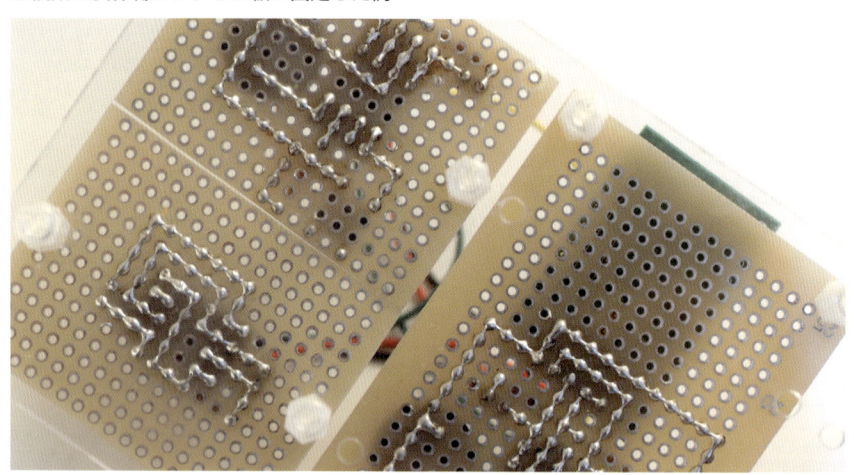

　製作のレベルが上がると複数の製作物を組み合わせて動かす例が増えます。製作物どうしが妙な具合に触れ合うとショートしますから、上に示すとおり、穴を開けたアクリル板に固定します。裏側の配線が見えるよう透明のアクリル板を使い、穴を多めに開けて大小のユニバーサル基板を組み合わせて取り付けられるようにしています。

　複数の製作物はI^2Cで連携します。I^2Cはマイコンの標準的な通信手段なので、下に示すとおり既成のマイコンボードと連携させることもできます。とりわけBeagleBone Blackなどの高性能なマイコンボードと組み合わせたとき双方が最高にいい仕事をします。LPC810は本書の主役ですが、性格的には脇役で持ち味を発揮するタイプです。

●I^2CでBeagleBone Blackと接続した例

⊕ **開発環境の整備**

　プログラムはパソコンの開発環境で開発します。実例の開発環境は下に示すソフトウェアで構成しています。一般的なOS、標準のIDE、純正のライブラリ、よく知られた書き込みソフトですから、主張のない無難な開発環境になります。ほかに書き込み装置が必要で、これは本書の最初の製作物として、ゆくゆく自作することにします。

●開発環境を構成するソフトウェア

構成	ソフトウェア	実例で使用したバージョン[注]
OS	Windows	8.1
IDE	LPCXpresso IDE	v7.6.2 for Windows Free Edition
ライブラリ	LPCOpen (lpc_chip_8xx)	v2.15 LPCXpresso LPC812 board用
書き込みソフト	Flash Magic	Version 8.9.6

[注] 画面表示例の一部は旧バージョンですが当該バージョンで動作確認ずみです

　開発系のソフトウェアはOSのユーザー名（ローカルアカウント）が日本語だと問題を起こしがちです。実例の開発環境も、LPCXpresso IDEが一部のファイルを見失います。もしユーザー名が日本語だったら、下に示すとおり、もうひとつ英語のユーザー名を追加してください。開発にあたっては、このユーザー名でログインします。

●ユーザー名を追加する操作の画面表示例

開発の作業は、ソースの記述からHEXファイルの生成まで、LPCXpresso IDEで行います。作業中の画面表示例を下に示します。LPCXpresso IDEは同ホームページで配布されています。ダウンロード、インストール、無償で利用できるアクティベーションの方法は、しばしば変更されるので、同ホームページの説明にしたがってください。

●LPCXpresso IDEの画面表示例

プロジェクトエクスプローラ
プロジェクトとファイルの操作をする領域

エディタ
ファイルの編集をする領域

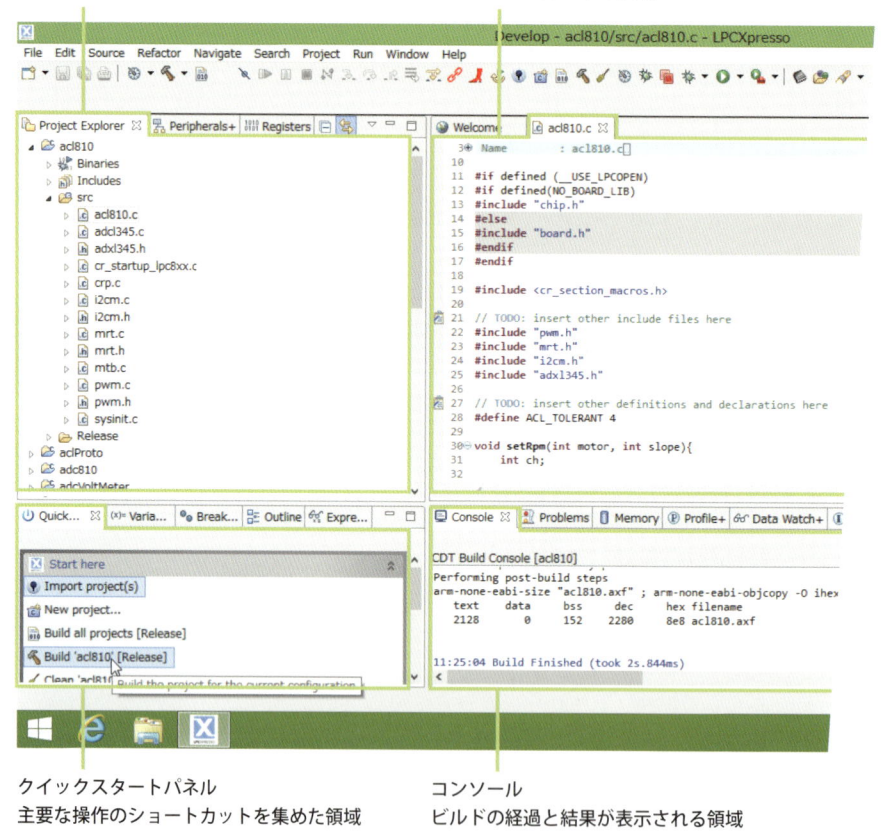

クイックスタートパネル
主要な操作のショートカットを集めた領域

コンソール
ビルドの経過と結果が表示される領域

LPCXpressoホームページ⤷http://www.lpcware.com/lpcxpresso/download

　ソースの記述に一般性をもたせるため純正のライブラリを使います。ライブラリはlpc_chip_8xxという名前のプロジェクトです。lpc_chip_8xxは製作例のプロジェクトとあわせてZIP形式にまとめ、本書のサポートページで配布します。配布ファイルをダウンロードし、ZIP形式のまま、右に示す手順でインポートしてください。

●プロジェクトをインポートする手順

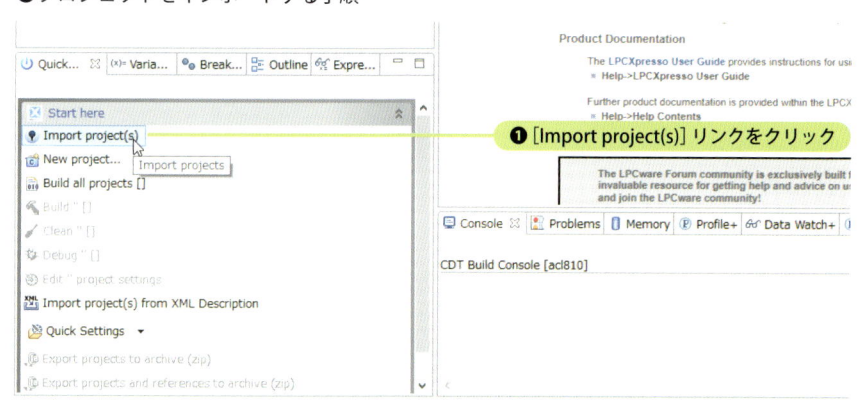

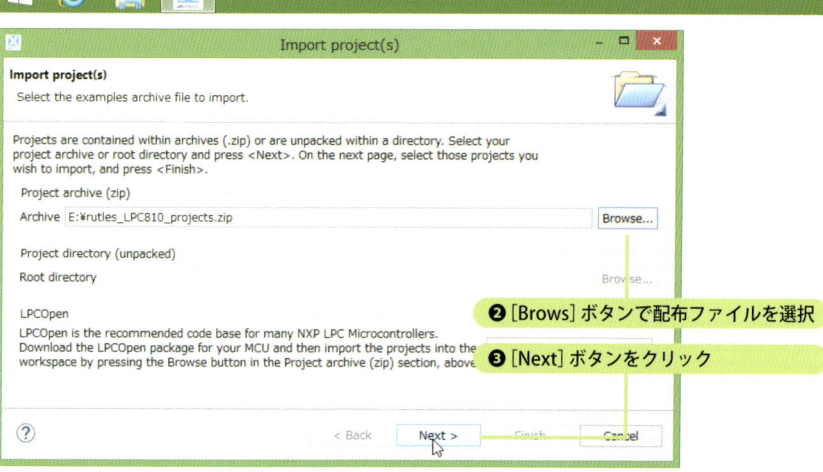

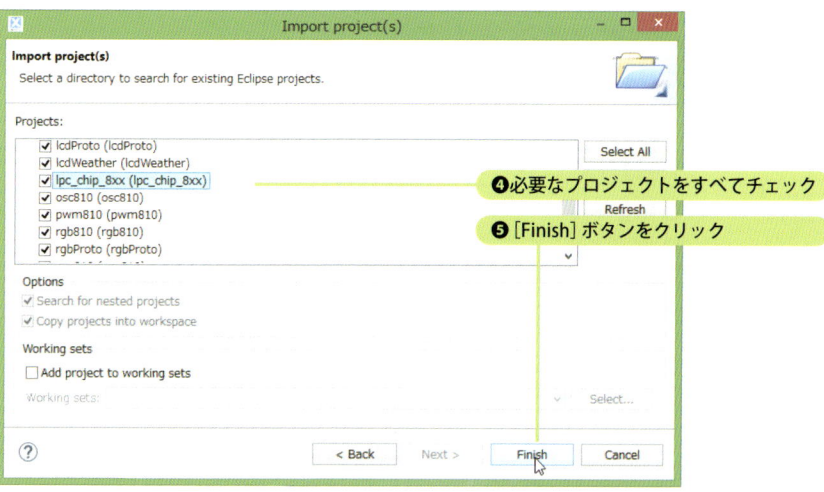

❶ [Import project(s)] リンクをクリック

❷ [Brows] ボタンで配布ファイルを選択

❸ [Next] ボタンをクリック

❹ 必要なプロジェクトをすべてチェック

❺ [Finish] ボタンをクリック

1―開発環境　　　　17

⊕ プロジェクトの取り扱い

　プロジェクトを新規作成する場合、マイコンの選択、ライブラリの指定、プログラムをHEXファイルに書き出す指示など、細ごまとした設定が必要です。煩雑な操作を避けるため、配布ファイルに設定ずみの空のプロジェクトtemplateがあります。新規作成するかわりにtemplateをインポートし、下に示す手順で名前を変更してください。

●プロジェクトの名前を変更する手順

❶プロジェクトを右クリック
❷Renameを選択
❸新しい名前を入力
❹[OK]ボタンをクリック

　ビルド設定の初期値は、やや冗長なプログラムになるDebugです。製作例の一部のプロジェクトは、この設定だとプログラムがLPC810の控えめなメモリからあふれます。右に示す手順でReleaseに変更し、最適化する必要があります。（[Ctrl]＋[a]などで）全部のプロジェクトを選択してこの操作をすると、全部まとめて変更できます。

●ビルド設定を変更する手順

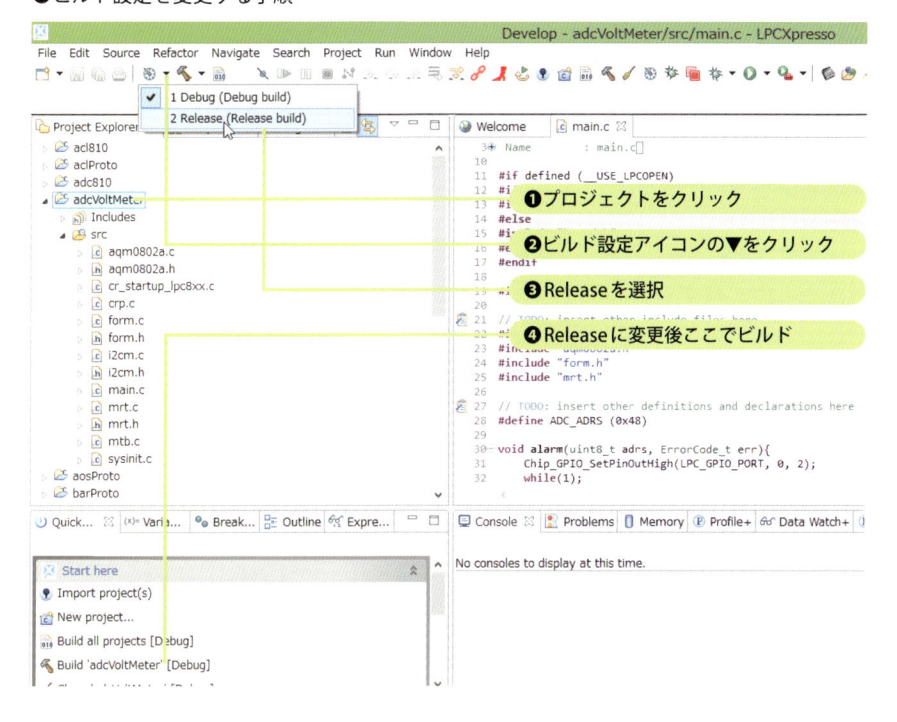

```
1 Debug (Debug build)
2 Release (Release build)
```

❶プロジェクトをクリック
❷ビルド設定アイコンの▼をクリック
❸Release を選択
❹Release に変更後ここでビルド

　ReleaseでビルドしたプログラムはプロジェクトのReleaseフォルダにHEXファイルで保存されます。のちほど、これをFlashMagicで開きます。LPCXpresso IDEのワークスペースが初期値の設定だと、HEXファイルはFlashMagicから見て下に示す位置にあります。ファイル名はプロジェクト名と同じで、拡張子は.hexです。

●HEXファイルの物理的な位置

ドキュメント
　LPCXpresso_《バージョン》
　　workspace
　　　《プロジェクト》
　　　　Release
　　　　　《プロジェクト》.hex
　　　　　HEXファイル

1―開発環境

⊕ 書き込み装置の製作

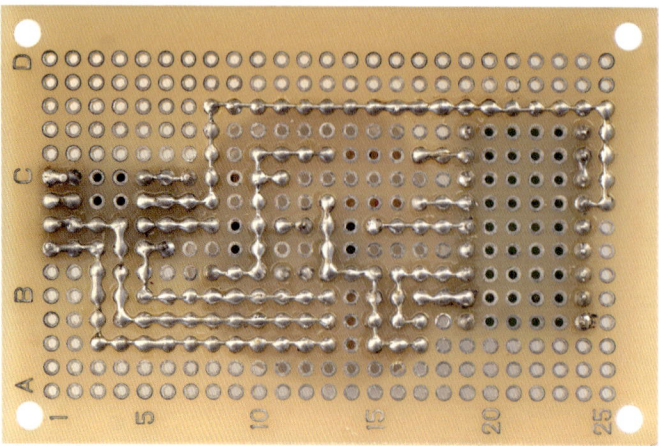

　プログラムはFlashMagicと書き込み装置でLPC810に書き込みます。LPC810はリセットが解除された時点で5番ピンが0だとISPモードに切り替わり、非同期シリアルを使って自ら書き込みの動作をします。そのため書き込み装置にさほど多くの働きが要求されず、下に示すとおり、少数の比較的単純な部品で自作することができます。

　書き込み装置とパソコンは非同期シリアルで接続します。製作例はこの部分にUSB-非同期シリアル変換モジュールを使い、電源もUSBからとっています。ISPモードと標準モードは、原則、FlashMagicが自動で切り替えます。ただし、この仕組みがうまく機能しない状況が考えられるため、手動切り替え用のタクトスイッチもあります。

●書き込み装置の製作例

FlashMagic GUI and Command Line Manualによると、FlashMagicは非同期シリアルのDTRとRTSを書き込みの最初と最後で下に示すとおり動かします。ですから、DTRをLPC810のリセットピン、RTSを5番ピンに接続しておくと、自動でISPモードへ切り替えてプログラムを書き込み、そのあと標準モードへ戻して実行します。

●FlashMagicのDTR/RTS制御

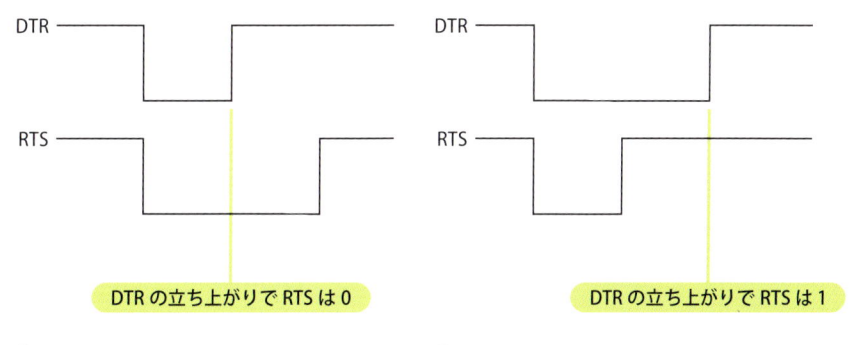

DTRの立ち上がりでRTSは0

DTRの立ち上がりでRTSは1

⦿最初（Start of ISP operation）　　⦿最後（End of ISP operation）

　書き込み装置の回路を下に示します。これでFlashMagicの全部の機能に対応します。書き込んだプログラムはすぐさま実行されるため、ことによってはLPC810が書き込み装置の中で傍若無人な振る舞いに及ぶかもしれません。最悪の動きかたをした場合でもショートだけは起こさないよう、危ないピンに抵抗を入れてあります。

●書き込み装置の回路

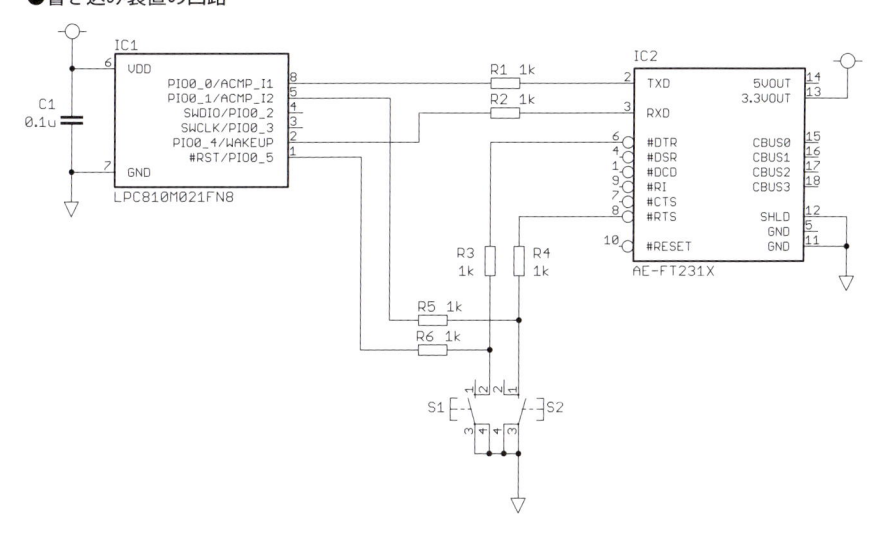

1―開発環境

配線図と部品表を下に示します。USB-非同期シリアル変換モジュールはUSBケーブルに引っ張られてガタつく恐れがありますから、ユニバーサル基板に直接しっかりハンダ付けします。タクトスイッチは脚の間隔がユニバーサル基板の穴と微妙にズレていますが、かまわず力任せに押し込んで、浮き上がらないうちにハンダ付けします。

●配線図と部品表

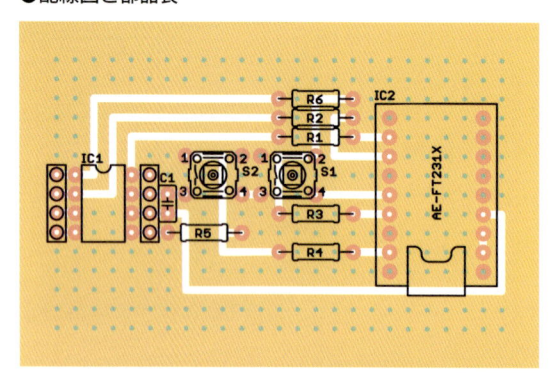

⇐部品面

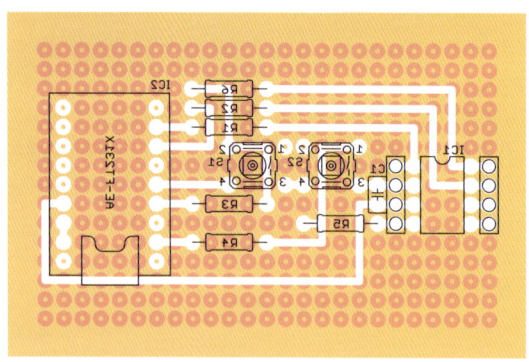

⇐ハンダ面

部品番号	仕様	数量	備考
IC1	LPC810M021FN8	1	マイコン
IC2	AE-FT231X（秋月電子通商）	1	USB-非同期シリアル変換モジュール
R1～R6	1kΩ	6	1/4Wカーボン抵抗
C1	0.1μF	1	積層セラミックコンデンサ
S1、S2	タクトスイッチ	2	製作例はDTS-6（Cosland）の黒と橙
―	DIP8ピンICソケット	1	製作例は2227-8-3（Neltron）
―	4ピン1列ピンソケット	2	42ピン1列ピンソケットをカットして使用
―	ユニバーサル基板	1	製作例はCタイプ（秋月電子通商）

LPC810はたびたび抜き挿しするので本来ならゼロプレッシャソケットを使うところです。しかし、8ピンのゼロプレッシャソケットが見付からず、止むなく普通のICソケットで代用しました。その両側に取り付ける4ピンのピンソケットも意外と入手が困難です。製作例は下に示す42ピンのピンソケットをカットして使っています。

●カットして使えるピンソケットの例

　本物の非同期シリアルのかわりにUSB-非同期シリアル変換モジュールを使ったので、パソコンにドライバが必要です。Windows8.1はドライバを自動でインストールします。通信には仮想ポートを使います。デバイス名は、下に示すとおり、デバイスマネージャー（[■]+[x]→[m]で開きます）の「ポート（COMとLPT）」欄に表示されます。

●デバイスマネージャーで仮想ポートを表示した例

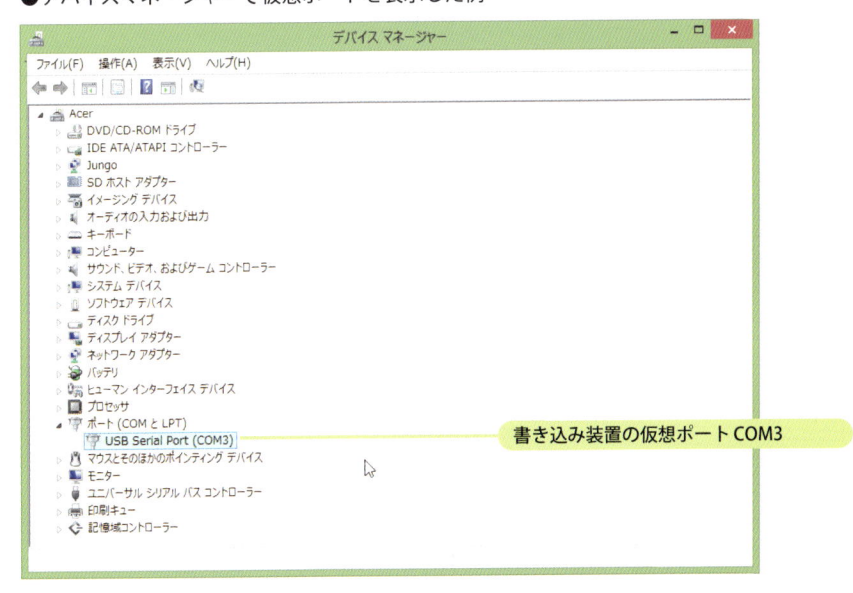

書き込み装置の仮想ポートCOM3

1―開発環境

23

デバイスマネージャーに複数の仮想ポートがある場合、その中から書き込み装置を特定する方法はありません。あえていえば、デバイスマネージャーを開いたままUSBケーブルを抜き挿しして、消えたり現れたりするものが書き込み装置です。もっと穏やかにやりたければ、直感でどれかを選び、通信してみて、失敗したらやり直します。

⊕ プログラムの書き込み

FlashMagicは同ホームページで配布されています。ユーザー登録やアクティベーションの必要はなく、また、使用目的が非商用なら無償です。最少の設定による最短の書き込み手順を下に示します。設定は記憶されるので、次回、同じ名前のプログラムを修正して書き直すとしたら、ただ[Start]ボタンをクリックするだけです。

●FlashMagicによる書き込みの手順

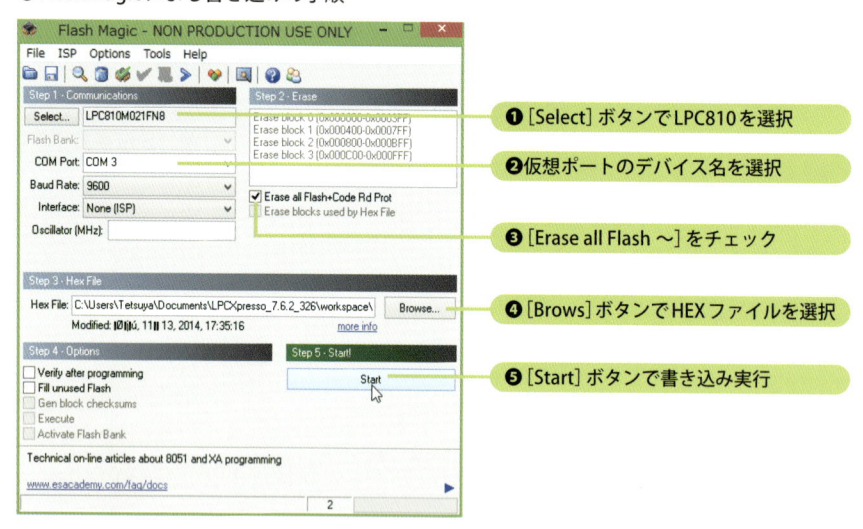

❶[Select]ボタンでLPC810を選択
❷仮想ポートのデバイス名を選択
❸[Erase all Flash 〜]をチェック
❹[Brows]ボタンでHEXファイルを選択
❺[Start]ボタンで書き込み実行

FlashMagicホームページ→http://www.flashmagictool.com/

　LPC810はプログラムでリセットピンの役割をかえられます。LPC810にそういうプログラムが書き込まれているとISPモードに切り替わらなくて書き込みに失敗します。その場合、応急措置としてLPC810の5番ピンのタクトスイッチ（S2）を押した状態でパソコンと接続し、書き込みが終わるまで押し続けます。この様子を右に示します。

●リセットピンが働かない場合の応急措置

　FlashMagicは端末機能を備え、書き込み装置のLPC810と非同期シリアルの通信ができます。したがって、非同期シリアル関係のプログラムは書き込んですぐに動かせます。一例を下に示します。なお、普通の端末ソフトはDTRを通信準備完了の通知に使うため、LPC810が書き込み装置にあるとリセットしてしまって通信できません。

●端末機能による通信の例（通信相手はリモコン解析装置）

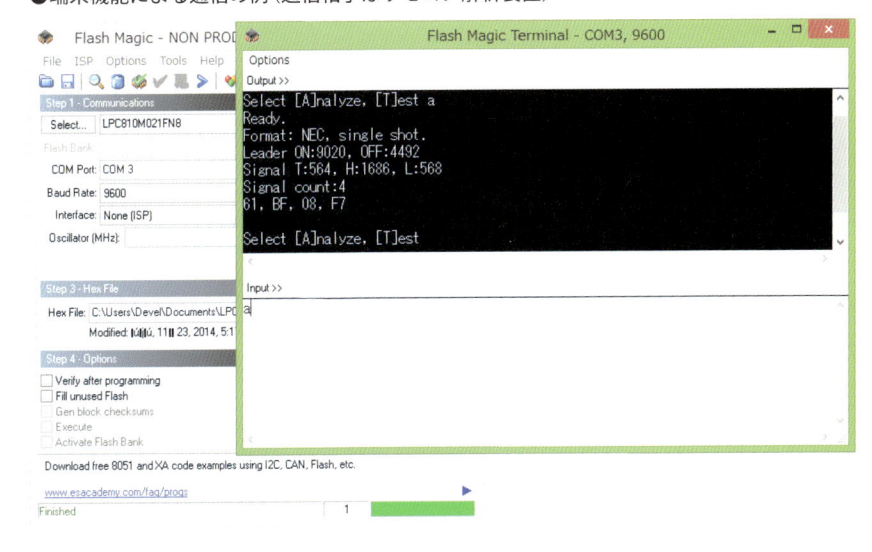

1―開発環境

25

chapter1

2 開発装置
PLUS⊕ONE─非同期シリアルハンドラの制作

［第1章］
基礎構築編
Fundamental Theory

⊕ スイッチマトリクスの操作

　LPC810を取り付けた書き込み装置は、見かたによってはひとかどのマイコンボードです。下に示すとおり、非同期シリアルでパソコンと接続し、リセットスイッチと汎用スイッチを備え、自由に使える2本のピンがあります。試作や開発に打って付けですから、その前提で知っておくべきこと、さしあたってやるべきことを説明します。

　LPC810の入出力をともなう機能とピンの関係は、プログラムにしたがいスイッチマトリクスが決定します。右に示すとおり、大半の機能はピンの選択が可能で、一部の訳ありな機能が特定のピンを使います。汎用ポートのみ受動的に設定され、スイッチマトリクスの対象ではありません。電源とGNDのピンは説明の対象ではありません。

●書き込み装置をマイコンボードとみなした機能

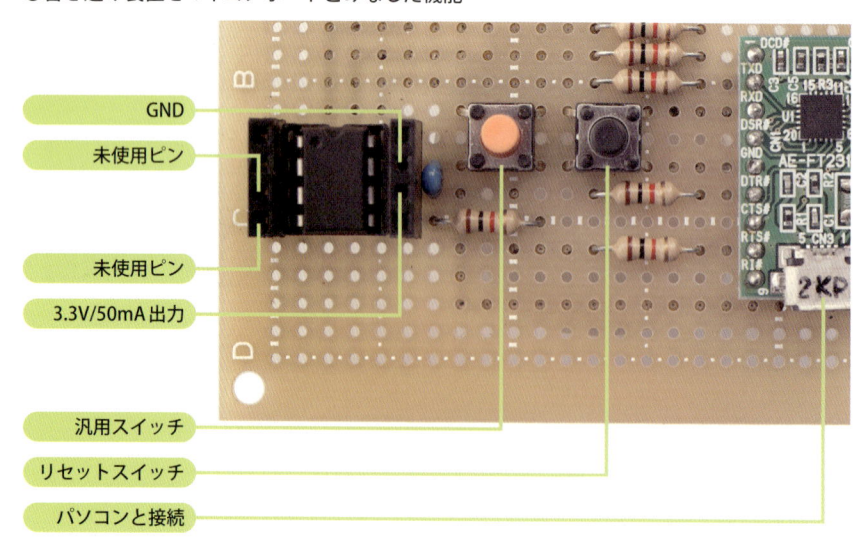

- GND
- 未使用ピン
- 未使用ピン
- 3.3V/50mA出力
- 汎用スイッチ
- リセットスイッチ
- パソコンと接続

●LPC810の標準モードにおけるピンの性質

```
                 ● RST/●PIO0_5 ┌─┐ ● PIO0_0/●ACMP_I1   デジタル5V許容
5V許容              ● PIO0_4    │ │   GND
5V許容/出力20mA    ● SWCLK/●PIO0_3 │ │   電源
5V許容/出力20mA    ● SWDIO/●PIO0_2 └─┘ ● PIO0_1/●ACMP_I2   デジタル5V許容
```

●ピンの選択が可能な機能
非同期シリアル0 ― TXD、RXD、RTS、CTS、SCLK
非同期シリアル1 ― TXD、RXD、RTS、CTS、SCLK
I²C ― SDA、SCL
SPI ― MOSI、MISO、SCK、SSEL
SCT ― CTIN_0 〜 CTIN_3、CTOUT_0 〜 CTOUT_3
コンパレータ ― ACMP_O（比較結果出力）
汎用ポート ― INT_BMAT（パタンマッチ出力）
クロック生成器 ― CLKOUT

　プログラムが何もしないとスイッチマトリクスは初期値にしたがいリセットとデバッガ接続用の機能を有効にします。有効な機能がないピンは汎用ポートです。したがって、初期設定のピン配置は下に示すとおりです。リセットやデバッガ接続用の機能は、不要ならプログラムで無効にします。そのピンは汎用ポートになります。

●初期設定のピン配置と機能を無効にする方法

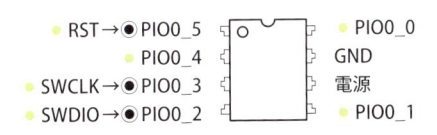

```
        ● RST→●PIO0_5 ┌─┐ ● PIO0_0
              ● PIO0_4  │ │   GND
      ● SWCLK→●PIO0_3  │ │   電源
      ● SWDIO→●PIO0_2 └─┘ ● PIO0_1
```

記号	機能	無効にする方法
RST	リセット	Chip_SWM_DisableFixedPin(SWM_FIXED_RST)
SWCLK	デバッガ接続用	Chip_SWM_DisableFixedPin(SWM_FIXED_SWCLK)
SWDIO	デバッガ接続用	Chip_SWM_DisableFixedPin(SWM_FIXED_SWDIO)

　LPC810はピンのリセットを無効にしてもパワーオンリセットします。しかし、無効にするとプログラムを書き直すとき自動でISPモードに切り替わらず、余計な手間が掛かるので推奨できません。一方、デバッガ接続用の機能は、少なくとも製作物が完成したら使いみちがありません。したがって、遅かれ早かれ無効とすることになります。

2―開発装置

5番ピンと8番ピンは下に示す設定でコンパレータの入力とすることができます。入力が1本だけでいい場合は8番ピンのコンパレータを使ってください。5番ピンは動作モードを切り替える役割を兼ねていて、万が一、リセットを解除した時点で0だとISPモードになり、プログラムが起動しませんから、コンパレータとして働きません。

●コンパレータのピン配置と機能を有効にする方法

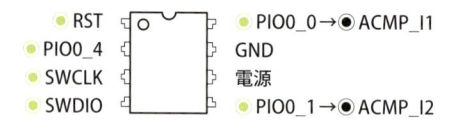

```
● RST         ● PIO0_0 → ● ACMP_I1
● PIO0_4      GND
● SWCLK       電源
● SWDIO       ● PIO0_1 → ● ACMP_I2
```

記号	機能	有効にする方法
ACMP_I1	コンパレータ入力1	Chip_SWM_EnableFixedPin(SWM_FIXED_ACMP_I1)
ACMP_I2	コンパレータ入力2	Chip_SWM_EnableFixedPin(SWM_FIXED_ACMP_I2)

　リセットとデバッガ接続用の機能はLPC810に間違ったプログラムが書き込まれたとしても同じ位置で働いてほしいので特定のピンを使います。コンパレータはピンの構造に依存するため特定のピンを使います。それ以外の機能はプログラムでピンの選択が可能です。プログラムは、下に示すとおり、ピンを論理ピン番号で取り扱います。

●論理ピン番号と主要な機能の設定例

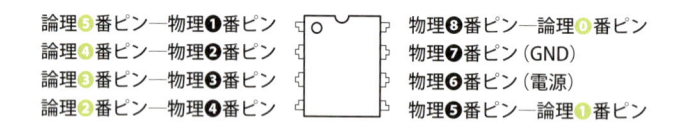

```
論理❺番ピン―物理❶番ピン     物理❽番ピン―論理❶番ピン
論理❹番ピン―物理❷番ピン     物理❼番ピン（GND）
論理❸番ピン―物理❸番ピン     物理❻番ピン（電源）
論理❷番ピン―物理❹番ピン     物理❺番ピン―論理❶番ピン
```

機能	有効にする方法
非同期シリアルの送信	Chip_SWM_MovablePinAssign(SWM_U0_TXD_O, *pin*)
非同期シリアルの受信	Chip_SWM_MovablePinAssign(SWM_U0_RXD_I, *pin*)
I²CのSDA	Chip_SWM_MovablePinAssign(SWM_I2C_SDA_IO, *pin*)
I²CのSCL	Chip_SWM_MovablePinAssign(SWM_I2C_SCL_IO, *pin*)
SCTのCTOUT_0	Chip_SWM_MovablePinAssign(SWM_CTOUT_0_O, *pin*)
SCTのCTIN_0	Chip_SWM_MovablePinAssign(SWM_CTIN_0_I, *pin*)
コンパレータの比較出力	Chip_SWM_MovablePinAssign(SWM_ACMP_O_O, *pin*)

pin―論理ピン番号

●書き込み装置の構成を生かすピンの設定

```
          RST―論理❺番ピン ┌─○─┐ 論理❶番ピン―非同期シリアルRXD
 非同期シリアルTXD―論理❹番ピン │     │ GND
        未使用―論理❸番ピン │     │ 電源
        未使用―論理❷番ピン └─────┘ 論理❻番ピン―PIO0_1（入力/プルアップ）
```

　書き込み装置の構成を生かすピンの設定を上に示します。リセットスイッチを接続したピンは初期設定がリセットです。汎用スイッチを接続したピンは初期設定が汎用ポートで、うまい具合に方向が入力になり、プルアップされます。USB-非同期シリアル変換モジュールを接続したピンのみ送信用と受信用の設定をする必要があります。

⊕ 非同期シリアルの制御

　非同期シリアルはコンピュータより先に生まれた長寿の通信規格です。パソコンだとUSB、電子回路でもI²Cに置き換わっていますが、開発の現場でいまだ健在です。とりわけLPC810にとっては、パソコンと通信する唯一の手段になります。非同期シリアルを動かすことで、パソコンをモニタにして、開発の効率をあげることができます。

　非同期シリアルはさまざまなプロジェクトで開発に貢献すると思うので、プログラムを切り分けてヘッダuart.hとソースuart.cに記述します。LPCXpresso IDEのプロジェクトエクスプローラは、下に示す手順で、ファイルのコピーアンドペーストができます。uart.hとuart.cは、非同期シリアルハンドラとして、この方法で使い回します。

●プロジェクトのファイルをコピーアンドペーストする手順

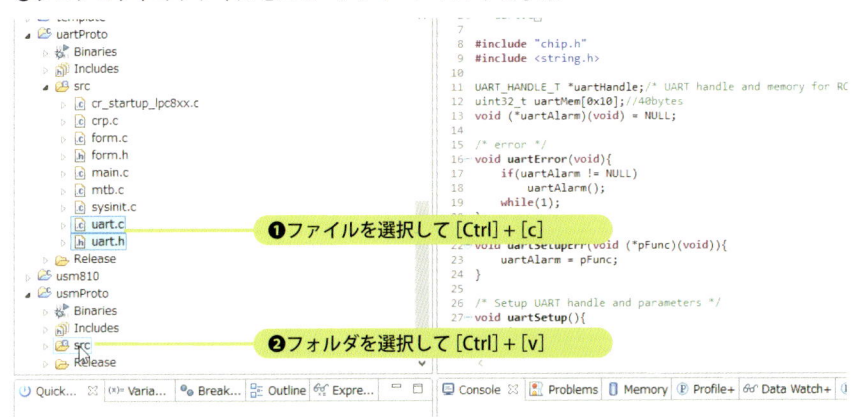

❶ファイルを選択して [Ctrl] + [c]

❷フォルダを選択して [Ctrl] + [v]

ヘッダuart.hの記述を下に示します。慣例にしたがいプロトタイプ宣言に添えて関数の仕様をコメントしました。呼び出しには順序があります。まず関数uartSetupErrでエラー処理関数を登録し（省略可能）、次に関数uartSetupで非同期シリアルをセットアップします。以降、関数uartPutch、uartGetch、uartPutsで送受信ができます。

●非同期シリアルハンドラのヘッダuart.h

```
// uart.h

#ifndef UART_H_
#define UART_H_

// uartSetupErr―エラー処理関数を登録する
// 引数: pFunc―関数名
void uartSetupErr(void (*pFunc)(void));

// uartSetup―非同期シリアルをセットアップする
void uartSetup(void);

// uartGetch―文字を受信する
// 戻値: 文字
inline uint8_t uartGetch(void);

// uartPutch―文字を送信する
// 引数: c―文字
inline void uartPutch(uint8_t c);

// uartPuts―文字列を送信する
// 引数: s―文字列
void uartPuts(const char *s);

#endif
```

ソースuart.cの記述を右に示します。LPC810の周辺回路は消費電力を低減するためクロックの供給が停止されており、開始に切り替えて動かす必要があります。また、設定が複雑なので、いったんリセットして、最小限の設定ですませるのが一般的です。関数Chip_UART_Initは、非同期シリアルについて、この両方を実行します（記述❷）。

LPC810はROMに非同期シリアルの制御機能をもっています。プログラムを控えめなメモリにおさめるためこれを利用することにして、処理の手順はAPIの規則にしたがいます。すなわち、メモリを確保し（記述❶）、それでハンドルを取得し（記述❸）、それでセットアップや通信をします。通信形式は所定の構造体に設定します（記述❹）。

●非同期シリアルハンドラのソース uart.c

```c
// uart.c

#include "chip.h"      //LPCOpenのヘッダ
#include <string.h>    //関数strlen用のヘッダ

UART_HANDLE_T *uartHandle;  //UART APIのハンドル
uint32_t uartMem[0x10];     //UART APIのメモリ ──❶
void (*uartError)(void) = NULL; //エラー処理関数

//エラー処理関数を登録する関数
void uartSetupErr(void (*pFunc)(void)){
  uartError = pFunc;  //エラー処理関数を登録
}

//非同期シリアルをセットアップする関数
void uartSetup(){
  Chip_Clock_SetUARTClockDiv(1);  //通信クロック分周比の設定
  Chip_UART_Init(LPC_USART0);     //UART0を起動してリセット ──❷

  //UART APIのハンドルを取得 ──❸
  uartHandle = LPC_UARTD_API->uart_setup(
  (uint32_t) LPC_USART0, (uint8_t *) &uartMem);
  if(uartHandle == NULL){ //もしUART APIのセットアップに失敗したら
    if(uartError == NULL) //もしエラー処理関数が未登録なら
      while(1);       //停止
    else            //そうでなければ
      uartError();  //エラー処理関数を呼び出す
  }

  UART_CONFIG_T cfg;  //通信形式の構造体
  cfg.sys_clk_in_hz = SystemCoreClock;  //システムクロック
  cfg.baudrate_in_hz = 9600; //通信速度
  cfg.config = 1;   //ストップビット1、データビット8、パリティなし
  cfg.sync_mod = 0; //非同期シリアル
  cfg.error_en = NO_ERR_EN; //エラーを検出しない
                                                              // ──❹

  //非同期シリアルをセットアップ
  uint32_t ret = LPC_UARTD_API->uart_init(uartHandle, &cfg);
  if(ret){ //もし通信速度の設定で端数がでたら
    Chip_SYSCTL_SetUSARTFRGDivider(0xff);   //分母を設定
    Chip_SYSCTL_SetUSARTFRGMultiplier(ret); //分子を調整
  }
}
```

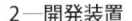

```
//文字を受信する関数────❺
inline uint8_t uartGetch(){
  return LPC_UARTD_API->uart_get_char(uartHandle);
}

//文字を送信する関数────❻
inline void uartPutch(uint8_t c){
  LPC_UARTD_API->uart_put_char(uartHandle, c);
}

//文字列を送信する関数
void uartPuts(const char *s){
  UART_PARAM_T par;  //通信条件の構造体
  par.buffer = (uint8_t *) s;  //データのバッファ
  par.size = strlen(s);  //最大送信数
  par.transfer_mode = TX_MODE_SZERO;  //文字列の終端で打ち切り
  par.driver_mode = DRIVER_MODE_POLLING;  //割り込みを使わない

  //文字列を送信────❼
  uint32_t ret =
  LPC_UARTD_API->uart_put_line(uartHandle, &par);
  if(ret){  //もし送信に失敗したら
    if(uartError == NULL)  //もしエラー処理関数が未登録なら
      while(1);     //停止
    else            //そうでなければ
      uartError();  //エラー処理関数を呼び出す
  }
}
```

文字の受信（記述❺）と送信（記述❻）はROMの制御機能を呼び出すだけなのでインライン関数としました。これらの処理は制御機能を直接呼び出す形に置き換わり、メモリと時間の節約になります。文字列の送信（記述❼）は、そういう風にいきません。APIの規則にしたがい通信条件を設定したうえで、普通に制御機能を呼び出します。

⊕ 文字列の書式制御

数値の表示は書式制御ができると便利です。関数vprintfを使えば話は簡単ですが、LPC810だと1箇所の記述でメモリを使い切ってしまいます。かわりに、必要最小限の働きをもつ書式制御ハンドラを作ります。これもさまざまなプロジェクトで活躍しそうですから、プログラムをヘッダform.hとソースform.cに切り分けて使い回します。

ヘッダform.hの記述を下に示します。コメントで説明しているとおり、全部の関数が、数値を受け取って書式制御された文字列を返します。表示まではやらず、ほかの部分（たとえば非同期シリアルハンドラ）に任せます。ですから、プログラムが表示の機能をもつ限り、非同期シリアルの端末だけでなくLCDなどでも使うことができます。

●書式制御ハンドラのヘッダform.h

```c
// form.h

#ifndef FORM_H_
#define FORM_H_

// formHex―整数を16進数文字列に変換する
// 引数：n―整数、dig―桁数
// 戻値：文字列
char *formHex(uint32_t n, int dig);

// formItoa―符号付き整数を文字列に変換する
// 引数：n―符号付き整数
// 戻値：文字列
char *formItoa(int n);

// formDec―符号付き整数を小数点付き文字列に変換する
// 引数：n―符号付き整数、ip―整数部桁数、dp―小数部桁数
// 戻値：文字列
char *formDec(int n, int ip, int dp);

// formFloat―浮動小数点数を小数点付き文字列に変換する
// 引数：f―浮動小数点数、ip―整数部桁数、dp―小数部桁数
// 戻値：文字列
char *formFloat(float f, int ip, int dp);

#endif
```

　関数formHexと関数formFloatは、誰もが想像するとおりの書式制御をします。関数formItoaはただ文字列に変換するだけで書式制御をしません。関数formDecは、一見、割り算をしたかのように、整数部と小数部の桁数を決められます。全部の関数が文字列のバッファを共有しており、書式制御の結果は次の書式制御で書き換えられます。

ソースform.cの記述を下に示します。LPC810に固有の機能は使わないので、C言語の文法さえ知っていればすべてを理解できます。16進数の変換は16進数文字テーブル（記述❶）で置き換えます。正直な書式制御は関数formDec（記述❷）がやっています。単純な変換（記述❸）と浮動小数点数の変換（記述❹）は、その働きを利用します。

●書式制御ハンドラのソースform.c

```c
// form.c

#include <stdint.h>  //型宣言子uint32_t用のヘッダ

char formBuf[13];  //文字列のバッファ

//整数を16進数文字列に変換する関数
char *formHex(uint32_t n, int dig) {
  static const char hex[] = {  //16進数文字テーブル ―――❶
    '0', '1', '2', '3', '4', '5', '6', '7',
    '8', '9', 'A', 'B', 'C', 'D', 'E', 'F'
  };

  formBuf[dig--] = '\0';  //終端を配置
  while (dig >= 0) {  //桁数分繰り返す
    formBuf[dig--] = hex[n % 0x10];  //最下位桁を変換
    n /= 0x10;  //1桁減らす
  }
  return formBuf;  //文字列を持ち帰る
}

// 符号付き整数を小数点付き文字列に変換する関数 ―――❷
char *formDec(int n, int ip, int dp) {
  int index;    //バッファ内の位置
  int sign;     //符号の文字数

  if (n < 0) {  //もし数値が0未満なら
    sign = 1;   //符号の文字数は1
    n *= -1;    //符号をなくす
  } else        //そう（数値が0未満）でなければ
    sign = 0;   //符号の文字数は0

  //小数部の処理
  if (dp > 0) {  //もし小数部が必要なら
    index = ip + dp + 1;  //バッファ内の位置を文字列の末尾に設定
    formBuf[index--] = '\0';  //終端を配置
    while (dp--) {  //桁数分繰り返す
      formBuf[index--] = (n % 10) + '0';  //最下位桁を変換
```

```c
      n /= 10;  //1桁減らす
    }
    formBuf[index--] = '.';  //小数点を配置
  } else {  //そう（小数部が必要）でなければ
    index = ip;  //バッファ内の位置を文字列の末尾に設定
    formBuf[index--] = '\0';  //終端を配置
  }

  //整数部の処理
  while (index >= 0) {  //桁数分繰り返す
    formBuf[index--] = (n % 10) + '0';  //最下位桁を変換
    n /= 10;      //1桁減らす
    if (n <= 0)   //もし数値が0未満だったら
      break;      //打ち切る
  }

  if (sign)  //もし符号が必要なら
    formBuf[index--] = '-';  //符号を配置
  while (index >= 0)  //指定の桁数に達するまで繰り返す
    formBuf[index--] = ' ';  //スペースを配置

  return formBuf;  //文字列を持ち帰る
}

//符号付き整数を文字列に変換する関数
char *formItoa(int n) {
  int tmp;  //作業用
  int ip;   //桁数

  //文字列の長さを計算
  tmp = n;  //作業用の変数に数値を保存
  for (ip = 1; tmp /= 10; ip++);  //10で何回割れるかを数える
  if (n < 0)  //もし符号が必要なら
    ip++;  //文字数を増やす
  return formDec(n, ip, 0);  //関数formDecに任せる ──❸
}

//浮動小数点数を小数点付き文字列に変換する関数
char *formFloat(float f, int ip, int dp) {
  int n;  //作業用
  static const float p[] = {  //10の累乗テーブル
    1, 10, 100, 1000, 10000, 100000, 1000000, 10000000
  };

  n = (int) (f * p[dp]);  //整数部と小数部をつないだ形の整数に変換
  return formDec(n, ip, dp);  //関数formDecに任せる ──❹
}
```

⊕ 非同期シリアルと書式制御のテスト

　非同期シリアルと書式制御の働きをテストする簡単なプロジェクトuartProtoを作りました。uartProtoの構成を下に示します。プロジェクトを新規作成したとき自動で作成されるファイルに非同期シリアルハンドラと書式制御ハンドラを追加しています。同じワークスペースにライブラリのプロジェクトが存在しなければなりません。

●プロジェクトuartProtoの構成

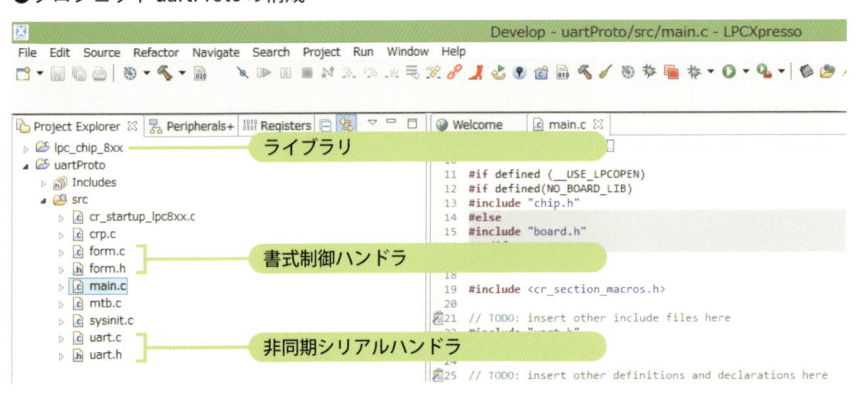

　プログラムが動作するために必要な外付け回路は非同期シリアルだけで、これはもう書き込み装置にあって接続が完了しています。下に示すとおり、LPC810を書き込み装置に取り付け、書き込み装置をパソコンと接続すれば、ほかにやることはありません。その状態のまま、プログラムの書き込みから実行まで進むことができます。

●ハードウェアの接続

●プロジェクト uartProto のソース main.c

```
// main.c

#include "chip.h"    //LPCOpenのヘッダ
#include "uart.h"    //非同期シリアルハンドラのヘッダ
#include "form.h"    //書式制御ハンドラのヘッダ

int main(void) {
  SystemCoreClockUpdate();  //システムクロックを登録

  //スイッチマトリクスでピンを設定
  Chip_Clock_EnablePeriphClock(SYSCTL_CLOCK_SWM);
  Chip_SWM_MovablePinAssign(SWM_U0_TXD_O, 4);  //TXD
  Chip_SWM_MovablePinAssign(SWM_U0_RXD_I, 0);  //RXD
  Chip_Clock_DisablePeriphClock(SYSCTL_CLOCK_SWM);

  uartSetup();  //非同期シリアルをセットアップ

  //書式制御ハンドラのテスト
  uartPuts("Formatting examples.\r\n");
  uartPuts(formItoa(-123456));  //数値をそのまま表示
  uartPuts("\r\n");  //改行
  uartPuts(formDec(123456, 4, 2));  //整数部と小数部を指定して表示
  uartPuts("\r\n");  //改行
  uartPuts(formFloat(-123.45, 4, 1));  //浮動小数点数の表示
  uartPuts("\r\n");  //改行
  uartPuts(formHex(0xabcd, 4));  //16進数の表示
  uartPuts("\r\n\r\n");  //2回改行

  //非同期シリアルハンドラのテスト
  uartPuts("Key in and echo.\r\n");  //文字列を送信
  while (1)   //つねに繰り返す
    uartPutch(uartGetch());  //文字を受信してそのまま送信

  return 0;  //文法上の整合をとる記述
}
```

関数 main を含むソース main.c の記述を上に示します。非同期シリアルハンドラと書式制御ハンドラの関数はヘッダを取り込んだあと（記述❶）記述できます。スイッチマトリクスは消費電力を低減するためクロックの供給が停止されています。開始に切り替えてピンを設定します（記述❷）。設定後は停止に戻してもかまいません（記述❸）。

2―開発装置　　37

LPCXpresso IDEでuartProtoをビルドし、FlashMagicでuartProto.hexを書き込みます。引き続きFlashMagicを下に示すとおり操作して端末機能で通信します。通信速度は、実例の記述だと9600bpsです。端末機能はウィンドウを開いてLPC810をリセットし、上部に受信（LPC810が送信）した文字、下部に送信した文字を表示します。

●FlashMagicの端末機能で通信する手順

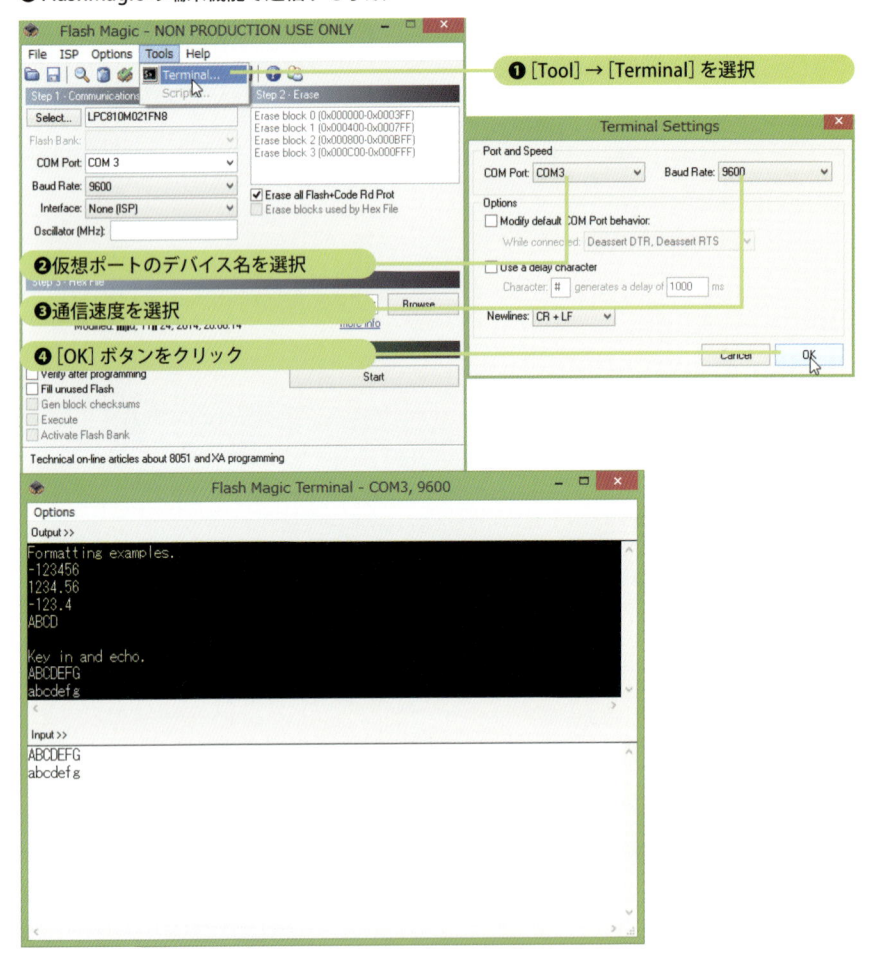

❶ [Tool] → [Terminal] を選択
❷ 仮想ポートのデバイス名を選択
❸ 通信速度を選択
❹ [OK] ボタンをクリック

　LPC810は、まず書式制御の4種類のサンプルを表示します。すべて期待どおりに表示されました。次に文字を受信しては送信します。ですから、パソコンのキーを押すとすぐそれが表示されます。これも期待どおりに動作しました。縁起のいいことにマイコンは終了という概念をもちません。未来永劫、このまま受信と送信を繰り返します。

動作クロックは腹八分目の設定

[column] NOTE

　本書のプログラムは関数mainの先頭で運用上必要かどうかにかかわらず関数SystemCoreClockUpdateを呼び出します。この関数はシステムクロックを変数SystemCoreClockに登録します。以降、プログラムでシステムクロックを取り扱うとき（たとえばタイマの設定など）には数値のかわりに「SystemCoreClock」と記述します。これが、LPCOpenに基づいて組み立てるプログラムの慣例です。

　製作例のLPC810が周波数いくつで動いているかということは多くの人の関心事だと思います。プログラムに数値が現れたら言及しようと考えていたのですが、いまだその機会が得られません。前述の慣例があって今後もしばらく現れそうにないので、ここで明らかにします。

　非同期シリアルハンドラと書式制御ハンドラで変数SystemCoreClockの数値を表示すると結果は「24000000」になります。最高30MHzで動作するLPC810は実際のところその80％にあたる24MHzで動作しています。良いも悪いもありません。システムクロックはLPCOpenが決定し、ここはアンタッチャブルです。

　LPC81xシリーズを採用したNXPのマイコンボードはすべて24MHzで動作し

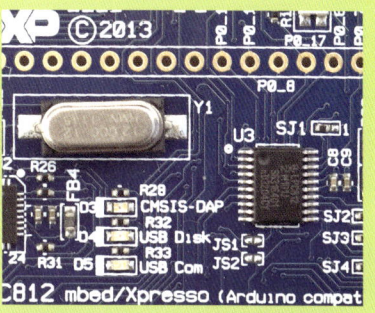

🔼 24MHz（12MHz×2）で動作するLPC812

ます。NXPのアプリケーションノートに掲載されたプログラムは24MHzを前提としています。NXPがここまで頑張る以上、LPC810の周波数は、最高30MHz、標準24MHzと理解するのが妥当です。

　釈然としない人のために補足しておきます。パソコンやタブレットのCPUはどんな処理を任されても対応できるよう最高の速度をもって備えます。マイコンは電子機器に組み込まれて特定の処理に専念するので、それさえできれば、それ以上の速度は無意味です。むしろ、消費電力を増大させる欠点になりかねません。24MHzだとダメで30MHzなら大丈夫という応用が見付からない限り、24MHzを適正と見るのがマイコンの物差しです。

chapter1 3 LEDの点滅
PLUS ⊕ ONE ― MRTハンドラの制作

［第1章］
基礎構築編
Fundamental Theory

⊕ LEDを点滅させる回路

　新しいマイコンを手にしたとき1回は試しておきたいLEDの点滅をやってみることにします。普通これは単なる通過儀礼です。LPC810でも点滅のしかたは練習用の題材です。しかし、間隔をとる方法で、ゆくゆくやや込み入った話になるかも知れません。LPC810は何もしなくていい時間の過ごしかたにいくつかの選択肢をもつからです。

　LEDまわりの回路はブレッドボードに組み立てます。LPC810は書き込み装置に取り付けたまま動かし、未使用のピンを使って点滅を切り替えます。LEDが点滅している様子を下に示します。もし間隔をとる方法で込み入った話になったとしても、問題はプログラムですから、この状態のまますぐ書き換えてテストすることができます。

● LEDが点滅している様子

●LEDを点滅させる回路

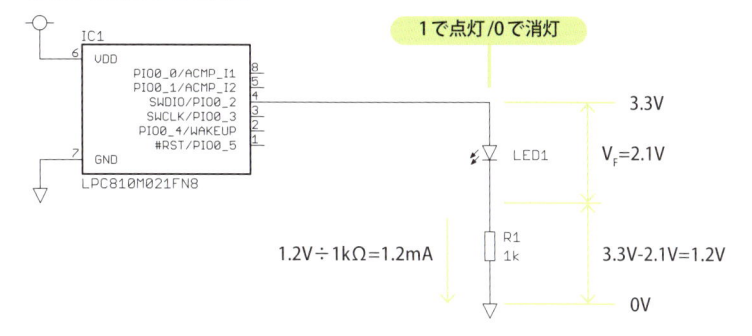

1で点灯/0で消灯

3.3V
$V_F = 2.1V$
R1 1k 3.3V-2.1V=1.2V
$1.2V \div 1k\Omega = 1.2mA$
0V

IC1 LPC810M021FN8

　LEDの点滅に関係する回路を上に示します。LPC810の論理2番ピンを汎用ポートに設定しておいて、1を出力すると点灯、0を出力すると消灯です。論理2番ピンは最大20mAを出力できますが、全力で頑張る使いかたはそうせざるを得ない別の応用で試すことにします。この回路では輝度の高いLEDを使い、小さな電流で間に合わせます。
　配線図と部品表を下に示します。LPC810の論理2番ピンは普通にいうと4番ピンです。これともうひとつ、7番ピンのGNDをブレッドボードへ接続します。LEDはオプトサプライのOS5RKA3131Aで、輝度が20000mcdと猛烈に高く、この回路で煌々と光ります。そこまで明るくなくていいなら、500mcdくらいの安いLEDが使えます。

●配線図と部品表（ブレッドボード側）

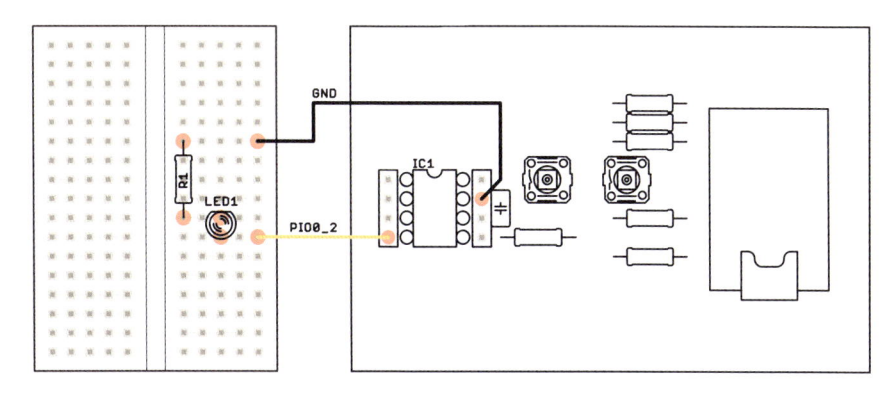

部品番号	仕様	数量	備考
LED1	OS5RKA3131A	1	高輝度LED
R1	1kΩ	1	1/4Wカーボン抵抗
―	BB-601（WANJIE）	1	ブレッドボード

3―LEDの点滅

⊕ SysTickタイマとスリープ

　LEDは汎用ポートの出力にしたがって点滅します。問題はその間隔のとりかたです。古典的な方法はNOP（何もしない命令）を繰り返します。しかし、LPC810だと高速な動作が裏目に出て膨大なNOPを実行し、消費電力を最大値へ引き上げます。近代的な方法はタイマを仕掛けておいて電力制御します。LPC810ではこちらが一般的です。

　いちばん簡単に使えるタイマはSysTickタイマです。構造が単純なうえにLPCOpenが普通はこうだという設定をしてくれます。お勧めのとおり使うものとして、その動作を下に示します。SysTickタイマはシステムクロックでカウントダウンする24ビットのタイマです。値が0になると割り込みを発生し、値をリロードして繰り返します。

● SysTickタイマの動作

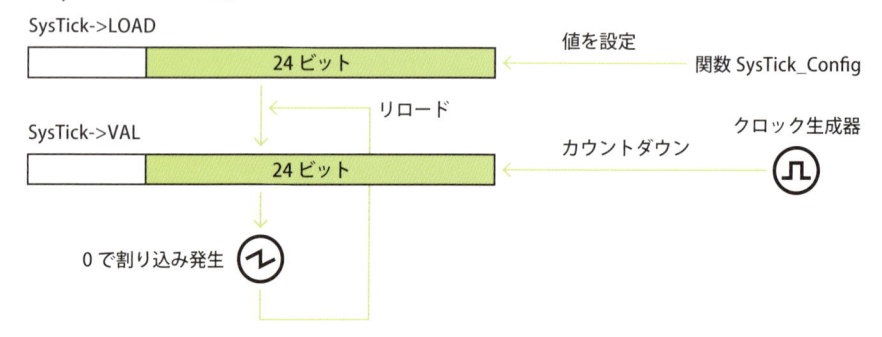

　LEDの点滅をSysTickタイマの割り込みに任せると、通常動作に残された仕事はありませんから、電力制御して消費電力を抑えます。いちばん簡単な方法はスリープです。スリープは電力制御の初期設定なので、下に示すとおり関数__WFIですぐ切り替わり、割り込みですぐウェイクアップします。この間、消費電力は約半分になります。

● SysTickタイマとスリープを組み合わせた動作

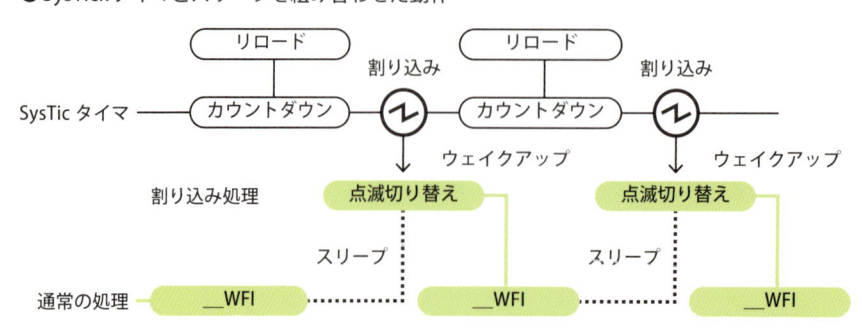

LEDを0.5秒ずつ点灯/消灯するプログラムを下に示します。SysTickタイマのセットアップは関数SysTick_Configひとつで完了します（記述❷）。引数は「割り込み間隔に相当するクロック数」と理解してください。割り込むのは関数SysTick_Handlerです（記述❶）。この関数で汎用ポートの出力を反転し、LEDの点滅を切り替えます。

●プロジェクトledSystickのソースmain.c

```
// main.c

#include "chip.h"        //LPCOpenのヘッダ

//SysTickタイマ割り込み関数 ――❶
void SysTick_Handler(void) {
  Chip_GPIO_SetPinToggle(LPC_GPIO_PORT, 0, 2);  //出力を反転
}

int main(void) {
  SystemCoreClockUpdate();  //システムクロックを登録

  //スイッチマトリクスでピンを設定
  Chip_Clock_EnablePeriphClock(SYSCTL_CLOCK_SWM);
  Chip_SWM_DisableFixedPin(SWM_FIXED_SWDIO);  //SWDIO無効
  Chip_Clock_DisablePeriphClock(SYSCTL_CLOCK_SWM);

  //汎用ポートをセットアップ
  Chip_GPIO_SetPinDIROutput(LPC_GPIO_PORT, 0, 2);  //出力に設定
  Chip_GPIO_SetPinOutLow(LPC_GPIO_PORT, 0, 2);     //0を出力

  //SysTickタイマをセットアップ
  SysTick_Config(SystemCoreClock / 2);  //0.5秒ごとに割り込む ――❷

  while (1)  //つねに繰り返す
    __WFI();  //割り込みが発生するまでスリープ ――❸

  return 0;  //文法上の整合をとる記述
}
```

　通常動作はセットアップのあとすぐ永久ループに入り、ひたすら関数__WFIを繰り返します（記述❸）。関数__WFIは通常動作をスリープに切り替え、スリープは割り込みでウェイクアップします。LPC810の働きを追うと、割り込みでLEDの点滅を切り替え、通常動作が永久ループを1回転させ、残りの時間はスリープして過ごします。

3―LEDの点滅　　　　　　　　　　　　　　　　　　　　　　　　　　43

このプログラムで使ったSysTickタイマはARM系のマイコンが必ず備える象徴的なタイマです。最少の手順で合理的に動作するため、上位のマイコンはシステム時計など中枢の機能に応用します。一方、電子工作には不便です。というのも、大きさが24ビットなのでせいぜい1秒程度の間隔しかとれません。以降は、代替案を検討します。

⊕ MRTの構造

電子工作に向いていて比較的簡単に使えるタイマがMRT（マルチレートタイマ）です。MRTは4チャンネル（4組）があり、独立かつ対等ですから、そのうちの1チャンネルを説明します。MRTはシステムクロックでカウントダウンする31ビットのタイマです。セットアップにあたり下に示す3つの動作モードのひとつを選択します。

● MRTの動作モードを設定する方法

動作モード	設定の方法
リピート	Chip_MRT_SetMode(LPC_MRT_CH(*ch*), MRT_MODE_REPEAT)
ワンショット	Chip_MRT_SetMode(LPC_MRT_CH(*ch*), MRT_MODE_ONESHOT)
バスストール	Chip_MRT_SetMode(LPC_MRT_CH(*ch*), 2 << 1)

ch―チャンネル（前後の括弧を省略することができます）

リピートモードの動作を下に示します。値が0になると割り込みを発生し、値をリロードして繰り返します。この動作はSysTickタイマと同じで、大きさが31ビットあるためより長い間隔を作れます。前述のLEDを点滅させるプログラムは、SysTickタイマの役割をリピートモードに置き換えることで間隔の制約が解消されます。

● MRTのリピートモードの動作

LPC_MRT_CH(ch)->INTVAL
[31ビット] ← 値を設定　関数 Chip_MRT_SetInterval

LPC_MRT_CH(ch)->TIMER ← リロード
[31ビット] ← カウントダウン　クロック生成器

0で割り込み発生

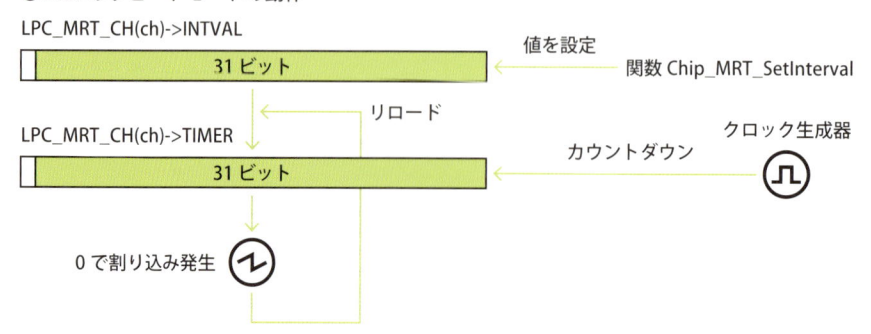

ワンショットモードの動作を下に示します。値が0になると割り込みを発生し、これで動作を完了します。通常、単純な遅延やパルスの生成に使います。効果的な応用例が別項の方形波発振器やリモコンサーボにあり、ほかの製作物にもよく登場します。一方、LEDの点滅は、やってできなくはありませんが、手順が増えて合理性を欠きます。

●MRTのワンショットモードの動作

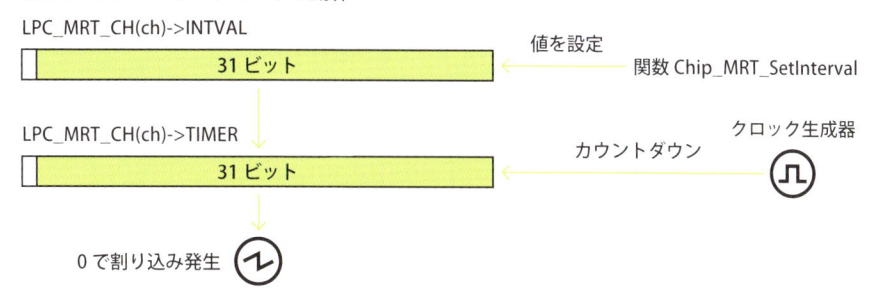

LPC_MRT_CH(ch)->INTVAL
　　　　31ビット　　　　　　　　　　　値を設定
　　　　　　　　　　　　　　　　　　　関数 Chip_MRT_SetInterval

LPC_MRT_CH(ch)->TIMER
　　　　　　　　　　　　　　　　　　　クロック生成器
　　　　31ビット　　　　　　　　カウントダウン

0で割り込み発生

　バスストールモードの動作を下に示します。値を設定してから0になるまでCPUとバスを停止し、消費電力を約半分に抑えます。値が0になったらCPUとバスを再開し、割り込みなしで動作を完了します。タイマの働きとしては猛烈に乱暴なので、込み入ったプログラムだと副作用が懸念されますが、電子工作で絶大な威力を発揮します。

●MRTのバスストールモードの動作

LPC_MRT_CH(ch)->INTVAL
　　　　31ビット　　　　　　　　　　　値を設定
　　　　　　　　　　　　　　　　　　　関数 Chip_MRT_SetInterval

LPC_MRT_CH(ch)->TIMER
　　　　　　　　　　　　　　　　　　　クロック生成器
　　　　31ビット　　　　　　　　カウントダウン

0になるまでCPUとバスを停止

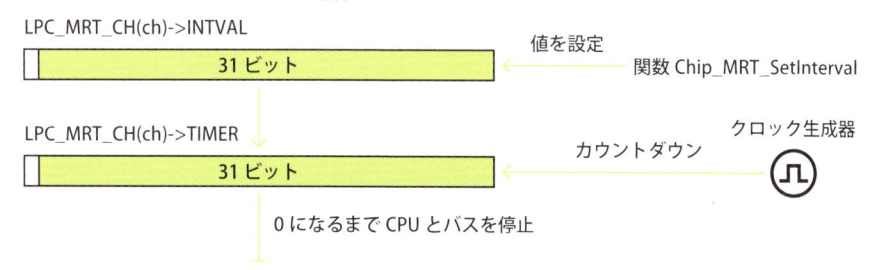

　バスストールモードでLEDを点滅させるとプログラムがとても短くまとまります。スリープさせる関数__WFIとウェイクアップさせる割り込みがともに不要となり、通常動作の永久ループだけで点滅を切り替えられるからです。もっとも、こうまでうまくいくのはLEDさえ点滅したらあとはどうでもいい製作の目標にも関係します。

3―LEDの点滅

⊕ MRTの制御

　MRTは、たいていのプログラムで必要となる、繰り返し、遅延、停止に貢献します。これらの働きをMRTハンドラで実現し、使い回すことにします。MRTのチャンネルは下に示すとおり使い分けます。チャンネルの役割をあらかじめ決めることは、融通性を少し損なうかわりに処理の手順を大きく減らし、メモリの節約につながります。

● MRTハンドラにおけるチャンネルの使い分け

チャンネル	動作モード	関連の関数	機能
チャンネル0	リピート	mrtRepeat	一定間隔で繰り返し関数を呼び出す
チャンネル1	—	—	予備
チャンネル2	ワンショット	mrtOneshot	遅延期間のあと関数を呼び出す
チャンネル3	バスストール	mrtWait	一定期間停止する

　MRTハンドラはヘッダmrt.hとソースmrt.cに記述します。そのうちヘッダmrt.hの記述を右に示します。さまざまな関数がありますが、よく使うのは一部です。最初に関数mrtSetupでセットアップを実行します。以降、関数mrtRepeatで繰り返し、関数mrtOneshotで遅延、関数mrtWaitで停止ができます。これらの働きを下に示します。

● MRTハンドラの主要な働き

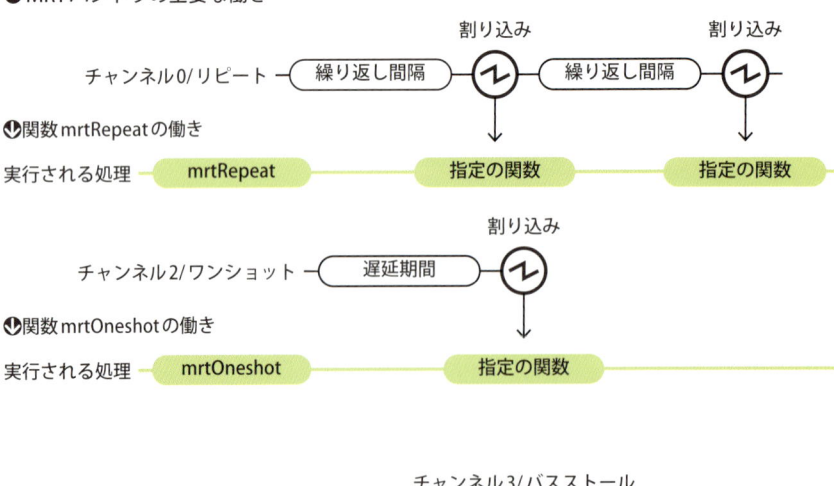

チャンネル0/リピート ─ 繰り返し間隔 ─ 割り込み ─ 繰り返し間隔 ─ 割り込み

◉関数mrtRepeatの働き
実行される処理　mrtRepeat　指定の関数　指定の関数

チャンネル2/ワンショット ─ 遅延期間 ─ 割り込み

◉関数mrtOneshotの働き
実行される処理　mrtOneshot　指定の関数

◉関数mrtWaitの働き
チャンネル3/バスストール
実行される処理　mrtWait　停止　停止期間　再開

●MRTハンドラのヘッダ mrt.h

```
// mrt.h

#ifndef __MRT_H_
#define __MRT_H_

// クロック数を計算するマクロ:MRT_MS―m秒指定、MRT_US―μ秒指定
#define MRT_MS(ms) (SystemCoreClock / 1000 * ms)          ――❶
#define MRT_US(us) (SystemCoreClock / 1000000 * us)       ――❷

// mrtSetup―MRTをセットアップする
void mrtSetup(void);

// mrtRepeat――定間隔で繰り返し関数を呼び出す
// 引数:clks―繰り返し間隔（クロック数）、pFunc―呼び出す関数
void mrtRepeat(uint32_t clks, void(*pFunc)(void));

// mrtRepeatStop―繰り返しを一時停止する
inline void mrtRepeatStop();

// mrtRepeatStart―繰り返しの一時停止を再開する
inline void mrtRepeatStart();

// mrtOneshot―遅延期間のあと関数を呼び出す
// 引数:clks―遅延期間（クロック数）、pFunc―呼び出す関数
void mrtOneshot(uint32_t clks, void(*pFunc)(void));

// mrtWait――定期間停止する
// 引数:clks―停止期間（クロック数）
inline void mrtWait(uint32_t clks);

// mrtSetupSleep―関数mrtWaitを無効にして関数mrtSleepを有効にする
inline void mrtSetupSleep(void);

// mrtSleep―割り込み可能で一定期間停止する
// 引数:clks―停止期間（クロック数）
void mrtSleep(uint32_t clks);

#endif
```

　間隔や期間はクロック数で指定します。本書のプログラムはLPCOpenの流儀にしたがい関数SystemCoreClockUpdateでシステムクロックを変数SystemCoreClockに登録しますから、クロック数はこの変数から計算できます。あわせて、m秒で指定するマクロMRT_MS（記述❶）とμ秒で指定するマクロMRT_US（記述❷）が使えます。

3―LEDの点滅　　　　47

ソースmrt.cの記述を下に示します。チャンネルの役割が決まっているので、セットアップ（記述❷）を基点にチャンネルの番号を追うことで処理の流れがわかります。繰り返しと遅延は割り込み関数（記述❶）に行き着き、割り込みフラグを読んでチャンネルごとの処理を実行します。停止は期間を設定するだけで処理を完了します（記述❸）。

●MRTハンドラのソースmrt.c

```
// mrt.c

#include "chip.h"  //LPCOpenのヘッダ

void (*pfRepeat)(void) = NULL;  //関数mrtRepeatが呼び出す関数
void (*pfOneshot)(void) = NULL; //関数mrtOneshotが呼び出す関数
volatile bool sleeping;  //停止中フラグ

//MRT割り込み関数 ――――❶
void MRT_IRQHandler(void){
  uint32_t intf;  //割り込みフラグ

  intf = Chip_MRT_GetIntPending();  //割り込みフラグを取得
  Chip_MRT_ClearIntPending(intf);   //割り込みフラグをクリア

  if(intf & MRT0_INTFLAG)  //もしチャンネル0が割り込んだら
    if(pfRepeat != NULL)   //もし関数が登録されていたら
      pfRepeat();  //関数を呼び出す

  if(intf & MRT2_INTFLAG)  //もしチャンネル2が割り込んだら
    if(pfOneshot != NULL)  //もし関数が登録されていたら
      pfOneshot();  //関数を呼び出す

  if(intf & MRT3_INTFLAG)  //もしチャンネル3が割り込んだら
    sleeping = false;  //停止中フラグを降ろす
}

//MRTをセットアップする関数 ――――❷
void mrtSetup(){
  Chip_MRT_Init();  //MRTを初期化して起動
  Chip_MRT_SetMode(LPC_MRT_CH0, MRT_MODE_REPEAT);  //リピート
  Chip_MRT_SetMode(LPC_MRT_CH2, MRT_MODE_ONESHOT); //ワンショット
  Chip_MRT_SetMode(LPC_MRT_CH3, 2 << 1);  //バスストール
  Chip_MRT_SetEnabled(LPC_MRT_CH2);  //チャンネル2の動作を開始
  Chip_MRT_SetEnabled(LPC_MRT_CH3);  //チャンネル3の動作を開始

  NVIC_EnableIRQ(MRT_IRQn);  //MRTの割り込みを許可
}
```

```c
//一定間隔で繰り返し関数を呼び出す関数
void mrtRepeat(uint32_t clks, void(*pFunc)(void)){
  Chip_MRT_SetInterval(LPC_MRT_CH0, clks); //間隔を設定
  pfRepeat = pFunc; //関数を登録
  
  Chip_MRT_SetEnabled(LPC_MRT_CH0); //動作を開始
}

//繰り返しを一時停止する関数
inline void mrtRepeatStop(){
  Chip_MRT_SetDisabled(LPC_MRT_CH0); //動作を停止
}

//繰り返しの一時停止を再開する関数
inline void mrtRepeatStart(){
  Chip_MRT_SetEnabled(LPC_MRT_CH0); //動作を開始
}

//遅延期間のあと関数を呼び出す関数
void mrtOneshot(uint32_t clks, void(*pFunc)(void)){
  Chip_MRT_SetInterval(LPC_MRT_CH2, clks); //期間を設定
  pfOneshot = pFunc; //関数を登録
}

//一定期間停止する関数 ──❸
inline void mrtWait(uint32_t clks){
  Chip_MRT_SetInterval(LPC_MRT_CH3, clks); //期間を設定
}

//関数mrtWaitを無効にして関数mrtSleepを有効にする関数
inline void mrtSetupSleep(){
  //チャンネル3をワンショットに変更
  Chip_MRT_SetMode(LPC_MRT_CH3, MRT_MODE_ONESHOT);
}

//割り込み可能で一定期間停止する関数
void mrtSleep(uint32_t clks){
  sleeping = true; //停止中フラグを立てる
  Chip_MRT_SetInterval(LPC_MRT_CH3, clks); //期間を設定
  
  while(sleeping) //停止中フラグが立っている限り繰り返す
    __WFI(); //割り込みが発生するまでスリープして待機
}
```

3──LEDの点滅

●関数mrtSleepの働き

```
チャンネル3/ワンショット ──── 停止期間 ──── 割り込み

実行される処理  mrtSleep  __WFI  停止  __WFI  再開
                                ↑
                          ほかの処理の割り込み
```

　関数mrtWaitによる停止はバスストールモードがCPUとバスを止め、割り込みが保留されるため、並行して繰り返しや遅延が働いていると問題を起こしかねません。もし危険な事態が予想されたら関数mrtSetupSleepでワンショットモードを使う無難な停止に切り替えます。無難な停止は関数mrtSleepで上に示すとおり動作します。

⊕ MRTを使ったLEDの点滅

　MRTのバスストールモードでLEDを点滅させるプロジェクトledMrtを作り、処理の手順がどうかわるかを明らかにします。ledMrtの構成を下に示します。プロジェクトを新規作成したとき自動で作成されるファイルにMRTハンドラを追加しています。同じワークスペースにライブラリのプロジェクトが存在しなければなりません。

●プロジェクトledMrtの構成

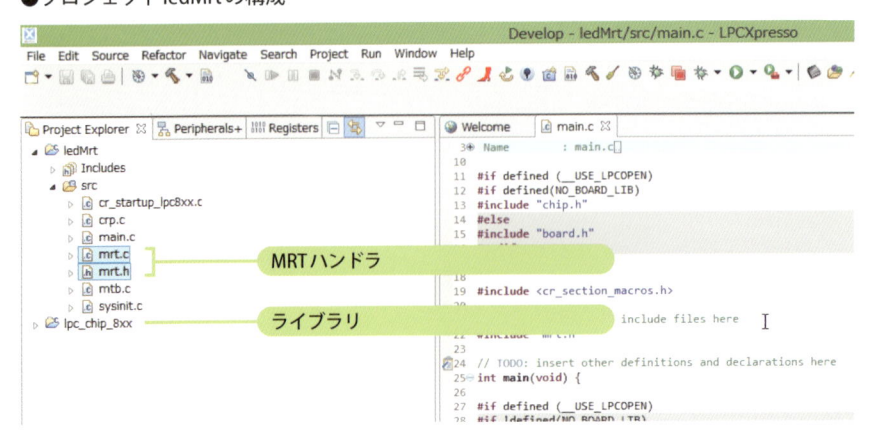

（画面: LPCXpresso IDE、Project Explorerに ledMrt / Includes / src（cr_startup_lpc8xx.c, crp.c, main.c, mrt.c, mrt.h, mtb.c, sysinit.c）/ lpc_chip_8xx が表示。mrt.c, mrt.h が「MRTハンドラ」、lpc_chip_8xx が「ライブラリ」として注記されている）

[第1章] 基礎構築編

関数mainを含むソースmain.cの記述を下に示します。セットアップのあとすぐ永久ループに入り（記述❶）、LEDの点滅を切り替えて0.5秒停止する動作を繰り返します。停止期間は最大89秒まで指定できて消費電力はスリープモードと同等です。CPUとバスが止まる影響がない場合、これがLEDを点滅させるもっとも単純な方法です。

●プロジェクトledMrtのソースmain.c

```
// main.c

#include "chip.h"   //LPCOpenのヘッダ
#include "mrt.h"    //MRTハンドラのヘッダ

int main(void) {
  SystemCoreClockUpdate();   //システムクロックを登録

  //スイッチマトリクスでピンを設定
  Chip_Clock_EnablePeriphClock(SYSCTL_CLOCK_SWM);
  Chip_SWM_DisableFixedPin(SWM_FIXED_SWDIO);   //SWDIO無効
  Chip_Clock_DisablePeriphClock(SYSCTL_CLOCK_SWM);

  //汎用ポートをセットアップ
  Chip_GPIO_SetPinDIROutput(LPC_GPIO_PORT, 0, 2);   //出力に設定
  Chip_GPIO_SetPinOutLow(LPC_GPIO_PORT, 0, 2);   //0を出力

  mrtSetup();   //MRTをセットアップ

  while(1){   //つねに繰り返す ──❶
    Chip_GPIO_SetPinToggle(LPC_GPIO_PORT, 0, 2);   //出力を反転
    mrtWait(MRT_MS(500));   //0.5秒停止
  }

  return 0;   //文法上の整合をとる記述
}
```

MRTは製作物の働きを陰から薄く広く支えます。単独で実現する働きはなく、ピンの1本さえ動かしません。したがって、MRTの具体的な使いかたは製作物の目標が明確でないと示すことができません。ここではLEDの点滅を目標とし、MRTによる停止を使いました。繰り返しと遅延は今後の製作物を通じて少しずつ明らかにします。

⊕ パワーダウンとWKT

　これまでの応用で消費電力を減らすために使ったスリープは電力制御の初期設定にあたり、省電力の効果より素早くウェイクアップするほうを優先します。ウェイクアップに多少もたついても問題がない場合、設定を変更して桁違いの省電力を実現できます。電力制御の選択肢を下に示します。今度は徹底して消費電力を減らしてみます。

●電力制御の選択肢

電力制御	消費電流	切り替えの方法
アクティブ（通常動作）	2.2mA	ウェイクアップ
スリープ	1.3mA	Chip_PMU_Sleep(LPC_PMU, PMU_MCU_SLEEP)[注]
ディープスリープ	150μA	Chip_PMU_Sleep(LPC_PMU, PMU_MCU_DEEP_SLEEP)
パワーダウン	0.9μA	Chip_PMU_Sleep(LPC_PMU, PMU_MCU_POWER_DOWN)
ディープパワーダウン	170nA	Chip_PMU_Sleep(LPC_PMU, PMU_MCU_DEEP_PWRDOWN)

［注］初期設定が変更されている場合は関数__WFIを使いません

　消費電力が最小になるのはディープパワーダウンですが、これは普通の電力制御と趣が異なります。大部分の電源が切られ、RAMと周辺回路のレジスタが内容を失い、ウェイクアップしても継続できないのでリセットします。たぶん「終了」を目指しており、LEDの点滅は無理ですから、次に消費電力が小さいパワーダウンを使います。

　パワーダウンはフラッシュメモリと必要性の低い機能の電源を切ります。動作を継続できる機能が限られ、割り込みも絞られます。さらに、雑音を誤認しないよう事前に登録した割り込みだけがウェイクアップできる仕組みになっています。割り込みの選択肢を下に示します。システム維持用の割り込み（WDTとBOD）を除外しています。

●パワーダウンをウェイクアップできる割り込みと登録の方法

機能	登録の方法
汎用ポート	Chip_SYSCTL_EnablePINTWakeup(*ch*)
非同期シリアル	Chip_SYSCTL_EnablePeriphWakeup(SYSCTL_WAKEUP_USART0INT)
I²C	Chip_SYSCTL_EnablePeriphWakeup(SYSCTL_WAKEUP_I2CINT)
SPI	Chip_SYSCTL_EnablePeriphWakeup(SYSCTL_WAKEUP_SPI0TINT)
WKT	Chip_SYSCTL_EnablePeriphWakeup(SYSCTL_WAKEUP_WKTINT)

ch―割り込みチャンネル

LEDの点滅に応用が利きそうな機能はWKT（ウェイクアップタイマ）ひとつです。その動作を下に示します。WKTは省電力クロック生成器の10kHzでカウントダウンする32ビットのタイマです。値を設定するとすぐカウントダウンを開始し、0になったら割り込みを発生して動作を完了します。期間は最長429496秒（約5日）です。

● WKTの動作

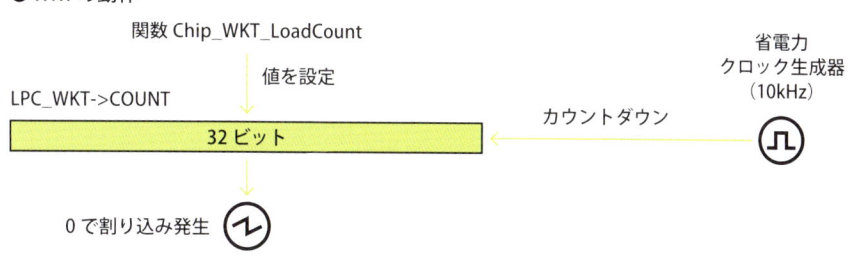

```
            関数 Chip_WKT_LoadCount                              省電力
                      ↓                                    クロック生成器
LPC_WKT->COUNT      値を設定                                    （10kHz）
    ┌─────────────────────────────────┐      カウントダウン
    │           32 ビット              │ ←──────────────     ⎍
    └─────────────────────────────────┘
                      ↓
             0 で割り込み発生
```

　パワーダウンはディープパワーダウンほどではないにしろやり過ぎるところがあるため、下に示す設定で手加減を加えてもらいます。WKTでウェイクアップする場合は省電力クロック生成器の動作を止めないように変更します。また、ウェイクアップで少なくともクロック生成器とフラッシュメモリが動作を開始するように変更します。

● パワーダウンの動作の変更

変更後の働き	変更する関数
パワーダウンで省電力クロック生成器の動作を継続	Chip_PMU_SetPowerDownControl
ウェイクアップでクロック生成器の動作を開始	Chip_SYSCTL_SetWakeup
ウェイクアップでフラッシュメモリの動作を開始	Chip_SYSCTL_SetWakeup

　ひとつ付け加えると、下に示すとおり、すべての電力制御は2番ピンの1→0でウェイクアップします。これはハードウェアの働きによるもので、プログラムが関与するのは有効/無効の設定だけです。有効の場合、外付け回路が勝手にウェイクアップさせるかも知れないので、必要に応じ、このあと述べる方法で無効に設定してください。

● ハードウェアによるウェイクアップ

1→0でウェイクアップ / ● PIO0_4

3 ― LEDの点滅

⊕ パワーダウンを使ったLEDの点滅

　LEDを点滅させ、あとはただパワーダウンして過ごすプログラムを下に示します。点灯の期間はこれまでと同じ0.5秒で、消灯のほうは5秒と長くってあって、この間に消費電流を測定します。あわよくば消灯の期間の電力制御をスリープ、ディープスリープ、ディープパワーダウンに切り替えて、これらの消費電流を比較してみます。

　パワーダウンをウェイクアップするのはWKTひとつとします。WKTの割り込みを登録し（記述❷）、2番ピンのウェイクアップを無効に設定します（記述❸）。LEDの点灯と消灯の期間は、時間こそ違いますが、いずれもWKTを動かしてすぐパワーダウンし、WKTの割り込みが掛かるまで消費電力を極小に抑えた状態で停止します。

●プロジェクトledWktのソースmain.c

```
// main.c

#include "chip.h"        //LPCOpenのヘッダ

//WKTの割り込み関数
void WKT_IRQHandler(void){
  Chip_WKT_ClearIntStatus(LPC_WKT);  //割り込みフラグをクリア
  SCB->SCR = 0;  //CPUの電力制御を初期設定に戻す ─────❶
  LPC_PMU->PCON = PMU_PCON_PM_SLEEP;  //電力制御を初期設定に戻す
}

int main(void) {
  SystemCoreClockUpdate();  //システムクロックを登録

  //スイッチマトリクスでピンを設定
  Chip_Clock_EnablePeriphClock(SYSCTL_CLOCK_SWM);
  Chip_SWM_DisableFixedPin(SWM_FIXED_SWDIO);  //SWDIO無効
  Chip_Clock_DisablePeriphClock(SYSCTL_CLOCK_SWM);

  //汎用ポートをセットアップ
  Chip_GPIO_SetPinDIROutput(LPC_GPIO_PORT, 0, 2);  //出力に設定
  Chip_GPIO_SetPinOutLow(LPC_GPIO_PORT, 0, 2);  //0を出力

  //WKTをセットアップ
  Chip_Clock_EnablePeriphClock(SYSCTL_CLOCK_WKT);  //起動
  Chip_SYSCTL_PeriphReset(RESET_WKT);  //リセット
  Chip_WKT_SetClockSource(LPC_WKT, WKT_CLKSRC_10KHZ);
  Chip_SYSCTL_EnablePeriphWakeup(SYSCTL_WAKEUP_WKTINT); ─────❷
  NVIC_EnableIRQ(WKT_IRQn);  //WKTの割り込みを許可
```

```
//パワーダウンの働きを一部変更
Chip_PMU_SetPowerDownControl(LPC_PMU,
  PMU_DPDCTRL_WAKEPAD   |   //2番ピンのウェイクアップは無効 ───❸
  PMU_DPDCTRL_LPOSCEN   |   //スリープで省電力クロック生成器の動作を継続
  PMU_DPDCTRL_LPOSCDPDEN    //パワーダウンで省電力クロック生成器の動作を継続
);

//パワーダウンの働きを一部変更（システム維持の機能）
Chip_SYSCTL_SetDeepSleepPD(
  SYSCTL_DEEPSLP_BOD_PD    |   //BODの電源を切る
  SYSCTL_DEEPSLP_WDTOSC_PD     //WDTの電源を切る
);

//パワーダウン後のウェイクアップの働きを一部変更
Chip_SYSCTL_SetWakeup(~(
  SYSCTL_SLPWAKE_IRC_PD     |   //クロック生成器の動作を開始
  SYSCTL_SLPWAKE_SYSPLL_PD  |   //クロック生成器のPLLの動作を開始
  SYSCTL_SLPWAKE_IRCOUT_PD  |   //クロック生成器の出力を開始
  SYSCTL_SLPWAKE_FLASH_PD       //フラッシュメモリの動作を開始
));

while (1) {  //つねに繰り返す
  Chip_GPIO_SetPinOutHigh(LPC_GPIO_PORT, 0, 2);  //点灯
  Chip_WKT_LoadCount(LPC_WKT, 5000);  //期間0.5秒を開始
  Chip_PMU_Sleep(LPC_PMU, PMU_MCU_POWER_DOWN);  //パワーダウン
  Chip_GPIO_SetPinOutLow(LPC_GPIO_PORT, 0, 2);  //消灯
  Chip_WKT_LoadCount(LPC_WKT, 50000);  //期間5秒を開始
  //Chip_PMU_Sleep(LPC_PMU, PMU_MCU_SLEEP);
  //Chip_PMU_Sleep(LPC_PMU, PMU_MCU_DEEP_SLEEP);
  Chip_PMU_Sleep(LPC_PMU, PMU_MCU_POWER_DOWN);  //パワーダウン
  //Chip_PMU_Sleep(LPC_PMU, PMU_MCU_DEEP_PWRDOWN); ───❹
}
  return 0;  //文法上の整合をとる記述
}
```

　パワーダウンの手順を分解すると、電力制御の設定を変更しておいて、関数__WFIを呼び出します。ですから、以降は直接、関数__WFIを呼び出してもパワーダウンします。しかし、関数__WFIの働きはスリープというのが一般的な認識です。混乱を避けるため、WKTの割り込み関数で電力制御を初期設定に戻しておきます（記述❶）。

　通常動作はセットアップを終えてすぐ永久ループに入り、LEDの点灯、パワーダウン、消灯、パワーダウンを繰り返します。消灯に続くパワーダウンは前後の行のコメントを外すことで電力制御の方法を変更できます。ディープパワーダウン（記述❹）だけRESETを外部でプルアップする決まりですが、書き込み装置が自動的にそうします。

3―LEDの点滅

パワーダウンをテストし、正しく動作することが確認できました。そのあとプログラムを書き換えて、スリープとディープスリープが正しく動作することも確認しました。ディープパワーダウンは、LEDを1回だけ点滅させてすぐリセットします。目指した動作にはほど遠いのですが、困ったことに、見た目はちゃんと点滅を繰り返します。

⊕ 電力制御の効果

　引き続き、LEDが消灯している期間の消費電流を測定し、電力制御の効果を調べます。回路はこれまでと同じですが、LPC810を書き込み装置に取り付けたまま動かすやりかただと電流計を接続できないので、下に示すとおり組み立て直しました。LPC810は書き込み装置でプログラムを書き込んだあとブレッドボードへ挿し替えます。

　パワーダウンのテストの様子を右に示します。仕様上の消費電流に省電力クロック生成器とWKTの電流が加わり、電流計が0.05mAを表示しています。測定範囲の下限付近なので表示の正確さに多少の疑問がありますが、仮にまあまあ正確だとして、周辺回路をひとつ動かすごとに仕様上の消費電流をはるかに超える電流が流れます。

●配線図と部品表（ブレッドボード側）

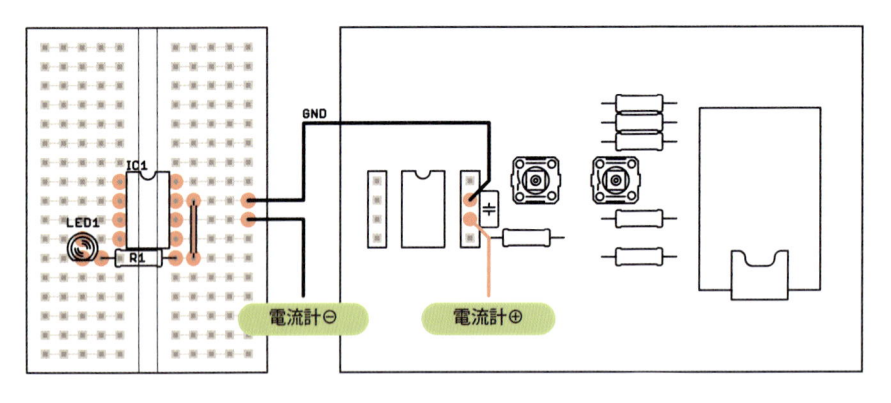

部品番号	仕様	数量	備考
IC1	LPC810M021FN8	1	マイコン
LED1	OS5RKA3131A	1	高輝度LED
R1	1kΩ	1	1/4Wカーボン抵抗
—	BB-601（WANJIE）	1	ブレッドボード

●パワーダウンの消費電流を測定した様子

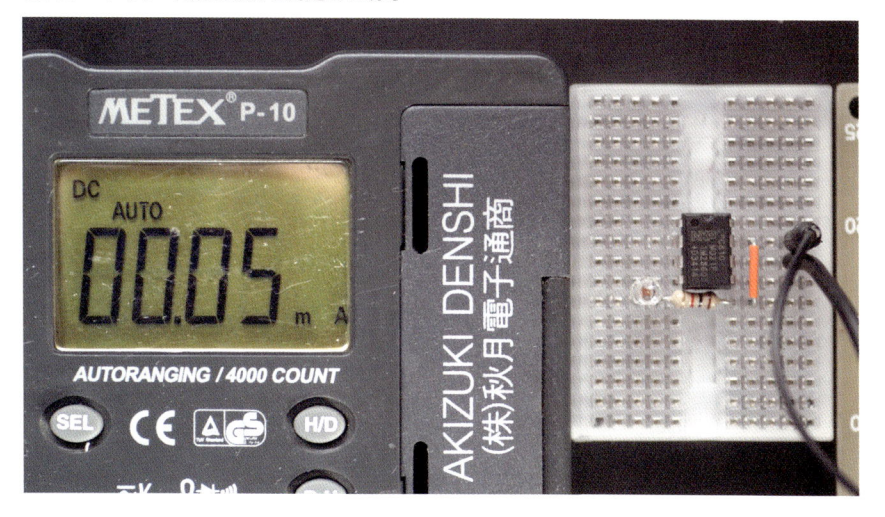

　LEDを点滅させる全部のやりかたについて、消灯している期間の消費電流を下にまとめます。SysTickタイマやMRTを使うプログラムは点滅の間隔を5秒に書き換えて測定しました。これら普通のタイマは普通のクロック生成器で動くため、これが大きな電流を消費し、ほかでどう頑張っても省電力の効果に限界があります。

●LEDが消灯している期間の消費電流（実測）

点滅の方法	消費電流	目立って電流を消費する回路
SysTickタイマと電力制御なし	3.81mA	クロック生成器、フラッシュメモリ、CPU
SysTickタイマと関数＿＿WFI	1.95mA	クロック生成器、フラッシュメモリ
MRTのバスストールモード	2.11mA	クロック生成器、フラッシュメモリ、MRT
WKTとスリープ	1.76mA	クロック生成器、フラッシュメモリ
WKTとディープスリープ	0.21mA	フラッシュメモリ
WKTとパワーダウン	0.05mA	レジスタ、RAM
WKTとディープパワーダウン	0.03mA	—

　クロック生成器を止めると消費電流が1桁下がり、フラッシュメモリを止めるともう1桁下がります。そのかわり、ウェイクアップのあとフラッシュメモリが起動するまで100μ秒掛かり、クロック生成器が安定するまで500μ秒待機する必要があります。無頓着な制御は、LEDこそ点滅しますが、非同期シリアルで文字化けに悩まされます。

chapter1

4 大気圧計
PLUS ⊕ ONE — I²Cマスタハンドラの制作

[第1章]
基礎構築編
Fundamental Theory

⊕ 大気圧計の試作

　LPC810は単体で大きな仕事を成し遂げるマイコンではないので、いずれI²Cを使って高機能な部品かもうひとつのLPC810と連携することになります。相手がいきなりLPC810だと開発が堂々巡りに陥りますから、まずは高機能な部品をいくつか動かしてみてI²Cのノリを掴むことにします。この場合、LPC810の立場はI²Cのマスタです。

　I²Cのスレーブは秋月電子通商の大気圧センサモジュールAE-LPS25Hとします。いきおい製作の目標は大気圧計になりますが、どちらかといえばI²Cの制御を成功させるほうに主眼があります。AE-LPS25Hは、初めて手にしたマイコンでI²Cを動かしてみるのにもってこいの、とても素直な仕組みをもちます。製作例を下に示します。

●大気圧計の製作例

●AE-LPS25Hの外観と主要な仕様

項目	仕様
大気圧測定部	260hPa 〜 1260hPa、誤差 ±0.1hPa
温度測定部	0℃〜 80℃、誤差± 2℃
インタフェース	I²C/SPI、400kビット/秒、I²Cのアドレスは0x5cまたは0x5d
電源電圧	1.71V 〜 3.6V
動作電流	最高頻度測定時30μA、最低頻度測定時5.5μA

　AE-LPS25Hの外観と主要な仕様を上に示します。ピッチ変換基板にSTマイクロエレクトロニクスのLPS25Hと関連の部品が一式、取り付けられています。通信の相手はLPS25Hになり、通信の手順はLPS25Hのデータシートにしたがいます。LPS25Hはきわめて精度の高い大気圧とそれほどでもない温度を、I²CまたはSPIで知らせます。

　AE-LPS25Hの機能の一部は、下に示すとおり、配線のしかたで働きが異なります。インタフェースはI²Cを選びます。アドレスは0x5dとします。プルアップ用のソルダパッドはオープンにしておいて外部の抵抗でプルアップします。これで、AE-LPS25Hは本書が取り扱う全部のスレーブと自由な組み合わせで動かすことができます。

●AE-LPS25Hの選択可能な機能

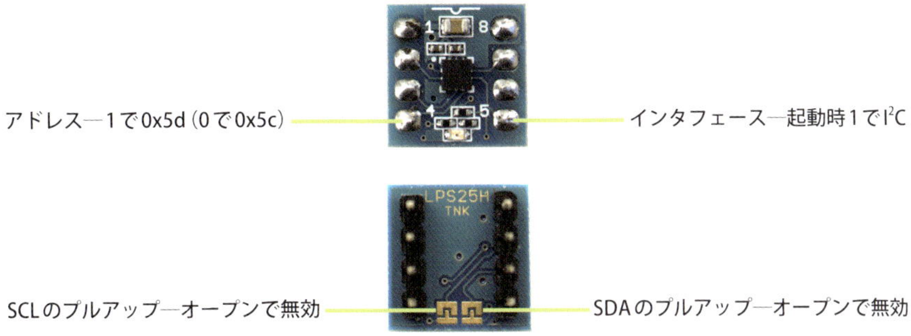

アドレス―1で0x5d（0で0x5c）　　　　　　　インタフェース―起動時1でI²C

SCLのプルアップ―オープンで無効　　　　　SDAのプルアップ―オープンで無効

4―大気圧計

●大気圧計の回路

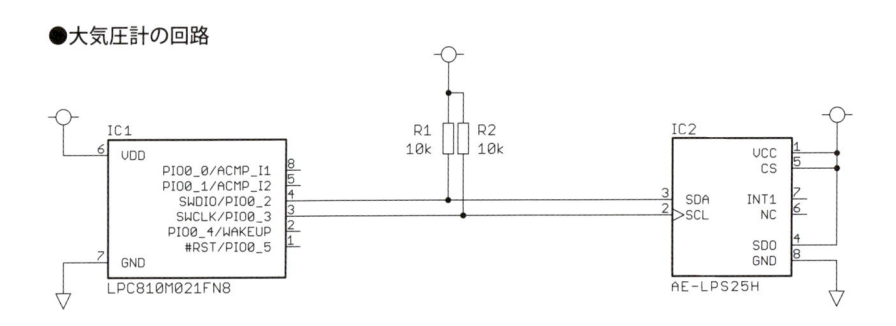

```
     IC1                                R1    R2      IC2
  6  VDD                               10k   10k    1  VCC
     PIO0_0/ACMP_I1  8                               5  CS
     PIO0_1/ACMP_I2  5                            3  SDA   7  INT1
     SWDIO/PIO0_2    4                            2  SCL   6  NC
     SWCLK/PIO0_3    3                                     4  SDO
     PIO0_4/WAKEUP   2                                     8  GND
  7  #RST/PIO0_5     1
     GND
     LPC810M021FN8                                  AE-LPS25H
```

　大気圧計の回路を上に示します。I²CはSCL（クロック）とSDA（データ）の2本の信号線でバスを構成します。SCLとSDAはどのピンにでも割りあてることができて、製作例では論理2番ピンと論理3番ピンに割りあてています。これでLPC810を書き込み装置に取り付けたまま動かせますし、パソコンが間に合わせの表示装置になります。

　配線図と部品表を下に示します。部品点数が少ないのでブレッドボードに組み立てて書き込み装置のLPC810とつなぎました。AE-LPS25Hは、この配線図だと、天地が逆になります。プルアップ用の抵抗は、以前は小さめの値で確実に動かすことを目指したものですが、今は大きめの値にして消費電力を抑える設計がハヤリです。

●配線図と部品表（ブレッドボード側）

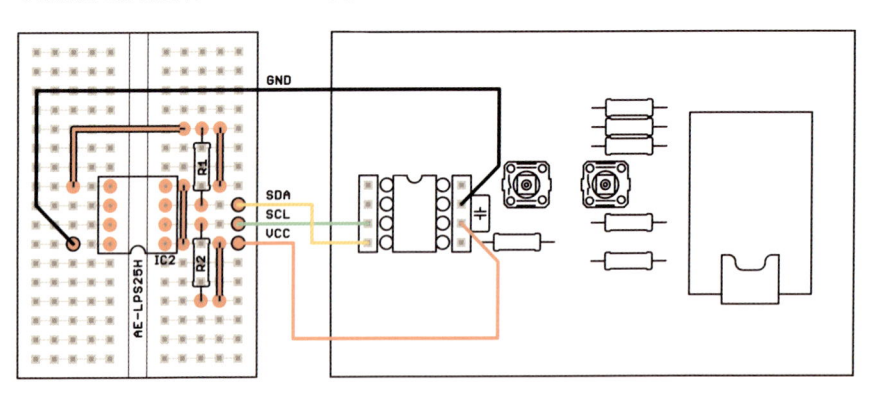

部品番号	仕様	数量	備考
IC2	AE-LPS25H	1	大気圧センサモジュール
R1、R2	10kΩ	2	1/4Wカーボン抵抗
—	BB-601（WANJIE）	1	ブレッドボード

⊕ I²Cマスタの制御

　大気圧計のプログラムは、I²Cマスタの制御、それを利用するLPS25Hの制御、それを利用する本編の3層で構成します。I²Cマスタの制御は今後もたびたび必要になるのでI²Cマスタハンドラに切り分けて使い回すことにします。LPS25Hの制御は、部品を変更したときすぐ差し替えられるよう、やはりLPS25Hハンドラに切り分けます。

　I²Cマスタハンドラのヘッダi2cm.hを下に示します。I²Cの細ごまとした選択肢を無難なところに固定し、ざっくり4つの関数にまとめました。まず関数i2cmSetupErrでエラー処理関数を登録し（省略可能）、次に関数i2cmSetupでI²Cマスタをセットアップします。以降、関数i2cmRxで読み込み、関数でi2cmTxで書き込みができます。

● I²Cマスタハンドラのヘッダi2cm.h

```c
// i2cm.h

#ifndef I2CM_H_
#define I2CM_H_

// i2cmSetupErr―エラー処理関数を登録する
// 引数：pFunc―関数名
void i2cmSetupErr(
    // エラー処理関数―関数名と処理の内容はユーザー定義
    // 引数：adrs―エラーを発生したスレーブのアドレス、err―エラーコード
    void (*pFunc)(uint8_t adrs, ErrorCode_t err)
);

// i2cmSetup―I²Cマスタをセットアップする
void i2cmSetup(void);

// i2cmRx―スレーブからデータを読み込む
// 引数：buf―データを読み込むバッファ、count―読み込むデータ数+1（アドレス）
// バッファの先頭にはスレーブのアドレスが読み込まれる
void i2cmRx(uint8_t *buf, uint8_t count);

// i2cmTx―スレーブへデータを書き込む
// 引数：buf―書き込むデータのバッファ、count―書き込むデータ数+1（アドレス）
// バッファの先頭にはスレーブのアドレスを書き込んでおく
void i2cmTx(uint8_t *buf, uint8_t count);

#endif
```

4―大気圧計

ソースi2cm.cの記述を下に示します。LPC810はROMにI²Cの制御機能をもっており、そのAPIの規則にしたがって処理を組み立てています。すなわち、メモリを確保し（記述❶）、それでハンドルを取得し（記述❷）、それをセットアップや通信に使います。読み込み方法（記述❸）と書き込み方法（記述❹）は所定の構造体に設定します。

● I²Cマスタハンドラのソース i2cm.c

```
// i2cm.c

#include "chip.h"   //LPCOpenのヘッダ

I2C_HANDLE_T *i2cmHandle;   //I²C APIのハンドル
uint32_t i2cmMem[0x20];     //I²C APIのメモリ ――――❶
void (*i2cmError)(uint8_t, ErrorCode_t) = NULL;   //エラー処理関数

//エラー処理関数を登録する関数
void i2cmSetupErr(void (*pFunc)(uint8_t, ErrorCode_t)){
  i2cmError = pFunc;   //エラー処理関数を登録
}

//I²Cマスタをセットアップする関数
void i2cmSetup(){
  Chip_I2C_Init(LPC_I2C);   //I²Cを起動してリセット

  //I²C APIのハンドルを取得
  i2cmHandle = LPC_I2CD_API->i2c_setup(
    LPC_I2C_BASE, i2cmMem);   //I²C APIのハンドルを取得 ――❷
  if(i2cmHandle == NULL){   //もしI²C APIのセットアップに失敗したら
    if(i2cmError == NULL)   //もしエラー処理関数が未登録なら
      while(1);             //停止
    else                    //そうでなければ
      i2cmError(0, 1);      //エラー処理関数を呼び出す（アドレス未定）
  }

  //通信速度を設定
  ErrorCode_t err = LPC_I2CD_API->i2c_set_bitrate(
    i2cmHandle, SystemCoreClock, 100000);   //通信速度100kbps
  if (err != LPC_OK){       //もし通信速度の設定に失敗したら
    if(i2cmError == NULL)   //もしエラー処理関数が未登録なら
      while(1);             //停止
    else                    //そうでなければ
      i2cmError(0, err);    //エラー処理関数を呼び出す（アドレス未定）
  }

  //タイムアウトを設定（1000000で通信16ビット相当）
  LPC_I2CD_API->i2c_set_timeout(i2cmHandle, 100000);
}
```

```c
//スレーブからデータを読み込む関数
void i2cmRx(uint8_t *buf, uint8_t count){
  I2C_PARAM_T par;      //通信形式の構造体
  I2C_RESULT_T res;     //通信結果の構造体
  ErrorCode_t err;      //エラーコード

  //通信形式を設定
  par.num_bytes_send = 0;       //書き込むバイト数
  par.num_bytes_rec = count;    //読み込むバイト数
  par.buffer_ptr_rec = buf;     //読み込むバッファ
  par.stop_flag = 1;            //通信後に終了手続きを実行

  //読み込み
  err = LPC_I2CD_API->i2c_master_receive_poll(
    i2cmHandle, &par, &res); //読み込みを実行
  if (err != LPC_OK){           //もし読み込みに失敗したら
    if(i2cmError == NULL)       //もしエラー処理関数が未登録なら
      while(1);                 //停止
    else                        //そうでなければ
      i2cmError(*buf, err);     //エラー処理関数を呼び出す
  }
}

//スレーブへデータを書き込む関数
void i2cmTx(uint8_t *buf, uint8_t count){
  I2C_PARAM_T par;      //通信形式の構造体
  I2C_RESULT_T res;     //通信結果の構造体
  ErrorCode_t err;      //エラーコード

  //通信形式を設定
  par.num_bytes_send = count;   //書き込むバイト数
  par.buffer_ptr_send = buf;    //書き込むバッファ
  par.num_bytes_rec = 0;        //読み込むバイト数
  par.stop_flag = 1;            //通信後に終了手続きを実行

  //書き込み
  err = LPC_I2CD_API->i2c_master_transmit_poll(
    i2cmHandle, &par, &res); //書き込みを実行
  if (err != LPC_OK){           //もし書き込みに失敗したら
    if(i2cmError == NULL)       //もしエラー処理関数が未登録なら
      while(1);                 //停止
    else                        //そうでなければ
      i2cmError(*buf, err);     //エラー処理関数を呼び出す
  }
}
```

⊕ LPS25Hの内部構造

LPS25Hは内部に22本のレジスタをもち、その読み書きに応じて動作します。下に示すとおり、マスタがアドレスの直後に書き込んだ値はレジスタ番号とみなされ、続く読み書きの対象となります。また、レジスタ番号の最上位ビットを1にして書き込むと自動増加が設定され、それ以降に並んだレジスタを連続的に読み書きできます。

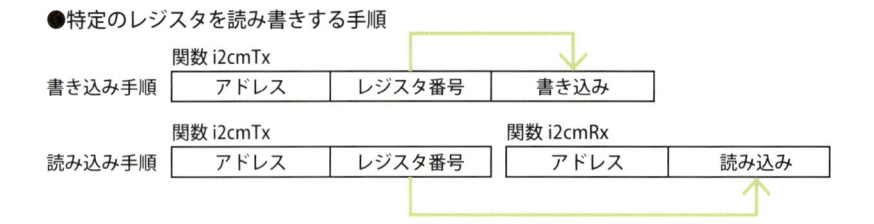

● 特定のレジスタを読み書きする手順

	関数 i2cmTx			
書き込み手順	アドレス	レジスタ番号	書き込み	

	関数 i2cmTx		関数 i2cmRx	
読み込み手順	アドレス	レジスタ番号	アドレス	読み込み

大気圧と温度の測定で読み書きするレジスタは全部で8本です。そのうち、測定の動作に関係するのは下に示す3本です。レジスタ番号0x20はセットアップの段階で0x80に設定し、LPS25Hの電源を入れます。測定はレジスタ番号0x21に1を書き込んで開始し、レジスタ番号0x27の下位2ビットがともに1になるのを待って終了します。

● 測定の動作に関係するレジスタ

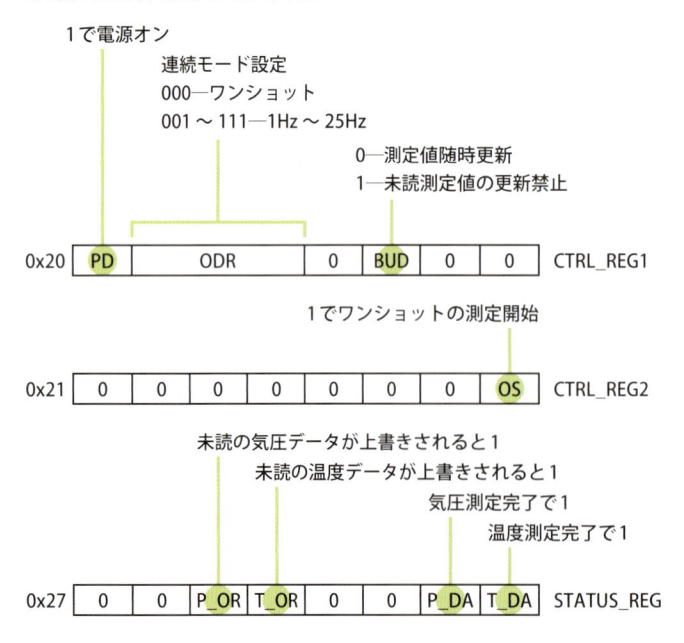

- 1で電源オン
- 連続モード設定
  - 000—ワンショット
  - 001〜111—1Hz〜25Hz
- 0—測定値随時更新
- 1—未読測定値の更新禁止

| 0x20 | PD | ODR | | | 0 | BUD | 0 | 0 | CTRL_REG1 |

1でワンショットの測定開始

| 0x21 | 0 | 0 | 0 | 0 | 0 | 0 | 0 | OS | CTRL_REG2 |

- 未読の気圧データが上書きされると1
- 未読の温度データが上書きされると1
- 気圧測定完了で1
- 温度測定完了で1

| 0x27 | 0 | 0 | P_OR | T_OR | 0 | 0 | P_DA | T_DA | STATUS_REG |

測定結果は下に示す5本のレジスタが保持します。大気圧の測定結果は3バイトの符号付き整数で、レジスタ番号0x28〜0x2aに記録されます。温度の測定結果は2バイトの符号付き整数で、レジスタ番号0x2b〜0x2cに記録されます。I²Cは1バイト単位で読み書きしますから、読み出した値をつないで元の型に変換する必要があります。

●測定結果を保持するレジスタ

0x28	大気圧の測定結果の0〜7ビット	PRESS_OUT_XL
0x29	大気圧の測定結果の8〜15ビット	PRESS_OUT_L
0x2a	大気圧の測定結果の16〜23ビット	PRESS_OUT_H
0x2b	温度の測定結果の0〜7ビット	TEMP_OUT_L
0x2c	温度の測定結果の8〜15ビット	TEMP_OUT_H

型変換はC言語の文法と整合をとるだけの不毛な処理なので、なるべく簡単にすませます。共用体を利用した型変換の例を下に示します。大気圧と温度は連続したレジスタにありますから、共用体の8ビットの変数にまとめて読み込みます。そのあと、大気圧は32ビットの値として読み取り、温度は16ビットの値として読み取ります。

●共用体を利用した型変換

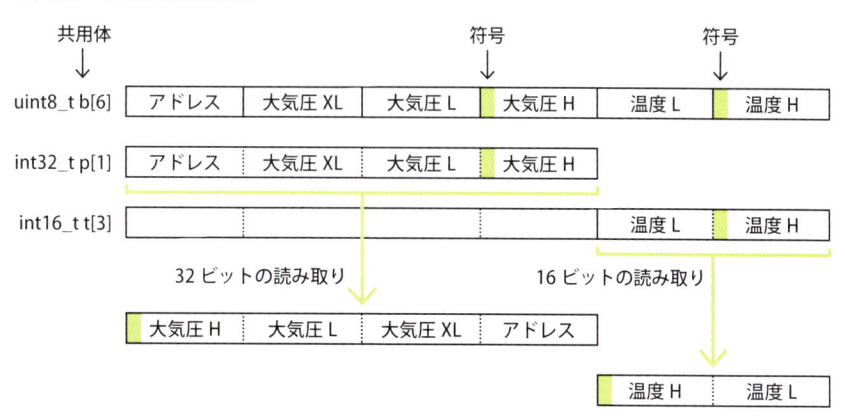

測定結果は大気圧や温度の実数ではありません。所定の数式にあてはめて単位hPaの大気圧と単位℃の温度に換算します。数式はプログラムの実例で示します。大気圧の測定結果は末尾にアドレスがつながっているので、換算の前に256で割り、右へ8ビット分シフトします。これで、符号を維持したままアドレスが右へ追い出されます。

⊕ LPS25Hの制御

　LPS25Hハンドラのヘッダlps25h.hを下に示します。ヘッダは関数の仕様表を兼ねます。関数の一般的な使いかたは次のとおりです。はじめに関数lpsSetupでLPS25Hをセットアップします。以降、関数lpsMeasureで大気圧と温度を取得できます。関数lpsWriteと関数lpsReadは、それ以外の処理（警告の設定など）のための押さえです。

● LPS25Hハンドラのヘッダlps25h.h

```c
// lps25h.h

#ifndef LPS25H_H_
#define LPS25H_H_

#define LPS_ADRS (0x5d << 1)  //LPS25Hのアドレス

//lpsWrite―レジスタへデータを書き込む
// 引数：reg―レジスタ、data―データ
void lpsWrite(uint8_t reg, uint8_t data);

//lpsRead―レジスタからデータを読み込む
// 引数：reg―レジスタ
// 戻値：データ
uint8_t lpsRead(uint8_t reg);

//lpsSetup―LPS25Hをセットアップする
void lpsSetup(void);

//lpsMeasure―大気圧と温度を取得する
// 引数：atm―大気圧を保持する変数、tmp―温度を保持する変数
void lpsMeasure(float *atm, float *tmp);

#endif
```

　ソースlps25h.cの記述を右に示します。関数lpsWriteと関数lpsReadは機能がとてもシンプルなので、I²CマスタハンドラひいてはAPIの規則を知る、格好のサンプルです。書き込みはバッファの先頭にアドレスを設定します（記述❶）。読み込みもバッファの先頭にアドレスが記録され、データは2番め以降に存在します（記述❷）。

●LPS25Hハンドラのソース lps25h.c

```c
// lps25h.c

#include "chip.h"      //LPCOpenのヘッダ
#include "i2cm.h"      //I²Cマスタハンドラのヘッダ
#include "lps25h.h"    //LPS25Hハンドラのヘッダ

//レジスタへデータを書き込む関数
void lpsWrite(uint8_t reg, uint8_t data) {
  uint8_t buf[3]; //書き込み用バッファ

  buf[0] = LPS_ADRS;   //アドレス ──❶
  buf[1] = reg;        //レジスタ番号
  buf[2] = data;       //データ
  i2cmTx(buf, 3);      //3バイトを書き込む
}

//レジスタからデータを読み込む関数
uint8_t lpsRead(uint8_t reg) {
  uint8_t buf[2]; //読み書き用バッファ

  buf[0] = LPS_ADRS;   //アドレス
  buf[1] = reg;        //レジスタ番号
  i2cmTx(buf, 2);      //2バイトを書き込む

  i2cmRx(buf, 2);      //アドレス+1バイトを読み込む
  return buf[1];       //データを持ち帰る ──❷
}

//LPS25Hをセットアップする関数
void lpsSetup() {
  lpsWrite(0x20, 0x80); //LPS25Hの電源を入れる
}

//大気圧と温度を取得する関数
void lpsMeasure(float *atm, float *tmp) {
  union { //型変換用共用体
    uint8_t b[6]; //データを読み込むための変数
    int32_t p[1]; //大気圧を読み出すための変数
    int16_t t[3]; //温度を読み出すための変数
  } buf;

  lpsWrite(0x21, 1); //測定開始
  while ((lpsRead(0x27) & 3) != 3); //測定の終了を待つ
```

```
//測定結果の読み込み
buf.b[0] = LPS_ADRS;          //アドレス
buf.b[1] = (0x28 | 0x80);     //レジスタ番号(最上位ビットを1に設定)  ❸
i2cmTx(buf.b, 2);             //2バイトを書き込む
i2cmRx(buf.b, 6);             //アドレス+5バイトを読み込む

//実数への換算  ❹
*atm = (float)(buf.p[0] / 256) / 4096; //単位hPaの大気圧に換算
*tmp = 42.5 + (float) buf.t[2] / 480;  //単位℃の温度に換算
}
```

　測定結果は連続したレジスタにありますから、レジスタ番号の最上位ビットを1とし(位置❸)、まとめて共用体の8ビットの変数に読み込みます。そのうえで、大気圧は32ビットの値として読み取り、温度は16ビットの値として読み取ります。この値を所定の数式にあてはめて単位hPaの大気圧と単位℃の温度に換算します(位置❹)。

⊕ 大気圧計のテスト

　大気圧計のプロジェクトbarProtoを作ります。目標はLPS25Hから大気圧と温度を取得し、パソコンの端末に繰り返し表示することです。たったそれだけの話でも、繰り返しの間隔や表示の書式などすみずみに小さな配慮が求められ、結局、これまでに作ったハンドラを総動員することになりました。barProtoの構成を下に示します。

● プロジェクトbarProtoの構成

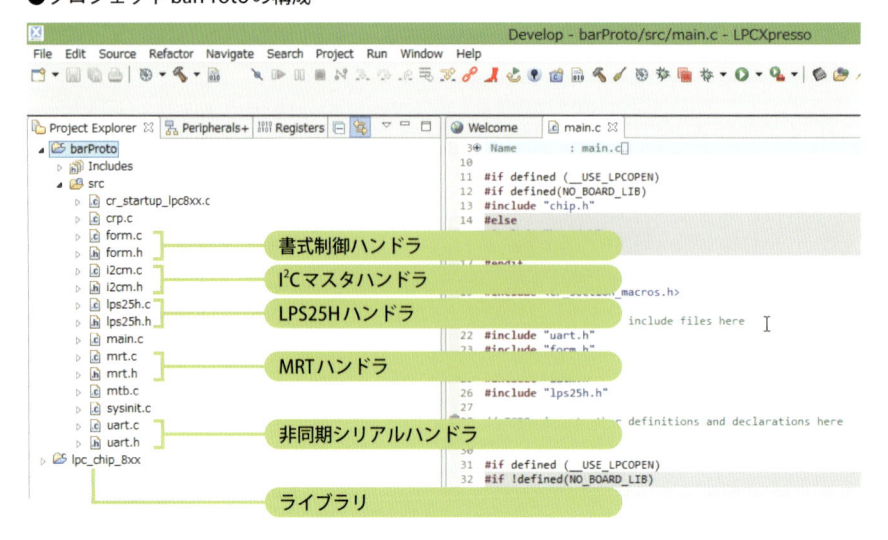

●プロジェクトbarProtoのソースmain.c

```
// main.c

#include "chip.h"     //LPCOpenのヘッダ
#include "uart.h"     //非同期シリアルハンドラのヘッダ
#include "form.h"     //書式制御ハンドラのヘッダ
#include "mrt.h"      //MRTハンドラのヘッダ
#include "i2cm.h"     //I2Cマスタハンドラのヘッダ
#include "lps25h.h"   //LPS25Hハンドラのヘッダ

int main(void) {
  SystemCoreClockUpdate(); //システムクロックを登録

  //スイッチマトリクスでピンを設定 ――――❶
  Chip_Clock_EnablePeriphClock(SYSCTL_CLOCK_SWM);
  Chip_SWM_DisableFixedPin(SWM_FIXED_SWCLK); //SWCLK無効
  Chip_SWM_DisableFixedPin(SWM_FIXED_SWDIO); //SWDIO無効
  Chip_SWM_MovablePinAssign(SWM_I2C_SDA_IO, 2); //SDA
  Chip_SWM_MovablePinAssign(SWM_I2C_SCL_IO, 3); //SCL
  Chip_SWM_MovablePinAssign(SWM_U0_TXD_O, 4);   //TXD
  Chip_SWM_MovablePinAssign(SWM_U0_RXD_I, 0);   //RXD
  Chip_Clock_DisablePeriphClock(SYSCTL_CLOCK_SWM);

  uartSetup(); //非同期シリアルをセットアップ
  i2cmSetup(); //I²Cマスタをセットアップ
  mrtSetup();  //MRTをセットアップ
  lpsSetup();  //LPS25Hをセットアップ
```

　関数mainを含むソースmain.cの記述を上に示します。いつになく多くのハンドラを使いますが、いつものようにヘッダを取り込み、セットアップします。LPC810のピンは下に示すとおり設定します。書き込み装置でUSB-非同期シリアル変換モジュールにつながるピンを非同期シリアル、未使用のピンをI²Cに割りあてます（記述❶）。

●LPC810のピンの設定

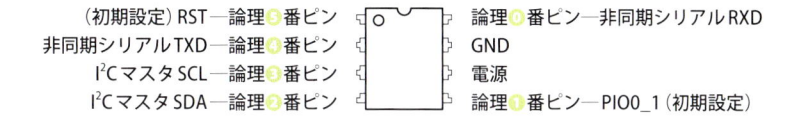

（初期設定）RST ― 論理❺番ピン　　　　論理❶番ピン ― 非同期シリアルRXD
非同期シリアルTXD ― 論理❹番ピン　　　GND
I²CマスタSCL ― 論理❸番ピン　　　　　　電源
I²CマスタSDA ― 論理❷番ピン　　　　　　論理❻番ピン ― PIO0_1（初期設定）

4―大気圧計　　　　69

```
    uartPuts("Barometer\r\n");   //タイトルを表示
    while (1) {  //つねに繰り返す ────❷
      float atm;  //大気圧
      float tmp;  //温度

      lpsMeasure(&atm, &tmp);   //大気圧と温度を取得

      uartPuts("ATM:");  //ラベルを表示
      uartPuts(formFloat(atm, 4, 2));  //大気圧を表示
      uartPuts("hPa, TMP:");  //単位とラベルを表示
      uartPuts(formFloat(tmp, 2, 2));  //温度を表示
      uartPuts("*C\r\n");  //単位と改行を表示

      mrtWait(MRT_MS(2000));  //2秒停止
    }
    return 0;  //文法上の整合をとる記述
}
```

　セットアップを終えたらタイトルを表示して永久ループに入ります（記述❷）。その中で、LPS25Hから大気圧と温度を取得し、パソコンの端末に表示し、2秒停止します。大気圧計にとってここが肝腎なところですが、必要なことはあらかた各種のハンドラがやってくれるため、プログラムの本編はごくあっさりした記述ですんでいます。

　プロジェクトが込み入ってきたらプログラムのサイズに配慮します。プログラムのサイズはビルドしたときコンソールの末尾に表示されます。フラッシュメモリに占めるサイズはtextの数字で、LPC810の場合、最大4096バイトです。barProtoは下に示すとおり3616バイトで、やや大きめですが、あともうひと仕事する余裕があります。

●barProtoのプログラムのサイズ

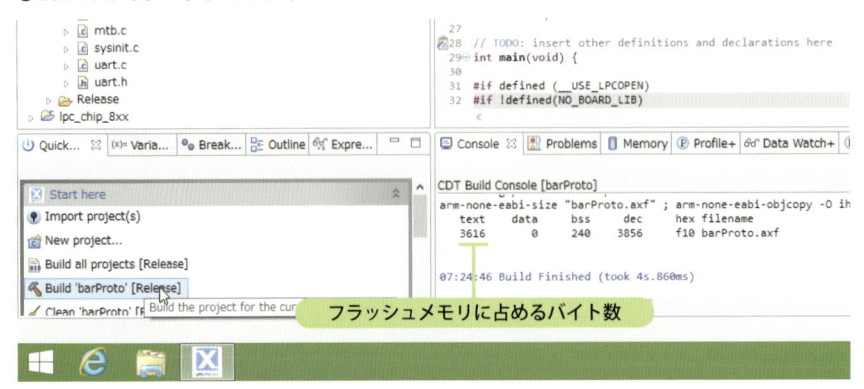

フラッシュメモリに占めるバイト数

●barProtoの実行例

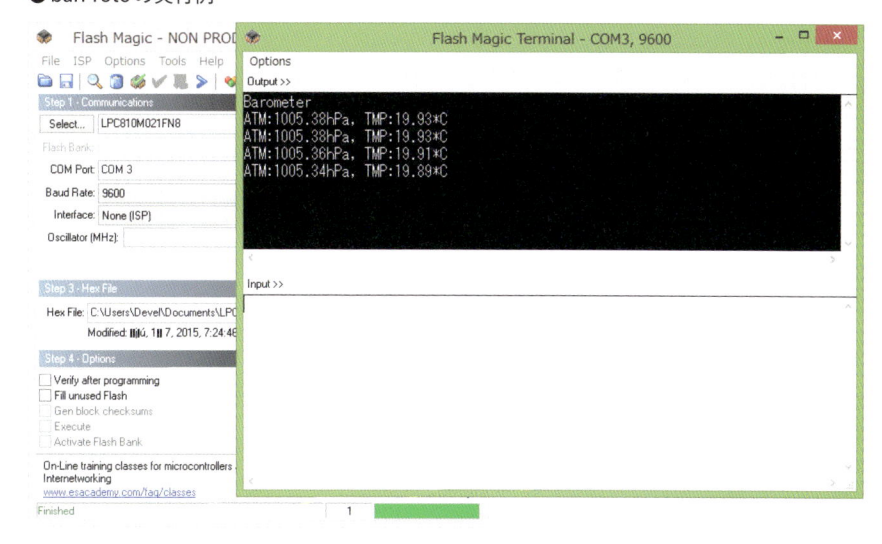

FlashMagicでbarProto.hexを書き込み、そのままFlashMagicの端末機能で通信します。上に示すとおり大気圧と温度が繰り返し表示され、テストは成功しました。通信を安全に終了する方法は用意していません。通信中にウィンドウを閉じるとフリーズしますから、表示が終わったあと次の表示が始まる前のタイミングで閉じてください。

chapter1 5 温湿度計

PLUS ⊕ ONE──ひねくれたスレーブの取り扱い

[第1章]
基礎構築編
Fundamental Theory

⊕ 温湿度計の試作

　I^2Cのスレーブは魅力的な製品に恵まれるかたわら取り扱いの難しい製品も散見されます。魅力的な製品の取り扱いが難しいということもあります。ですから、I^2Cマスタハンドラはエラー処理関数を登録することでたいがいの悲惨な状況を切り抜けられるようになっています。実例として、ひとつひねくれたスレーブを動かしてみます。

　題材はAOSONGの温湿度センサモジュールAM2321です。湿度を測定できる数少ない製品のひとつですが、何かと注文の多いI^2Cを備えます。製作の目標は温湿度計、最大の課題はI^2Cの取り扱いです。製作例を下に示します。AM2321まわりの回路はブレッドボードに組み立てて、書き込み装置に取り付けたままのLPC810で制御します。

●温湿度計の製作例

●AM2321の外観と主要な仕様

項目	温度	湿度
測定範囲	-40℃～80℃	0%～100%
測定精度	誤差±0.3℃以下	誤差±3%（25℃）
測定分解能	0.1℃（16ビット）	0.1%（16ビット）
測定時間	平均2秒	
インタフェース	単線式またはI^{2}C、100kビット/秒、アドレス0x5c	
電源電圧	3.1V～5.5V	
消費電流	測定時500μA、スリープ時10μA	

　AM2321の外観と主要な仕様を上に示します。広い測定範囲と高い測定精度と低い消費電流が特徴です。インタフェースは独自規格の単線式とI^{2}Cが選べます。単線式だとLPC810はピンを1本使うだけですみますが、ゆくゆく大気圧センサモジュールAE-LPS25Hなどと組み合わせる可能性があるならI^{2}Cのほうがピンの節約になります。

　AM2321はピンの間隔が狭く、そのままではブレッドボードに取り付けられません。下に示すとおり、秋月電子通商のピッチ変換基板AE-SOP8-DIP8に取り付けて使うことにします。ピッチ変換基板に取り付けるピンヘッダは、普通の製品（直径0.64mm）だとブレッドボードを痛めるため、俗にいう細ピンヘッダ（直径0.5mm）とします。

●AE-SOP8-DIP8とこれにAM2321を取り付けた状態

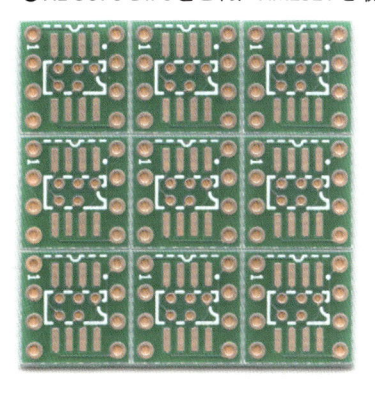

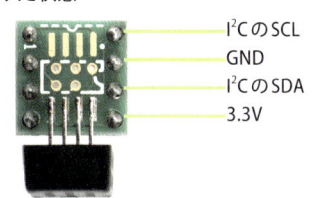

I^{2}CのSCL
GND
I^{2}CのSDA
3.3V

5―温湿度計

73

第1章 基礎構築編

●温湿度計の回路

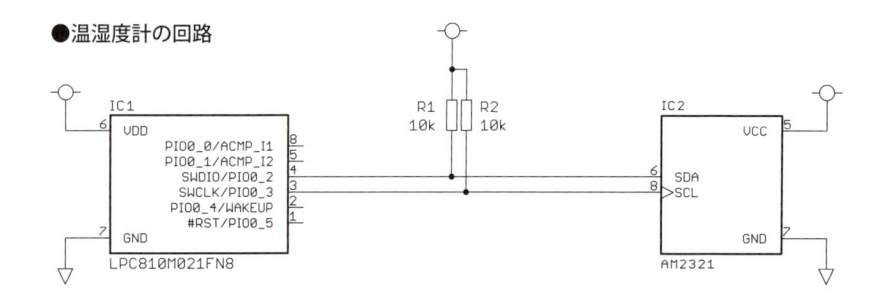

```
IC1: LPC810M021FN8
  6 - VDD
  8 - PIO0_0/ACMP_I1
  7 - PIO0_1/ACMP_I2
  4 - SWDIO/PIO0_2
  3 - SWCLK/PIO0_3
  1 - PIO0_4/WAKEUP
  2 - #RST/PIO0_5
  7 - GND

R1 10k, R2 10k

IC2: AM2321
  5 - VCC
  6 - SDA
  8 - SCL
  3 - GND
```

　温湿度計の回路を上に示します。AM2321は起動時にSCLが0なら単線式、プルアップされていたらI^2Cになります。つまり、I^2Cを選ぶために特別な配線は必要ありません。LPC810は、書き込み装置が使用していない論理2番ピンをSDA、論理3番ピンをSCLに割りあてます。これで書き込み装置に取り付けたまま動かすことができます。

　AM2321まわりの回路はブレッドボードに組み立てます。配線図と部品表を下に示します。AM2321は所定のピッチ変換基板に所定の向きで取り付けてあるものとします。それをブレッドボードへ取り付けるときの向きはピッチ変換基板のインデクス（シルク印刷された破線の凹み）と配線図のインデクスを一致させてください。

●配線図と部品表（ブレッドボード側）

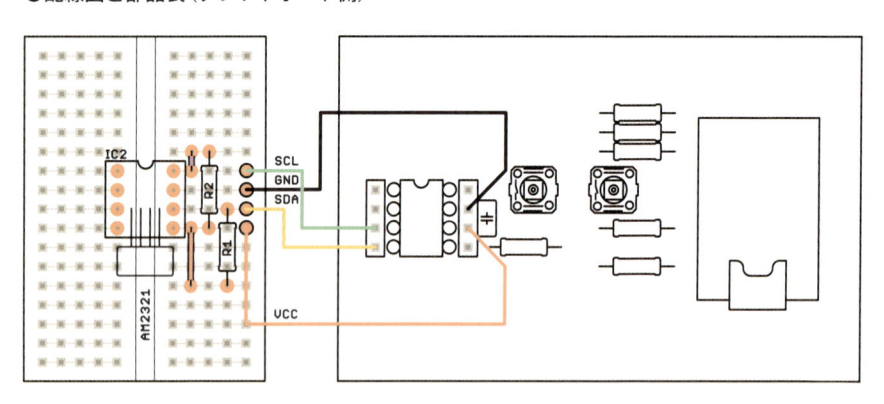

部品番号	仕様	数量	備考
IC2	AM2321	1	温湿度センサモジュール
R1、R2	10kΩ	2	1/4Wカーボン抵抗
—	AE-SOP8-DIP8	1	ピッチ変換基板
—	PHA-1x4SG (Useconn)	2	4ピン1列細ピンヘッダ
—	BB-601 (WANJIE)	1	ブレッドボード

⊕ AM2321の内部構造

　AM2321は回路の発熱が測定に影響することを防ぐため、普段、スリープしています。ウェイクアップさせるには、下に示すとおり、アドレスを指定し、応答を確認します。そういう指示なのですが、AM2321は応答しないことになっています。プログラムはこの場合に限って応答がなくてもエラーとはせず、動作を続けなければなりません。

●ウェイクアップの動作

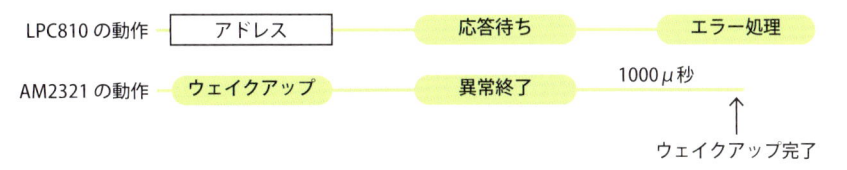

LPC810の動作	アドレス	応答待ち	エラー処理
AM2321の動作	ウェイクアップ	異常終了	1000μ秒 ↑ ウェイクアップ完了

　AM2321は内部に32本のレジスタをもち、その取り扱いを機能コードで指示します。温度と湿度の測定に絞ると話はとても簡単です。下に示すとおり、温度と湿度はレジスタ番号0x00から連続した4本のレジスタに記録されます。その出力を指示する機能コードは0x03で、続けて先頭のレジスタ番号と連続するレジスタ数を書き込みます。

●出力を指示する動作

		0x03	0x00	0x04
LPC810の動作	アドレス	機能コード	レジスタ番号	レジスタ数
AM2321の動作	セットアップ	正常終了	1500μ秒 ↑ セットアップ完了	

0x00	湿度の上位バイト	High humidity
0x01	湿度の下位バイト	Low humidity
0x02	温度の上位バイト	High temperature
0x03	温度の下位バイト	Low temperature

　ウェイクアップしてから通常動作にいたるまで1000μ秒ほど掛かります。また、出力を指示したあとセットアップが完了するまで1500μ秒ほど掛かります。I^2Cは、常識的な遅れならSCLの信号（クロック）を引き延ばして対応しますが、ここまで遅れるとタイムアウトします。プログラムは要所でそれなりの期間、停止する必要があります。

5—温湿度計

出力を指示したデータは前後に確認用のデータを付け加えた形で出力されます。温度と湿度の出力を指示した場合、下に示すとおり、9バイトのデータを読み込むことになります（アドレスは見掛け上のデータで、実際には出力されません）。この動作も途中で30μ秒ほど途切れますが、短い時間なのでタイムアウトにはいたりません。

●読み込みの動作

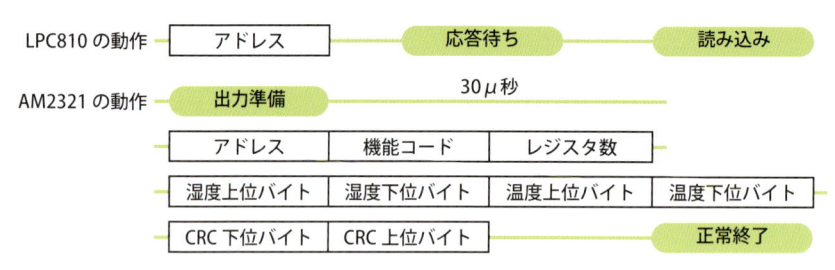

```
LPC810の動作   ─[アドレス]──────[応答待ち]──────[読み込み]
AM2321の動作 ─[出力準備]────30μ秒──────────
              [アドレス][機能コード][レジスタ数]
              [湿度上位バイト][湿度下位バイト][温度上位バイト][温度下位バイト]
              [CRC下位バイト][CRC上位バイト]          [正常終了]
```

　湿度、温度、CRCは2バイトの値です。I²Cは1バイト単位で読み書きしますから、読み出した値をふたつ結合して元の値へ復元する必要があります。湿度とCRCはその性格からつねに正の値をとることが明らかなので符号を考慮する必要がなく、比較的単純な論理演算で復元できます。問題は測定範囲の下限が-40℃に及ぶ温度です。

　データシートの説明によると温度の値は最上位ビットが符号です。これは、符号付き整数ではありません。たとえば-1は、符号付き整数で0xffffになりますがデータシートの説明どおりなら0x8001です。温湿度計はデータシートの説明を忠実に守ります。下に示すとおり、符号をいったん消去して結合し、必要ならあとで追加します。

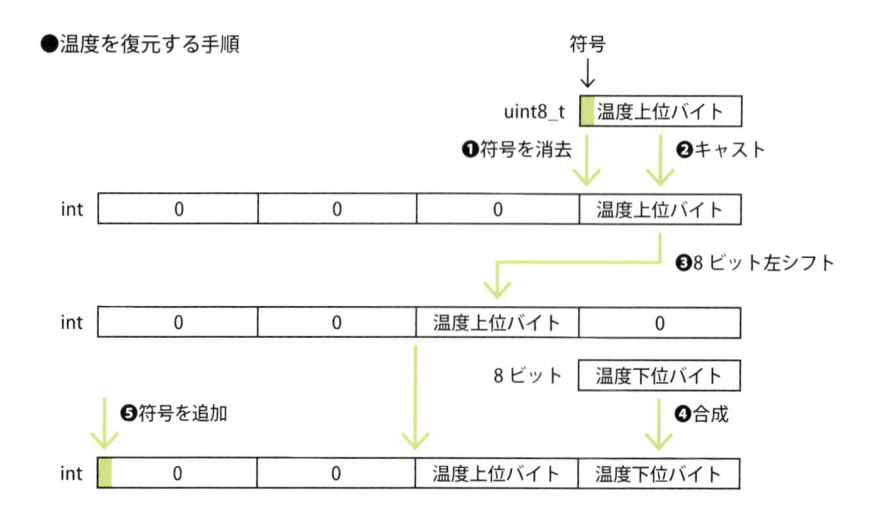

●温度を復元する手順

```
                              符号
                               ↓
                    uint8_t [温度上位バイト]
                   ❶符号を消去↓    ↓❷キャスト
int [  0  ][  0  ][  0  ][温度上位バイト]
                               ↓
                              ❸8ビット左シフト
int [  0  ][  0  ][温度上位バイト][  0  ]
                          8ビット [温度下位バイト]
         ❺符号を追加↓        ↓        ↓❹合成
int [  0  ][  0  ][温度上位バイト][温度下位バイト]
```

●温度や湿度を実数で表示する処理の例

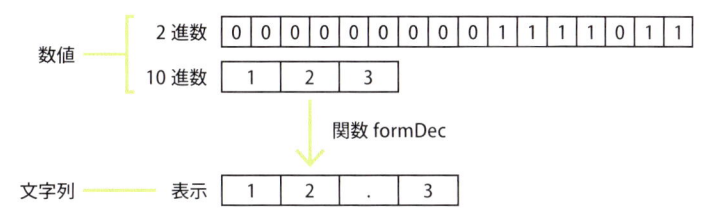

```
数値 ┬ 2進数   0 0 0 0 0 0 0 0 0 1 1 1 1 0 1 1
     └ 10進数  1 2 3
                    ↓ 関数 formDec
文字列 ── 表示  1 2 . 3
```

　AM2321の湿度は単位％の値の10倍、温度は単位℃の値の10倍です。実数を得るとすれば復元した値を浮動小数点型に変換して10で割るのですが、その必要がない応用もありますから、性急にやるべきではありません。温湿度計は、いっさいの計算をせず、上に示すとおり、末尾から2番めの位置に小数点を追加して表示します。

⊕ AM2321の制御

　温湿度計のプログラムでAM2321に関係する処理は、部品を変更したときすぐ差し替えられるという観点からAM2321ハンドラに切り分けます。ヘッダam2321.hの記述を下に示します。関数aosMeasureをひとつだけプロトタイプ宣言しており、これがAM2321のウェイクアップから湿度と温度の読み取りまで一連の処理を実行します。

●AM2321ハンドラのヘッダam2321.h

```c
// am2321.h

#ifndef AM2321_H_
#define AM2321_H_

#define AOS_ADRS (0x5c << 1)  //AM2321のアドレス

//aosMeasure―湿度(％×10)と温度(℃×10)を取得する
// 引数：hum―湿度を保持する変数、tmp―温度を保持する変数
// 戻値：正常終了は0、異常終了は-1
int aosMeasure(int *hum, int *tmp);

#endif
```

5―温湿度計

ソースam2321.cの記述を下に示します。AM2321をウェイクアップさせて1m秒停止し（記述❶）、出力を指示して1500μ秒停止します（記述❷）。続いてデータを読み込み、CRCを計算します（記述❸）。CRCの計算はデータシートのサンプルにしたがいました。LPC810はCRCエンジンを備えますが、計算のしかたが違うため使えません。

●AM2321ハンドラのソースam2321.c

```
// am2321.c

#include "chip.h"       //LPCOpenのヘッダ
#include "mrt.h"        //MRTハンドラのヘッダ
#include "i2cm.h"       //I²Cマスタハンドラのヘッダ
#include "am2321.h"     //AM2321ハンドラのヘッダ

//湿度と温度を取得する関数
int aosMeasure(int *hum, int *tmp) {
  uint8_t buf[9];   //読み込み用バッファ
  uint16_t crc;     //CRC

  //ウェイクアップ
  buf[0] = AOS_ADRS;    //アドレス
  i2cmTx(buf, 1);       //1バイトを書き込む
  mrtWait(MRT_MS(1));   //1m秒停止（ウェイクアップを待つ)  ——❶

  //出力の指示
  buf[1] = 0x03;        //機能コード
  buf[2] = 0x00;        //先頭のレジスタ番号
  buf[3] = 0x04;        //連続したレジスタ数
  i2cmTx(buf, 4);       //4バイトを書き込む
  mrtWait(MRT_US(1500)); //1500μ秒停止（セットアップの完了を待つ) ——❷

  i2cmRx(buf, 9);       //アドレス+8バイトを読み込む

  //本来あるべきCRCの値を計算 ——❸
  uint16_t chk = 0xffff;
  int i, j;
  for (i = 1; i <= 6; i++) {
    chk ^= buf[i];
    for (j = 0; j < 8; j++)
      if (chk & 0x01) {
        chk >>= 1;
        chk ^= 0xa001;
      } else
        chk >>= 1;
  }
```

```
crc = buf[7] | ((uint16_t) buf[8] << 8);  //CRCを復元
if (crc != chk)  //もし本来あるべきCRCの値と一致しなかったら ❹
  return -1;  //異常終了

*hum = ((uint32_t)buf[3] << 8) | buf[4];  //湿度を復元
*tmp = ((uint32_t)(buf[5] & 0x7f) << 8) | buf[6];  //温度を復元
*tmp *= (buf[5] & 0x80) ? -1: 1;  //温度の符号を復元
return 0;  //正常終了
}
```

　計算したCRCは読み込んだCRCと比較して（記述❹）、もし一致しなかったら通信に失敗したと判断します。一致した場合、読み込んだデータから湿度と温度を復元します。湿度と温度は16ビットの値ですが、ARM系の流儀にしたがい32ビットの型で取り扱います。実数への換算はしないので、湿度と温度は実数の10倍になります。

⊕ 温湿度計のテスト

　温湿度計のプロジェクトaosProtoを作ります。目標はAM2321から湿度と温度を取得し、パソコンの端末に繰り返し表示することです。aosProtoの構成を下に示します。やることが大気圧計のプロジェクトとほとんど同じですから、プロジェクトの構成もLPS25HハンドラをAM2321ハンドラに差し替えたくらいの違いしかありません。

● プロジェクトaosProtoの構成

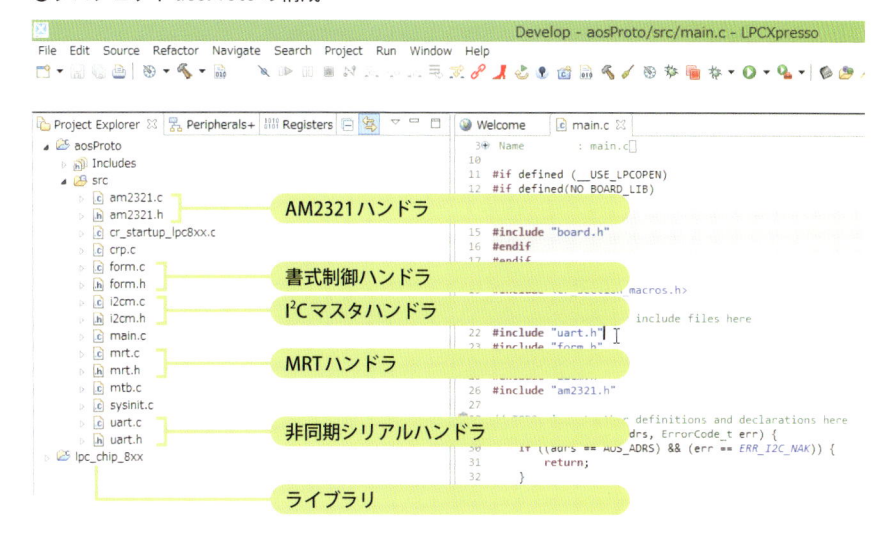

- AM2321ハンドラ
- 書式制御ハンドラ
- I²Cマスタハンドラ
- MRTハンドラ
- 非同期シリアルハンドラ
- ライブラリ

5 ― 温湿度計

関数mainを含むソースmain.cの記述を下に示します。AM2321のウェイクアップにかかわる問題はここで解決します。I²Cでエラーが発生すると、あらかじめ登録しておいた（記述❷）エラー処理関数が呼び出されます。その中で引数を調べ、AM2321で発生した応答がないというエラーだったら（記述❶）、すぐに戻って動作を続けます。

●プロジェクトaosProtoのソースmain.c

```
// main.c

#include "chip.h"       //LPCOpenのヘッダ
#include "uart.h"       //非同期シリアルハンドラのヘッダ
#include "form.h"       //書式制御ハンドラのヘッダ
#include "mrt.h"        //MRTハンドラのヘッダ
#include "i2cm.h"       //I²Cマスタハンドラのヘッダ
#include "am2321.h"     //AM2321ハンドラのヘッダ

//エラー処理関数
void resume(uint8_t adrs, ErrorCode_t err) {
  //もしAM2321のアドレスで応答なしのエラーが発生したら ───❶
  if( (adrs == AOS_ADRS) && (err == ERR_I2C_NAK)){
    return; //戻って動作を継続する
  }
  while(1); //（本物のエラーであれば）停止する
}

int main(void) {
  SystemCoreClockUpdate();  //システムクロックを登録

  //スイッチマトリクスでピンを設定
  Chip_Clock_EnablePeriphClock(SYSCTL_CLOCK_SWM);
  Chip_SWM_DisableFixedPin(SWM_FIXED_SWCLK);  //SWCLK無効
  Chip_SWM_DisableFixedPin(SWM_FIXED_SWDIO);  //SWDIO無効
  Chip_SWM_MovablePinAssign(SWM_I2C_SDA_IO, 2);  //SDA
  Chip_SWM_MovablePinAssign(SWM_I2C_SCL_IO, 3);  //SCL
  Chip_SWM_MovablePinAssign(SWM_U0_TXD_O, 4);    //TXD
  Chip_SWM_MovablePinAssign(SWM_U0_RXD_I, 0);    //RXD
  Chip_Clock_DisablePeriphClock(SYSCTL_CLOCK_SWM);

  uartSetup();  //非同期シリアルをセットアップ
  mrtSetup();   //MRTをセットアップ
  i2cmSetupErr(resume);  //I²Cのエラー処理関数を登録 ───❷
  i2cmSetup();  //I²Cマスタをセットアップ

  uartPuts("Hygrometer\r\n");  //タイトルを表示
```

[第1章] 基礎構築編

```c
while (1) {  //つねに繰り返す
  int hum;  //湿度
  int tmp;  //温度

  int result = aosMeasure(&hum, &tmp);  //湿度と温度を取得
  if (result < 0) {  //もし取得に失敗したら
    uartPuts("CRC error.\r\n");  //エラーを表示
  } else {  //そう（取得に失敗）でなければ
    uartPuts("HUM:");  //ラベルを表示
    uartPuts(formDec(hum, 2, 1));  //湿度を表示
    uartPuts("%, TMP:");  //単位とラベルを表示
    uartPuts(formDec(tmp, 2, 1));  //温度を表示
    uartPuts("*C\r\n");  //単位と改行を表示
  }
  mrtWait(MRT_MS(2000));  //2秒停止
}
return 0;  //文法上の整合をとる記述
}
```

　aosProtoの実行例を下に示します。期待どおり、湿度と温度が繰り返し表示されました。取得した値を10で割るのではなくただ小数点を追加するだけのインチキなやりかたも、部外者から悟られそうにありません。浮動小数点値の計算をなくしたことで、よく似た大気圧計のプログラムに比べ、ざっと1Kバイトほど小さくまとまりました。

● aosProtoの実行例

5―温湿度計

81

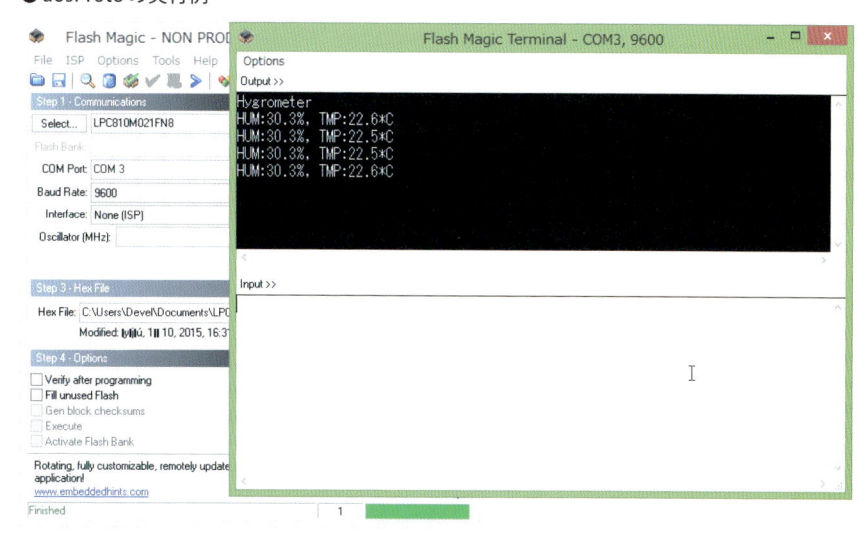

chapter1

LCD表示装置

PLUS ⊕ ONE — AQM0802Aハンドラの制作

[第1章]
基礎構築編
Fundamental Theory

⊕ LCD表示装置の試作

　部品単位の試作から普通の電子工作へ進むためにあとひとつ足りないのが表示装置の試作です。LPC810を書き込み装置に取り付けたまま使い、パソコンを仮の表示装置とするやりかたは、試作に便利ですが、製作物がUSBケーブルの届く範囲でしか動きません。自前の表示装置を備えれば、パソコンから離れて自立することができます。

　LPC810と相性抜群な表示装置はXiamenのLCD（液晶デバイス）、AQM0802Aです。小型で安価で、消費電力が小さく、インタフェースがI^2Cです。ただし、ピン間隔が狭くてブレッドボードに取り付けられないので、関連の部品とともにピッチ変換基板に取り付けた秋月電子通商のAE-AQM0802を使います。製作例を下に示します。

● LCD表示装置の製作例

● AE-AQM0802の外観と主要な仕様

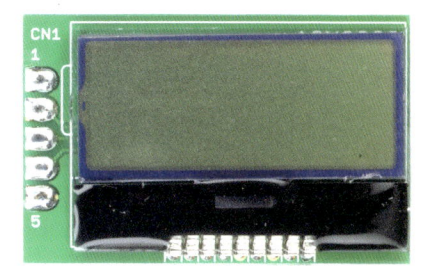

項目	仕様
液晶パネル	表示範囲8桁×2行、モノクロ
表示文字種	英数字、カナ、記号、ユーザー定義文字
インタフェース	I²C、最速400kビット/秒、アドレス0x3e
電源電圧	標準3.3V、3.1V～3.6V
消費電流	標準0.5mA、最大1mA

　AE-AQM0802の外観と主要な仕様を上に示します。英数字、カナ、記号、6個のユーザー定義文字を表示できて、表示範囲は8桁×2行です。グラフィックは表示できません。インタフェースはI²Cで、制御用ICはSitronixのST7032iです。通信の相手は、AE-AQM0802ではなくAQM0802A、見かたによってはST7032iということになります。

　AE-AQM0802はハンダ面に2箇所のソルダパッドがあり、ショートすると基板上の抵抗がI²Cの信号線をプルアップします。便利な構造ですが、同じ構造のスレーブと組み合わせたときプルアップのしかたで混乱しがちです。将来に備え、部品単位の試作であっても、下に示すとおりオープンにしておいて外部の抵抗でプルアップします。

● AE-AQM0802の選択可能な機能

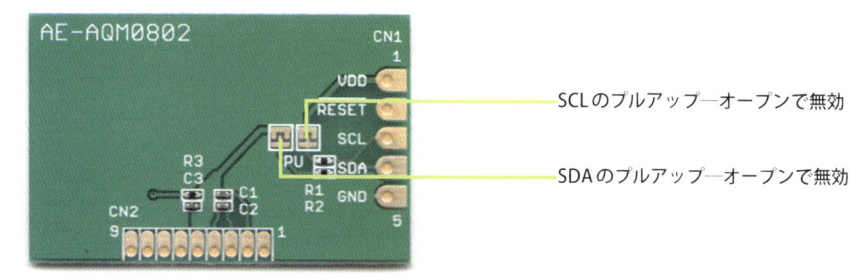

SCLのプルアップ―オープンで無効

SDAのプルアップ―オープンで無効

6―LCD表示装置

●LCD表示装置の回路

　LCD表示装置の回路を上に示します。AE-AQM0802のXRESETBは外部リセット入力で、手動リセットが不要な場合、電源に接続しておけばパワーオンリセットします。LPC810は、書き込み装置が使用していない論理2番ピンをSDA、論理3番ピンをSCLに割りあてます。これで書き込み装置に取り付けたまま動かすことができます。

　AE-AQM0802まわりの回路はブレッドボードに組み立てます。配線図と部品表を下に示します。AE-AQM0802の表示が正しく読める向きに置くと全体を半回転させる恰好になりますから、配線図の書き込み装置は天地が逆を向いています。製作に細ピンヘッダを使いますが、AE-AQM0802に付属しているため、部品表に記載していません。

●配線図と部品表（ブレッドボード側）

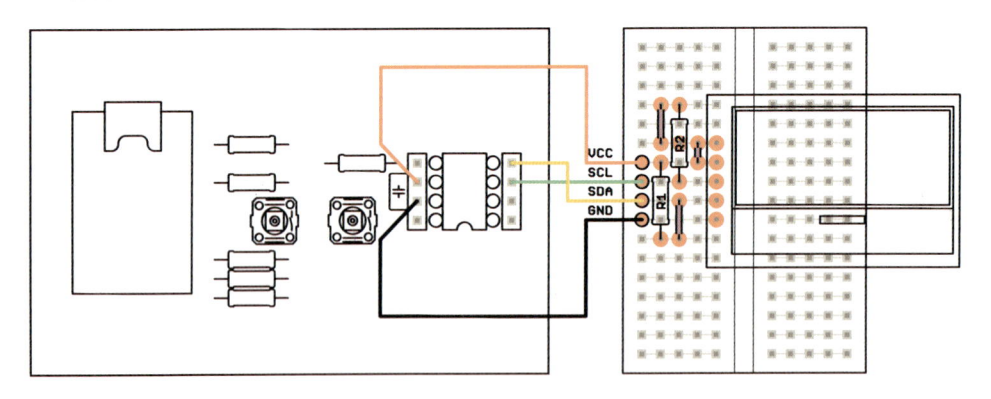

部品番号	仕様	数量	備考
LCD1	AE-AQM0802	1	AQM0802Aピッチ変換キット
R1、R2	10kΩ	2	1/4Wカーボン抵抗
—	BB-601（WANJIE）	1	ブレッドボード

⊕ AQM0802Aの内部構造

　AQM0802Aは命令を書き込んで制御し、文字を書き込んで表示します。マスタがアドレスの直後に書き込んだ値はコントロールバイトとみなされ、下に示すとおり、続く書き込みが命令か文字かを指定します。この指定は次の指定まで継続し、命令や文字を連続的に書き込むことができます。なお、読み込みをともなう機能はありません。

●命令と文字の区別

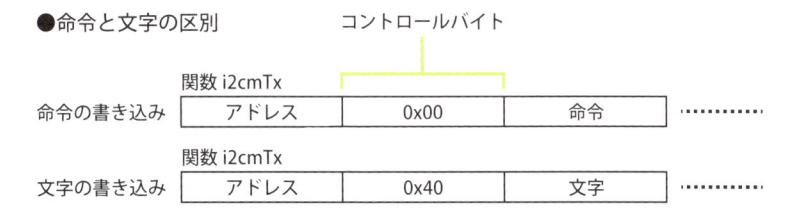

```
                    関数 i2cmTx   コントロールバイト
命令の書き込み    | アドレス | 0x00 | 命令 | ………
                    関数 i2cmTx
文字の書き込み    | アドレス | 0x40 | 文字 | ………
```

　命令はビット単位で意味をもち、数えかたによっては100個を超えるため、詳細はAQM0802Aのデータシートにあたってください。大半の命令はセットアップの段階で1回使うきりですから、限定的な知識で間に合います。一般的なセットアップの手順を下に示します。コントラストの値（cont）だけ確定できませんが、通常は32です。

●AQM0802Aのセットアップの手順（次ページへ続く）

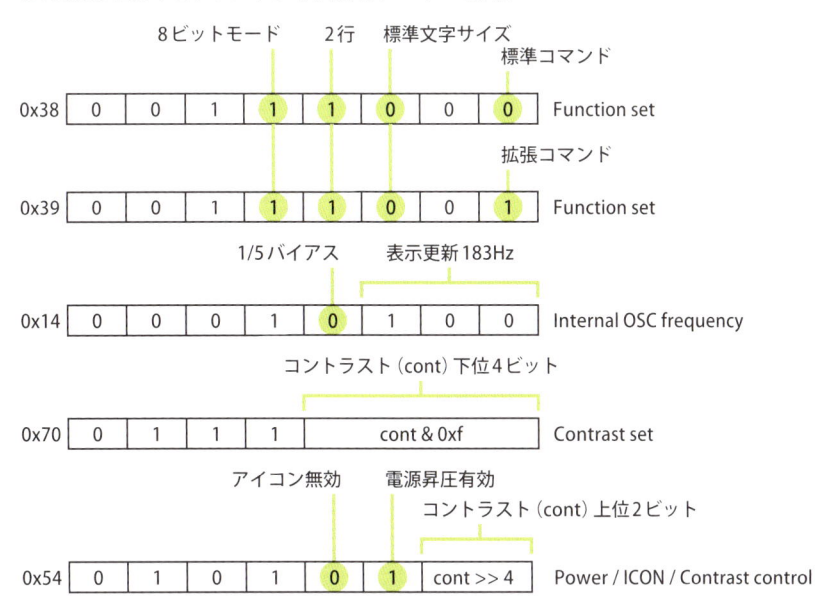

```
              8ビットモード    2行   標準文字サイズ
                                          標準コマンド
0x38 | 0 | 0 | 1 | 1 | 1 | 0 | 0 | 0 |  Function set

                                          拡張コマンド
0x39 | 0 | 0 | 1 | 1 | 1 | 0 | 0 | 1 |  Function set

                   1/5バイアス   表示更新183Hz
0x14 | 0 | 0 | 0 | 1 | 0 | 1 | 0 | 0 |  Internal OSC frequency

                         コントラスト（cont）下位4ビット
0x70 | 0 | 1 | 1 | 1 |    cont & 0xf    |  Contrast set

                   アイコン無効  電源昇圧有効
                                  コントラスト（cont）上位2ビット
0x54 | 0 | 1 | 0 | 1 | 0 | 1 | cont >> 4 |  Power / ICON / Contrast control
```

6―LCD表示装置

●AQM0802Aのセットアップの手順（前ページの続き）

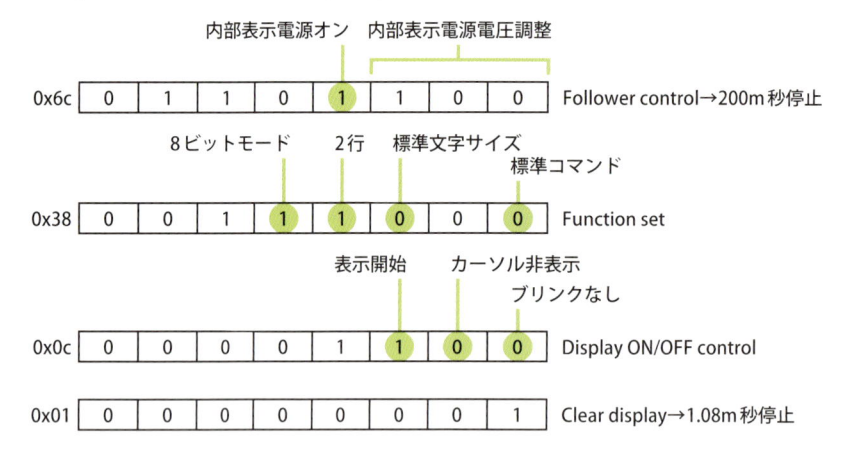

```
                  内部表示電源オン  内部表示電源電圧調整
0x6c  | 0 | 1 | 1 | 0 | 1 | 1 | 0 | 0 |   Follower control→200m秒停止

        8ビットモード   2行   標準文字サイズ
                                      標準コマンド
0x38  | 0 | 0 | 1 | 1 | 1 | 0 | 0 | 0 |   Function set

                        表示開始  カーソル非表示
                                      ブリンクなし
0x0c  | 0 | 0 | 0 | 0 | 1 | 1 | 0 | 0 |   Display ON/OFF control

0x01  | 0 | 0 | 0 | 0 | 0 | 0 | 0 | 1 |   Clear display→1.08m秒停止
```

　文字は原則として文字コードを書き込めば表示されます。ただし、それだけだといずれ表示範囲を超えて見えない位置に文字が並びます。表示開始位置を表示範囲に戻したり下の行へ表示したりするため、Set DDRAM Addessを使います。この命令は、下に示すとおり、表示用メモリの表示開始位置にあたるアドレスを指定します。

●Set DDRAM Addressと表示の構造

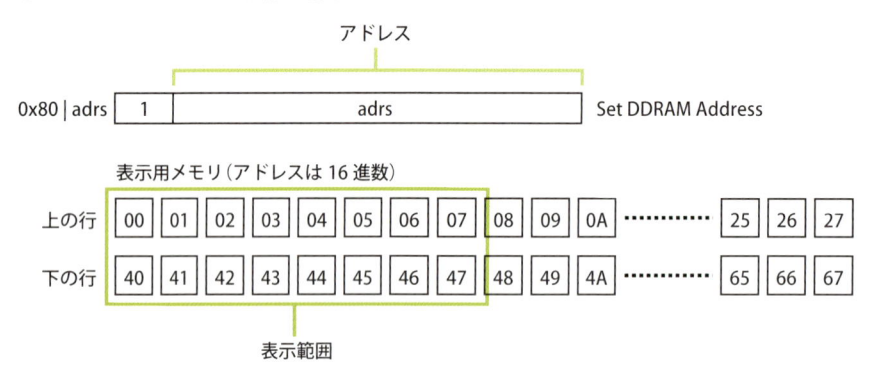

```
                      アドレス
0x80 | adrs  | 1 |      adrs      |   Set DDRAM Address
```

表示用メモリ（アドレスは16進数）

上の行	00	01	02	03	04	05	06	07	08	09	0A	…	25	26	27
下の行	40	41	42	43	44	45	46	47	48	49	4A	…	65	66	67

表示範囲

　一般的な文字の表示に必要かつ十分な命令は以上です。ほかにどんな命令をおぼえて何をするかは製作の目標で決まります。LCD表示装置は今のところデモ表示くらいしか目標がないので、見た目の面白さを狙い、風変わりな文字を使ってみます。プログラムの実例では、ユーザー定義文字を登録、表示します。

⊕ AQM0802Aの制御

　AQM0802Aに関係する処理はAQM0802Aハンドラに切り分け、AQM0802Aを必要とする今後の製作物で使い回します。関数の仕様表を兼ねてヘッダaqm0802a.hの記述を下に示します。はじめに関数lcdSetupでAQM0802Aをセットアップします。以降、一般的な文字の表示は関数lcdLocateと関数lcdPutsのふたつで間に合います。

● AQM0802Aハンドラのヘッダ aqm0802a.h

```
// aqm0802a.h

#ifndef AQM0802A_H_
#define AQM0802A_H_

#define LCD_ADRS (0x3e << 1) //AQM0802Aのアドレス

//lcdCom―命令を書き込む
// 引数：com―命令
void lcdCom(uint8_t com);

//lcdDat―文字を書き込む
// 引数：dat―文字
void lcdDat(uint8_t dat);

//lcdSetup―AQM0802Aをセットアップする
void lcdSetup(void);

//lcdPuts―文字列を表示する
// 引数：s―文字列
void lcdPuts(const char *s);

//lcdLocate―表示開始位置を指定する
// 引数：x―桁（0～7）、y―行（0～1）
void lcdLocate(uint8_t x, uint8_t y);

//lcdDefChar―ユーザー定義文字を登録する
// 引数：code―文字コード、font―フォント
void lcdDefChar(uint8_t code, const uint8_t *font);

#endif
```

6―LCD表示装置

ソースaqm0802a.cの記述を下に示します。I^{2}Cの制御は命令を書き込む関数lcdCom（記述❶）と文字を書き込む関数lcdDat（記述❷）が行い、ほかの関数はその働きを利用します。セットアップする関数lcdSetup（記述❹）で命令を連続的に書き込む場合にやや効率が落ちますが、どうせ途中に停止が必要なので、あまり影響がありません。

●AQM0802Aハンドラのソース aqm0802a.c

```
// aqm0802a.c

#include "chip.h"     //LPCOpenのヘッダ
#include "mrt.h"      //MRTハンドラのヘッダ
#include "i2cm.h"     //I²Cマスタハンドラのヘッダ
#include "aqm0802a.h" //AQM0802Aハンドラのヘッダ

#define LCD_CONT 32   //コントラスト

//命令を書き込む関数 ――❶
void lcdCom(uint8_t com){
  uint8_t buf[3];       //書き込み用バッファ

  buf[0] = LCD_ADRS;    //アドレス
  buf[1] = 0x00;        //コントロールバイト（命令指定）
  buf[2] = com;         //命令
  i2cmTx(buf, 3);       //3バイトを書き込む
}

//文字を書き込む関数 ――❷
void lcdDat(uint8_t dat){
  uint8_t buf[3];       //書き込み用バッファ

  buf[0] = LCD_ADRS;    //アドレス
  buf[1] = 0x40;        //コントロールバイト（文字指定）
  buf[2] = dat;         //文字
  i2cmTx(buf, 3);       //3バイトを書き込む
}

//表示開始位置を指定する関数
void lcdLocate(uint8_t x, uint8_t y){
  lcdCom(0x80 | (x + y * 0x40));  //表示開始位置を指定する命令を書き込む
}

//文字列を表示する関数
void lcdPuts(const char *s){
  while(*s)  //文字列の末尾でなければ繰り返す
    lcdDat(*s++);  //文字を書き込んで次の文字へ進む
}
```

```
//ユーザー定義文字を登録する関数
void lcdDefChar(uint8_t code, const uint8_t *font){
  int i;  //ループカウンタ

  lcdCom(0x40 | (code << 3));  //set CGRAMと文字コードを書き込む ── ❸
  for(i = 0; i < 8; i++)  //8回繰り返す
    lcdDat(font[i]);  //フォントを書き込む
}

//AQM0802Aをセットアップする関数 ── ❹
void lcdSetup(){
  mrtWait(MRT_MS(40));  //AQM0802Aの起動を待つ
  lcdCom(0x38);  //標準命令に設定
  lcdCom(0x39);  //拡張命令に切り替え
  lcdCom(0x14);  //発振器を起動
  lcdCom(0x70 | (LCD_CONT & 0x0f));  //コントラストなどを設定
  lcdCom(0x54 | (LCD_CONT >> 4));  //コントラストなどを設定
  lcdCom(0x6C);  //表示用電源をオン
  mrtWait(MRT_MS(200));  //表示用電源の起動を待つ
  lcdCom(0x38);  //標準命令に設定
  lcdCom(0x0C);  //表示の体裁を設定
  lcdCom(0x01);  //表示を消去
  mrtWait(MRT_US(1080));  //消去の完了を待つ
}
```

　関数lcdDefCharはSet CGRAM（記述❸）を使ってユーザー定義文字を登録します。この命令の形式を下に示します。文字コードは0～5、フォントは横5ドット（データは横8ビット）×縦8ドットです。文字コードやフォントがこの範囲におさまっているかどうかは検査しないので、もし間違った指定をしたら間違ったなりの結果を招きます。

● Set CGRAMとフォントの形式

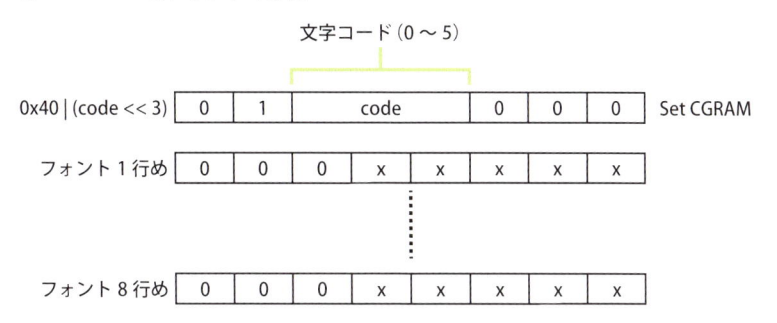

0x40	(code << 3)	0	1	code	0	0	0	Set CGRAM
フォント1行め	0	0	0	x	x	x	x	x
フォント8行め	0	0	0	x	x	x	x	x

文字コード（0～5）

⊕ LCD表示装置のテスト

　LCD表示装置のプロジェクトlcdProtoを作ってAQM0802Aにデモ表示をします。lcdProtoの構成を下に示します。本編から直接的に利用するのはAQM0802Aハンドラだけですが、AQM0802AハンドラがI^{2}CマスタハンドラとMRTハンドラを利用します。また、本書のプロジェクトはすべてライブラリのプロジェクトを参照します。

●プロジェクトlcdProtoの構成

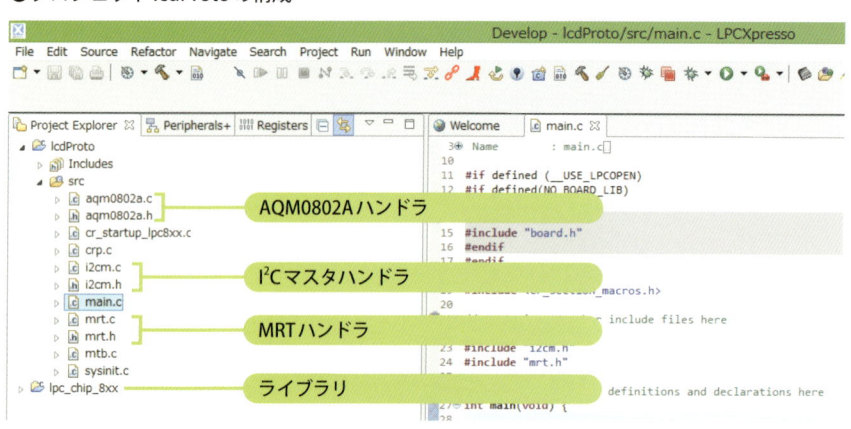

　関数mainを含むソースmain.cの記述を右に示します。上から下へ流れるだけの単純きわまりない構造なので説明をコメントに委ねます。実行例を下に示します。短い表示ですが表示開始位置の指定やユーザー定義文字の登録などAQM0802Aハンドラにできることを全部やっています。それらすべてが期待どおりに働いてくれました。

●プロジェクトlcdProtoの実行例

●プロジェクトlcdProtoのソースmain.c

```c
// main.c

#include "chip.h"     //LPCOpenのヘッダ
#include "mrt.h"      //MRTハンドラのヘッダ
#include "i2cm.h"     //I²Cマスタハンドラのヘッダ
#include "aqm0802a.h" //AQM0802Aハンドラのヘッダ

int main(void) {
  SystemCoreClockUpdate(); //システムクロックを登録

  //スイッチマトリクスでピンを設定
  Chip_Clock_EnablePeriphClock(SYSCTL_CLOCK_SWM);
  Chip_SWM_DisableFixedPin(SWM_FIXED_SWCLK); //SWCLK無効
  Chip_SWM_DisableFixedPin(SWM_FIXED_SWDIO); //SWDIO無効
  Chip_SWM_MovablePinAssign(SWM_I2C_SDA_IO, 2); //SDA
  Chip_SWM_MovablePinAssign(SWM_I2C_SCL_IO, 3); //SCL
  Chip_Clock_DisablePeriphClock(SYSCTL_CLOCK_SWM);

  const uint8_t squar[] = { //上付き「2」のフォント
    0x04, 0x0a, 0x02, 0x04, 0x0e, 0x00, 0x00, 0x00
  };
  const uint8_t heart[] = { //「♥」のフォント
    0x00, 0x0a, 0x1f, 0x1f, 0x1f, 0x0e, 0x04, 0x00
  };

  mrtSetup();  //MRTをセットアップ
  i2cmSetup(); //I²Cマスタをセットアップ
  lcdSetup();  //AQM0802Aをセットアップ
  lcdDefChar(0, squar); //文字コード0に上付き「2」を登録
  lcdDefChar(1, heart); //文字コード1に「♥」を登録

  //デモ表示
  lcdLocate(0, 0); //表示開始位置を上の行の先頭に設定
  lcdDat('I'); //「I」を表示
  lcdDat(0); //上付き「2」を表示
  lcdPuts("C LCD"); //「C LCD」を表示
  lcdDat(1); //「♥」を表示
  lcdLocate(0, 1); //表示開始位置を下の行の先頭に設定
  lcdPuts("AQM0802A"); //「AQM0802A」を表示

  while(1)  //つねに繰り返す
    __WFI(); //割り込みが発生するまでスリープ
  return 0 ; //文法上の整合をとる記述
}
```

6―LCD表示装置

chapter1
7 気象観測装置
PLUS⊕ONE─フラッシュメモリを使い切る

［第1章］
基礎構築編
Fundamental Theory

⊕ 気象観測装置の概要

　LPC810でことさらI²Cが重用される理由はふたつあります。第1に、I²CはNXPが提唱した規格です。第2に、こちらが重要なのですが、2本のピンで最大112個のスレーブとつながります。これまでの1対1の接続だとピンを節約する効果が実感できません。部品単位でうまく動いたスレーブを、今度は全部つないでいっぺんに動かしてみます。

　製作例が動作している様子を下に示します。温度と湿度と大気圧を2秒ごとに測定し、結果をLCDに表示します。測定値が2秒の間に変化する確率は低いので、数字が動かなくても回路がちゃんと動いているとわかるように、右下の「♥」が鼓動を打ちます。製作物の働きは以上です。名前を付けるとしたら気象観測装置が妥当だと思います。

●製作例が動作している様子

●製作例の外観

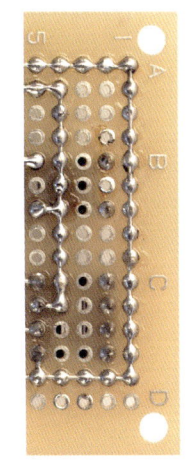

　製作例の外観を上に示します。ブレッドボード3個分の回路が1枚のユニバーサル基板にすっきりまとまりました。気象観測装置の働きは測定から表示までこれひとつで完結します。ですからLPC810の両側のピンソケットは、実際には使わないのですが、異常が発生したときテスタなどをつないで原因を探るために取り付けてあります。
　気象観測装置はどんな場所でも使えるよう、電池で動かします。電池ボックスの電線は、下に示すとおり、ターミナルブロックにつなぎます。ターミナルブロックの汚れのように見えるものはGND側の目印です。本書の製作物は、電源スイッチを取り付けない方針で統一しています。そのかわり、無理のない範囲で省電力を目指します。

●ターミナルブロックと電池ボックスの配線

7―気象観測装置

⊕ 気象観測装置の設計と製作

　気象観測装置の回路を下に示します。I²Cは論理0番ピンをSDA、論理1番ピンをSCLに割りあてました。テストの段階で使った論理2番ピンと論理3番ピンは最大20mAを出力できるので、そういう使いかたが必要な応用のために残しておきます。割りあての変更がプログラムに影響するのはスイッチマトリクスの設定ひとつだけです。

　1本のバスに複数のスレーブをつなぐ場合、プルアップの重複とアドレスの衝突がないことを確認する必要があります。AE-LPS25HとAE-AQM0802は念のため基板上の抵抗を無効にして外部の抵抗でプルアップしました。AE-LPS25HとAM2321はアドレスが衝突する可能性があり、AE-LPS25Hのほうが配線でそれを避けています。

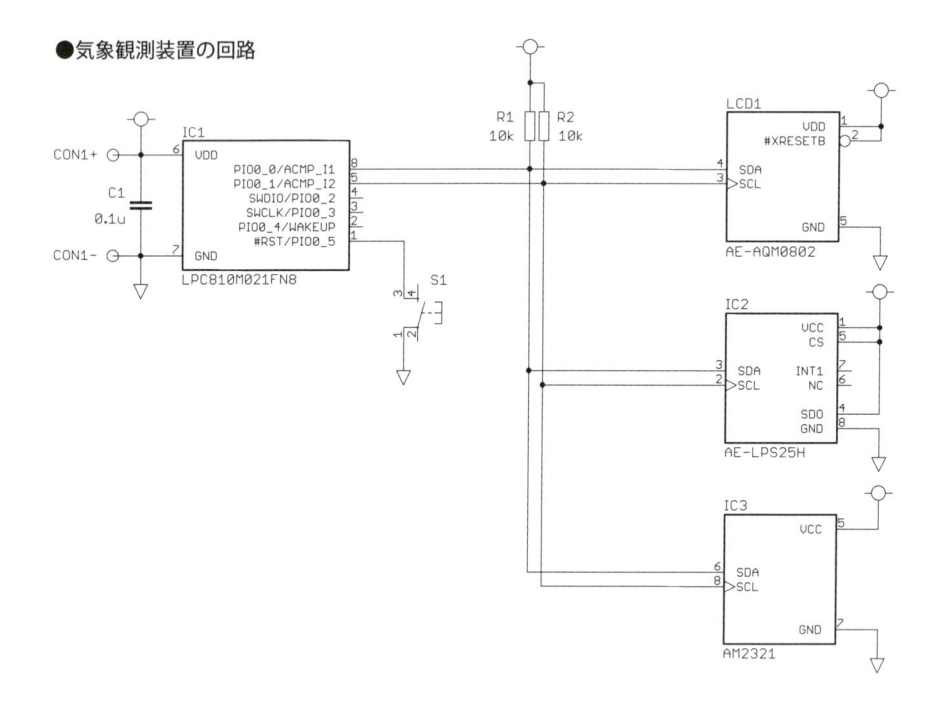

●気象観測装置の回路

　配線図と部品表を右に示します。AE-LPS25HとAM2321とAE-AQM0802はブレッドボードから取り外して流用します。すなわち、すでに細ピンヘッダが取り付けられていることを前提とします。とりわけAM2321については、所定のピッチ変換基板に所定の向きで取り付けられている場合に限って配線図の配線が通用します。

●配線図と部品表

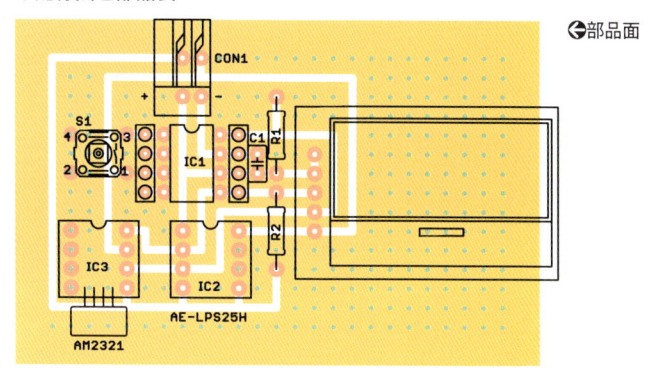

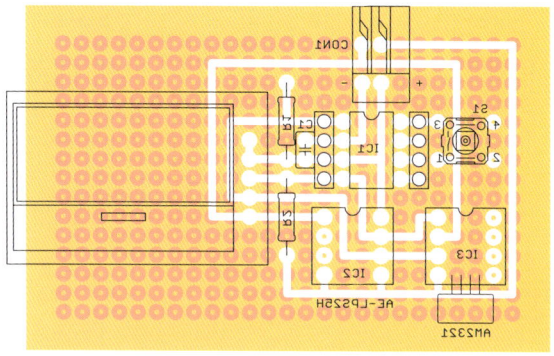

⊖部品面

⊖ハンダ面

部品番号	仕様	数量	備考
IC1	LPC810M021FN8	1	マイコン
IC2	AE-LPS25H	1	大気圧センサモジュール
IC3	AM2321 流用[注]	1	組み立てずみの温湿度センサモジュール
LCD1	AE-AQM0802	1	AQM0802Aピッチ変換キット
R1、R2	10kΩ	2	1/4Wカーボン抵抗
C1	0.1μF	1	積層セラミックコンデンサ
S1	タクトスイッチ	1	製作例はDTS-6 (Cosland) の黒
CON1	ターミナルブロック	1	製作例はTB401a-1-2-E (Alphaplus)
—	DIP8ピンICソケット	3	製作例は2227-8-3 (Neltron)
—	4ピン1列ピンソケット	2	42ピン1列ピンソケットをカットして使用
—	ユニバーサル基板	1	製作例はCタイプ (秋月電子通商)

[注] ピッチ変換基板と細ピンヘッダを温湿度計のとおり取り付けたうえで流用します。

●細ピンヘッダの先端を1.5mmほどカットした状態

　AE-AQM0802は、構造上、ユニバーサル基板に直接ハンダ付けするしかありません。一方、AE-LPS25HとAM2321は、直接ハンダ付けしたらその奥にあるLPC810の抜き挿しが抜き差しならないことになるため、ICソケットを介して取り付けます。上に示すとおり、細ピンヘッダを少しカットするとICソケットにぴったりの深さで挿さります。

⊕ 気象観測装置のテスト

　気象観測装置のプロジェクトlcdWeatherを作ります。この段階にいたるともう技術的な課題はありません。問題はプログラムのサイズです。lcdWeatherの構成を下に示します。LPC810にとって最大級のプロジェクトですが、プログラムの大半を占める各種のハンドラは書き換えられません。残されたメモリでいけるところまでいきます。

●プロジェクトlcdWeatherの構成

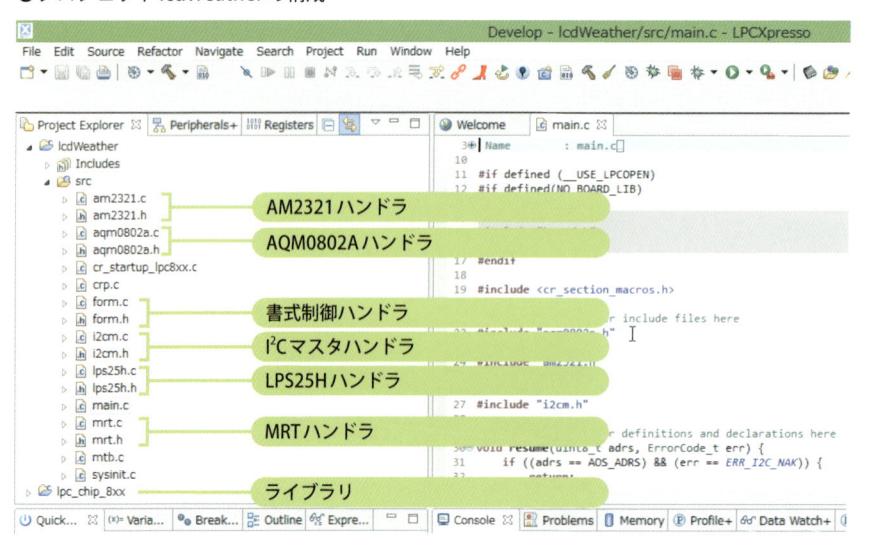

（第1章　基礎構築編）

関数mainを含むソースmain.cの記述を下に示します。大筋は、大気圧計と温湿度計とLCD表示装置の記述を重ね合わせた恰好です。I²Cはこれらとピンの割りあてが違うので、スイッチマトリクスを実態に合わせて書き換えました（記述❶）。I²Cマスタハンドラを始めスイッチマトリクス以外の部分は書き換える必要がありません。

●プロジェクトlcdWeatherのソースmain.c

```
// main.c

#include "chip.h"      //LPCOpenのヘッダ
#include "form.h"      //書式制御ハンドラのヘッダ
#include "mrt.h"       //MRTハンドラのヘッダ
#include "i2cm.h"      //I²Cマスタハンドラのヘッダ
#include "lps25h.h"    //LPS25Hハンドラのヘッダ
#include "am2321.h"    //AM2321ハンドラのヘッダ
#include "aqm0802a.h"  //AQM0802Aハンドラのヘッダ

//エラー処理関数
void resume(uint8_t adrs, ErrorCode_t err) {
  //もしAM2321のアドレスで応答なしのエラーが発生したら
  if ((adrs == AOS_ADRS) && (err == ERR_I2C_NAK)) {
    return;   //戻って動作を継続する
  }
  while (1); //(本物のエラーであれば)停止する
}

int main(void) {
  SystemCoreClockUpdate();  //システムクロックを登録

  //スイッチマトリクスでピンを設定
  Chip_Clock_EnablePeriphClock(SYSCTL_CLOCK_SWM);
  Chip_SWM_DisableFixedPin(SWM_FIXED_SWCLK);  //SWCLK無効
  Chip_SWM_DisableFixedPin(SWM_FIXED_SWDIO);  //SWDIO無効
  Chip_SWM_MovablePinAssign(SWM_I2C_SDA_IO, 0); //SDA
  Chip_SWM_MovablePinAssign(SWM_I2C_SCL_IO, 1); //SCL
  Chip_Clock_DisablePeriphClock(SYSCTL_CLOCK_SWM);

  const uint8_t squar[] = {  //上付き「2」のフォント
    0x04, 0x0a, 0x02, 0x04, 0x0e, 0x00, 0x00, 0x00
  };
  const uint8_t heart[] = {  //「♥」のフォント
    0x00, 0x0a, 0x1f, 0x1f, 0x1f, 0x0e, 0x04, 0x00
  };
```

7―気象観測装置

```
const uint8_t sheart[] = {  //小さな「♥」のフォント
  0x00, 0x0a, 0x1f, 0x1f, 0x0e, 0x04, 0x00, 0x00
};
const uint8_t degree[] = {  //上付き「○」のフォント
  0x07, 0x05, 0x07, 0x00, 0x00, 0x00, 0x00, 0x00
};

//セットアップ
mrtSetup();   //MRTをセットアップ
i2cmSetupErr(resume);  //I²Cのエラー処理関数を登録
i2cmSetup();  //I²Cマスタをセットアップ
lpsSetup();   //LPS25Hをセットアップ
lcdSetup();   //AQM0802Aをセットアップ
lcdDefChar(0, squar);    //文字コード0に上付き「2」を登録
lcdDefChar(1, heart);    //文字コード1に「♥」を登録
lcdDefChar(2, sheart);   //文字コード2に小さな「♥」を登録
lcdDefChar(3, degree);   //文字コード3に上付き「○」を登録

//デモ表示 ─── ❷
lcdLocate(0, 0); //表示開始位置を上の行の先頭に設定
lcdDat('I'); //「I」を表示
lcdDat(0); //上付き「2」を表示
lcdPuts("C LCD"); //「C LCD」を表示
lcdDat(1); //「♥」を表示
lcdLocate(0, 1); //表示開始位置を下の行の先頭に設定
lcdPuts("AQM0802A"); //「AQM0802A」を表示

int count = 0; //測定回数カウンタをクリア

while(1){  //つねに繰り返す
  float atm; //大気圧
  float dum; //ダミーの温度
  int hum; //湿度
  int tmp; //温度

  //測定値を取得
  mrtWait(MRT_MS(2000));  //2秒停止
  lpsMeasure(&atm, &dum);  //大気圧と温度を取得
  aosMeasure(&hum, &tmp);  //湿度と温度を取得

  //温度と湿度の実数を計算（端数は四捨五入） ─── ❸
  tmp = (tmp + ((tmp < 0) ? -5: 5)) / 10; //温度
  hum = (hum + 5) / 10; //湿度
```

```
  //温度と湿度と大気圧を表示
  lcdLocate(0, 0);  //表示開始位置を上の行の先頭に設定
  lcdPuts(formDec(tmp, 2, 0));  //温度を表示
  lcdDat(3);  //上付き「○」を表示
  lcdPuts("C ");  //「C」を表示
  lcdPuts(formDec(hum, 2, 0));  //湿度を表示
  lcdPuts("%");  //単位を表示
  lcdLocate(0, 1);  //表示開始位置を下の行の先頭に設定
  lcdPuts(formFloat(atm, 4, 0));  //大気圧を表示
  lcdPuts("hPa");  //単位を表示

  lcdDat((count++ & 1)? 1: 2);  //「♥」と小さな「♥」を交互に表示
 }
 return 0 ;  //文法上の整合をとる記述
}
```

セットアップのあと2秒にわたりデモ表示をします（記述❷）。これでAM2321が起動する時間を稼ぎます。LCDの表示範囲は小数点以下を表示する余裕がありません。温度と湿度は測定値を実数に変換する過程で小数点以下を四捨五入します（記述❸）。大気圧は実数が得られるのでそのまま表示し、実質的に小数点以下を切り捨てます。

　lcdWeatherをビルドしたところ、下に示すとおりプログラムのサイズが4096バイトになりました。LPC810のフラッシュメモリに書き込める最大のサイズが4096バイトですから、それをきっちり使い切って、もう一字一句、書き換えることができません。このプログラムはLPC810にできる仕事の大きさの、ひとつの目安になります。

●lcdWeatherのプログラムのサイズ

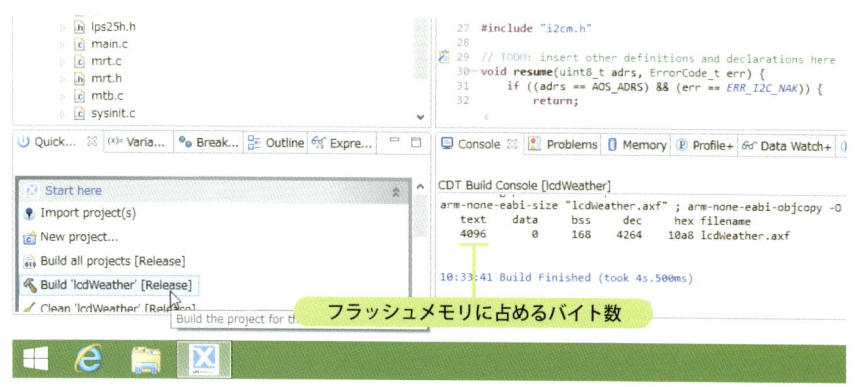

7―気象観測装置

気象観測装置は大気圧計と温湿度計とLCD表示装置の実績に基づいて製作しており、これらと同じ条件で正しく動作することは想定の範囲です。一方、電池で動かした場合は、まれにパワーオンリセットしないのですが、リセットスイッチを押せばつねに正しく起動します。単三乾電池2本をつなぎ、屋外で動かした様子を下に示します。

●製作例を屋外で動かした様子

　消費電流は測定時4.99mA、待機時3.65mAで、そのうち1mA前後はAE-LPS25HのLEDに流れているようです。プログラムがぴったり4Kバイトに達しているせいで積極的な電力制御をしていないのですが、その割りにはいい数字だと思います。これで、I²Cのマスタにスレーブを接続して動かす製作のスタイルがマスタできました。

chapter2

[第2章]
分散処理編

Distributed Computing

脇役の立場で得意な仕事に専念する

　LPC810は機器の制御など専門的な領域で凄い力を発揮する、職人肌のマイコンです。いいかえると普通の仕事は苦手で、製作物の中心にいて全体を仕切るような応用例はそういくつも思い浮かびません。ですから、一般的には脇役に徹し、主役のマイコンが持て余した仕事を引き受けます。この形態で、LPC810は引く手あまたです。なぜなら、LPC810が得意とする仕事を苦手とするマイコンがたくさん存在するからです。

　LPC810の助けを必要とする典型例は、Linuxで動くマイコンボードです。たいていはギガ級の速度とメモリを備え、マイコンの処理能力は抜群です。しかし、ハードウェアとプログラムの間にLinuxが介在し、タイミングに厳しい制御ができません。たとえば、あるピンの変化がプログラムに伝わるまで数m秒の時間を要することがあります。そういう状況における正味の速度は、LPC810のほうが1000倍ほど速いのです。

　複数のマイコンが役割分担してひとつの仕事にあたる形態を分散処理といいます。分散処理を前提とするとLPC810がやるべきことは明確です。まず、信頼の置ける通信機能を実現します。事実上、I^2Cのスレーブとして動作することが決定的です。そのうえで、与えられた仕事に全力で取り組みます。与えられていない仕事を気に掛ける必要がないので道筋がはっきり見えて、比較的難しい要求にもこたえることができます。

　ここでは分散処理が効果をあげるふたつの事例と関連の製作物を紹介します。事例のひとつは周波数カウンタで、LPC810にとって学習用の製作物ですが、Linuxだと実現が困難です。一方、LinuxはLPC810が周波数を取得したあとの複雑な計算をこなし、周波数が表現する情報を読み解きます。あともうひとつは、超音波距離計です。これは距離の測定までLPC810が成し遂げ、その使いみちをほかのマイコンに任せる形です。

　LPC810に与えられた仕事が何であろうとI^2Cの動かしかたは同じです。この部分はプログラムをI^2Cスレーブハンドラに切り分けて使い回します。使い回すうちに問題点が改善され、まあまあの完成度にいたりました。もしI^2Cで問題を生じたら、原因はおそらく相手側にあります。製作物を実例とは違うマイコンボードと組み合わせる場合、それがI^2Cの規格を遵守しているかどうか、事前によく確認してください。

脇役の立場で得意な仕事に専念する

103

chapter2
1 周波数カウンタ
PLUS ⊕ ONE──I²Cスレーブハンドラの制作

[第2章]
分散処理編
Distributed Computing

⊕ 周波数カウンタの概要

　AD変換器がないマイコンでアナログを取り込む常套手段は、値の大小を周波数で表現し、周波数カウンタで読む方法です。LPC810を周波数カウンタとして動かすことは比較的簡単ですが、メモリが少なく、それ以上の大きな仕事はできません。残されたメモリでI²Cを動かし、ほかのマイコンに周波数を渡してあとを託すのが現実的です。

　周波数カウンタの製作例を下に示します。LPC810は周波数を計測するかたわらI²Cのスレーブの立場でマスタと通信します。マスタはLPC810から周波数を読み込めますし、必要なら計測頻度-1を書き込んで計測期間を変更できます。LEDは計測期間ごとに点滅し、もしI²Cでエラーが発生したら圧電ブザーを鳴らして停止します。

●製作例の外観

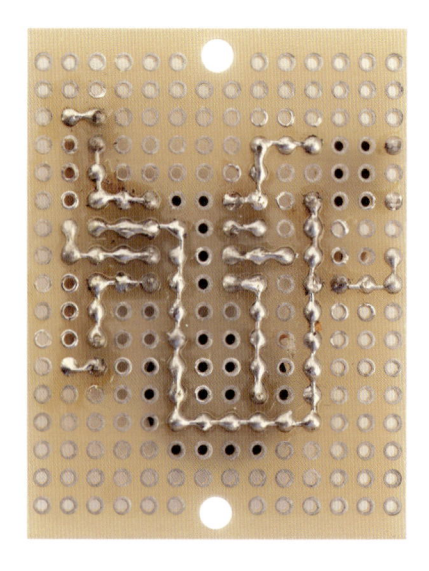

周波数カウンタに取り付けたLPC810のピンの役割を下に示します。プログラムを書き込んだLPC810は、あたかも周波数カウンタICのように働きます。通常、製作物がうまく動いたらプログラムの主要部分を使い回すものですが、周波数カウンタの場合はLPC810を使い回すことができます。製作例は、ある意味、その評価ボードです。

●LPC810のピンの役割

外部リセット入力―論理❺番ピン　　論理❸番ピン―I²CのSDA
周波数入力―論理❹番ピン　　　　　GND
動作確認信号出力―論理❷番ピン　　電源
エラー警告信号出力―論理❸番ピン　論理❶番ピン―I²CのSCL

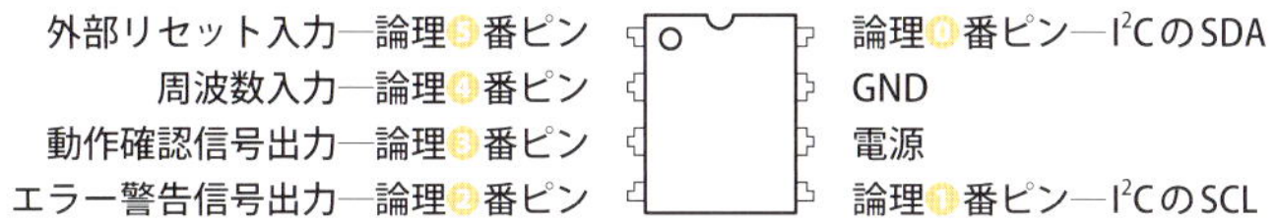

　周波数カウンタは目的を達成するための手段です。具体的な働きは入力側に周波数を発生する回路、出力側にI²Cのマスタがつながった形で実現します。したがって、単独のテストに成功したあと目に見えて活躍するまで何段階か手間が掛かります。しかし、その過程でまた興味深い回路と出会う機会があり、退屈な道のりにはなりません。

⊕ 周波数カウンタの設計と製作

　周波数カウンタの回路を下に示します。I²CのSDAとSCLは、プルアップ用の抵抗を取り付けておいて、接続するかどうかをジャンパピンで選択します。LEDと圧電ブザーは汎用ポートで動かします。圧電ブザーを鳴らすと10mA程度の電流が流れ、普通のピンの定格を超えるため、最大20mAを出力できる4番ピンにつないでいます。

●周波数カウンタの回路

1―周波数カウンタ

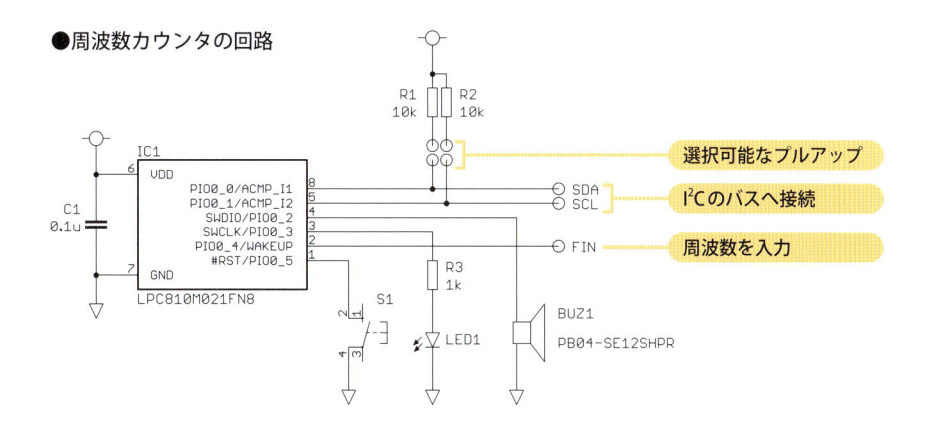

配線図と部品表を下に示します。比較的簡単な回路なので手に入る最小のユニバーサル基板に組み立てました。軽すぎてわずかな圧力で動くため、万力で固定したほうが配線しやすいと思います。製作上の難関は2ピン1列ピンヘッダの取り付けです。ハンダ付けに手間どるとインシュレータ（黒い土台）が溶けてピンが抜け落ちます。

圧電ブザーは、圧電サウンダではなく、内部に発振回路をもち、電圧を掛けるだけで鳴る自励式です。ピンに極性があるので、保護シールや本体の⊕印を目安に、配線図と向きを一致させてください。もしこれを圧電サウンダにするとピンから周波数を出力することになり、エラーを知らせる音がエラーのせいで鳴らない可能性があります。

●配線図と部品表

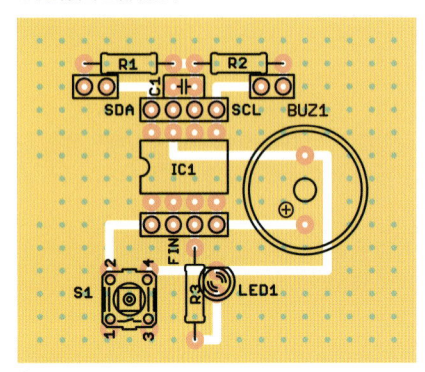

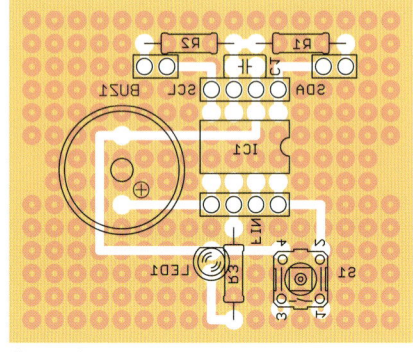

⇧部品面　　　　　　　　　　　⇧ハンダ面

部品番号	仕様	数量	備考
IC1	LPC810M021FN8	1	マイコン
LED1	OS5RKA3131A	1	高輝度LED
BUZ1	PB04-SE12SHPR	1	圧電ブザー
R1、R2	10kΩ	2	1/4Wカーボン抵抗
R3	1kΩ	1	1/4Wカーボン抵抗
C1	0.1μF	1	積層セラミックコンデンサ
S1	タクトスイッチ	1	製作例はDTS-6 (Cosland)の黒
—	DIP8ピンICソケット	1	製作例は2227-8-3 (Neltron)
—	4ピン1列ピンソケット	2	42ピン1列ピンソケットをカットして使用
—	2ピン1列ピンヘッダ	2	42ピン1列ピンヘッダをカットして使用
—	ジャンパピン	2	製作例はMJ-254-6 (Useconn)の赤
—	ユニバーサル基板	1	製作例はDタイプ（秋月電子通商）

⊕ I²Cスレーブの制御

　周波数カウンタのプログラムのうちI²Cスレーブの働きを実現する処理は今後もたびたび必要になるので、記述をヘッダi2cs.hとソースi2cs.cに切り分け、I²Cスレーブハンドラとして使い回します。関数の仕様表を兼ねてヘッダi2cs.hの記述を下に示します。I²Cスレーブハンドラの関数はすべてセットアップの段階で1回だけ呼び出します。

● I²Cスレーブハンドラのヘッダi2cs.h

```
// i2cs.h

#ifndef I2CS_H_
#define I2CS_H_

// 受信データが保存される配列
extern uint8_t i2csRxBuf[];

// 送信データを保存する配列
extern uint8_t i2csTxBuf[];

// i2csSetupCallback―通信完了処理関数を登録する
// 引数: pFunc―関数名
void i2csSetupCallback(
    // 通信完了処理関数―関数名と処理の内容はユーザー定義
    // 引数: rxn―受信データ数、txn―送信データ数
    void (*pFunc)(uint8_t rxn, uint8_t txn)
);

// i2csSetup―I²Cスレーブをセットアップする
// 引数: addr―アドレス、rxn―受信終了データ数、txn―送信終了データ数
void i2csSetup(uint32_t addr, uint32_t rxn, uint32_t txn);

#endif
```

　I²Cスレーブの働きは関数i2csSetupがセットアップします。以降、マスタが書き込んだデータは配列i2csRxBufへ保存され、マスタが読み込みをすると配列i2csTxBufのデータが送信されます。関数i2csSetupCallbackで通信完了処理関数を登録しておくと（省略可能）、一連の送信または受信の最後にこれが1回だけ呼び出されます。

ソースi2cs.cの記述を下に示します。スレーブはマスタが読み書きをしたら即座に対応する必要があるため割り込みを使います。LPC810はROMにI²Cの制御機能をもちますが、スレーブの割り込みは苦手らしく、杓子定規な通信しかできません。普通の便利さは確保したいので、このソースはLPCOpenの制御機能を使っています。

●I²Cスレーブハンドラのソースi2cs.c

```c
// i2cs.c

#include "chip.h"  //LPCOpenのヘッダ

uint8_t i2csRxBuf[16];  //受信データが保存される配列
uint8_t i2csTxBuf[16];  //送信データを保存する配列
uint8_t i2csRxCount;    //受信データ数
uint8_t i2csTxCount;    //送信データ数
uint8_t i2csRxLimit;    //受信終了データ数
uint8_t i2csTxLimit;    //送信終了データ数

void (*i2csCallback)(uint8_t, uint8_t) = NULL;  //通信完了処理関数

//通信完了処理関数を登録する関数
void i2csSetupCallback(void (*pFunc)(uint8_t, uint8_t)) {
    i2csCallback = pFunc;  //通信完了処理関数を登録
}

//I²Cスレーブをセットアップする関数
void i2csSetup(uint8_t addr, uint8_t rxn, uint8_t txn){
    i2csRxLimit = rxn;  //受信終了データ数を設定
    i2csTxLimit = txn;  //送信終了データ数を設定

    //I²Cスレーブをセットアップ
    Chip_I2C_Init(LPC_I2C);  //I²Cを起動してリセット
    Chip_I2CS_SetSlaveAddr(LPC_I2C, 0, addr);  //アドレスを設定
    Chip_I2CS_EnableSlaveAddr(LPC_I2C, 0);  //アドレスを有効に設定

    //割り込みフラグをクリア
    Chip_I2CS_ClearStatus(LPC_I2C, I2C_STAT_SLVDESEL);

    Chip_I2C_EnableInt(LPC_I2C,    //割り込みを設定
      I2C_INTENSET_SLVPENDING |    //通信時の割り込みを設定
      I2C_INTENSET_SLVDESEL);      //通信完了の割り込みを設定
    Chip_I2CS_Enable(LPC_I2C);     //I²Cスレーブの割り込みを有効に設定

    NVIC_EnableIRQ(I2C_IRQn);      //I²Cの割り込みを許可
}
```

```
//通信開始で呼び出される割り込み関数 ────❶
void slaveStart(uint8_t adrs){
  i2csRxCount = 0;  //受信データ数をクリア
  i2csTxCount = 0;  //送信データ数をクリア
}

//マスタが読み込んだとき呼び出される割り込み関数 ────❷
uint8_t slaveSend(uint8_t *data){
  *data = i2csTxBuf[i2csTxCount++];  //配列のデータを送信
  if(i2csTxCount > i2csTxLimit)  //もし送信終了データ数に達したら
    return 0;  //マスタへ送信終了を通知
  return -1;  //(そうでなければ)マスタへ送信継続を通知
}

//マスタが書き込んだとき呼び出される割り込み関数 ────❸
uint8_t slaveRecv(uint8_t data){
  i2csRxBuf[i2csRxCount++] = data;  //配列へデータを受信
  if(i2csRxCount > i2csRxLimit)  //もし受信終了データ数に達したら
    return -1;  //マスタへ受信終了を通知
  return 0;  //(そうでなければ)マスタへ受信継続を通知
}

//通信完了で呼び出される割り込み関数 ────❹
void slaveDone(void){
  if (i2csCallback != NULL)  //もし通信完了処理関数が登録されていたら
    //通信完了処理関数を呼び出す
    i2csCallback(i2csRxCount, i2csTxCount);
}
```

　LPCOpenは通信の要所に対応する4つの関数（記述❶～記述❹）を定義しています。これらは下に示すタイミングで割り込みます。それぞれがその時点で必要な処理をすることによって全体でひとつの通信手順が成立します。やれば何でもできますが、割り込みを引っ張りすぎることは禁物ですから、通常、配列の読み書きにとどめます。

●LPCOpenが通信の過程で呼び出す関数

スタートコンディション　　　　　　　　　　　　　　ストップコンディション

マスタ　──┤ アドレス ├──┤ 読み書き ├┈┈┈┤ 読み書き ├──

スレーブ　──┤ slaveStart ├──┤ slaveSend ├┈┈┈┤ slaveSend ├──┤ slaveDone ├
　　　　　　　　　　　　　　　　　 slaveRecv 　　　　　　 slaveRecv

1─周波数カウンタ

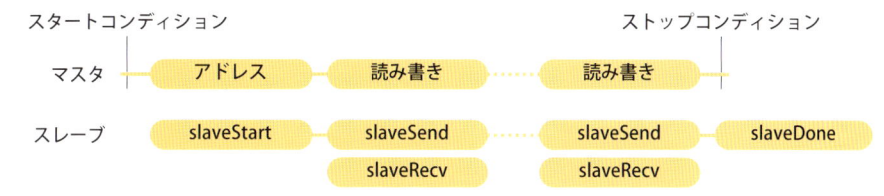

```c
//割り込み関数のリスト
const static I2CS_XFER_T i2csCallBacks = {         ──❺
  &slaveStart,  //通信開始で呼び出される割り込み関数
  &slaveSend,   //マスタが読み込んだとき呼び出される割り込み関数
  &slaveRecv,   //マスタが書き込んだとき呼び出される割り込み関数
  &slaveDone    //通信完了で呼び出される割り込み関数
};

//I²Cの割り込み関数
void I2C_IRQHandler(void){
  //割り込みフラグを取得
  uint32_t state = Chip_I2C_GetPendingInt(LPC_I2C);

  while(state & (  //割り込み要求がすべて処理されるまで繰り返す
    I2C_INTENSET_SLVPENDING |  //通信中の割り込み
    I2C_INTENSET_SLVDESEL)) {  //通信終了の割り込み
    //割り込み関数の選択的な呼び出し
    Chip_I2CS_XferHandler(LPC_I2C, &i2csCallBacks);  ──❻
    //割り込みフラグを取得
    state = Chip_I2C_GetPendingInt(LPC_I2C);
  }
}
```

　前述の仕組みを実現するため、4つの関数のリスト（記述❺）と、I²Cが割り込みを発生した時点で関数Chip_I2CS_XferHandlerを呼び出す仕組み（記述❻）が必要です。関数Chip_I2CS_XferHandlerは通信の進行を判定し、対応する関数を呼び出します。このくだりは、プログラムが独創性を発揮する余地のない定型的な記述となります。

　I²Cスレーブハンドラは、いったんセットアップしたら、マスタの読み書きにしたがって事実上自動的にスレーブの配列を更新します。周波数カウンタに対してマスタは、周波数を読み込み、あるいは計測頻度-1を書き込みます。周波数カウンタのプログラムは、これらのデータが下に示す形式で保存されるようにセットアップします。

●周波数カウンタにおける送受信用配列の使いかた

　　　　　　　配列 i2csTxBuf
送信用の配列 | 周波数 HH | 周波数 HL | 周波数 LH | 周波数 LL |

　　　　　　　配列 i2csRxBuf
受信用の配列 | 計測頻度 -1 |

⊕ 周波数カウンタのプログラム

　周波数カウンタは計測期間を区切って入力信号の上昇端を数えます。製作例の構造を下に示します。LPC810で入力信号の上昇端を数えられるのはSCT（ステートコンフィギュアラブルタイマ）だけです。計測期間はMRTのリピートで作ります。計測期間は1秒を初期値とし、計測頻度-1を指定して変更できるようにします。

●周波数カウンタの構造

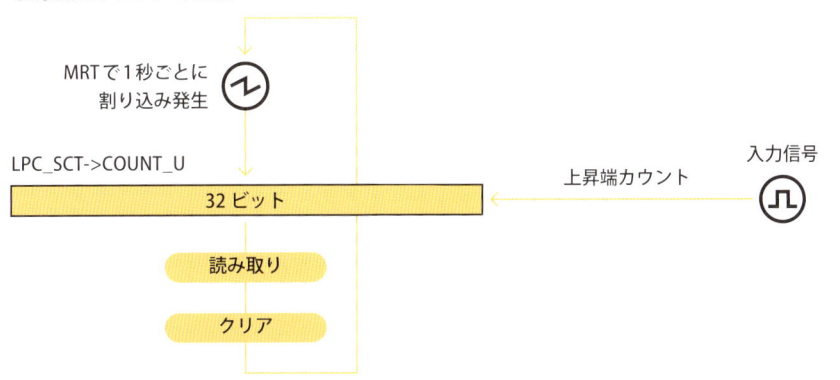

　周波数カウンタのプロジェクトfrq810を作り、LPC810を周波数カウンタICのように動かします。通信手順は、アドレス0x24、読み込み4バイト（周波数）、書き込み1バイト（計測頻度-1）とします。プロジェクトの構成を下に示します。MRTハンドラは計測期間を決め、I²CスレーブハンドラはI²Cスレーブとしての働きを実現します。

●プロジェクトfrq810の構成

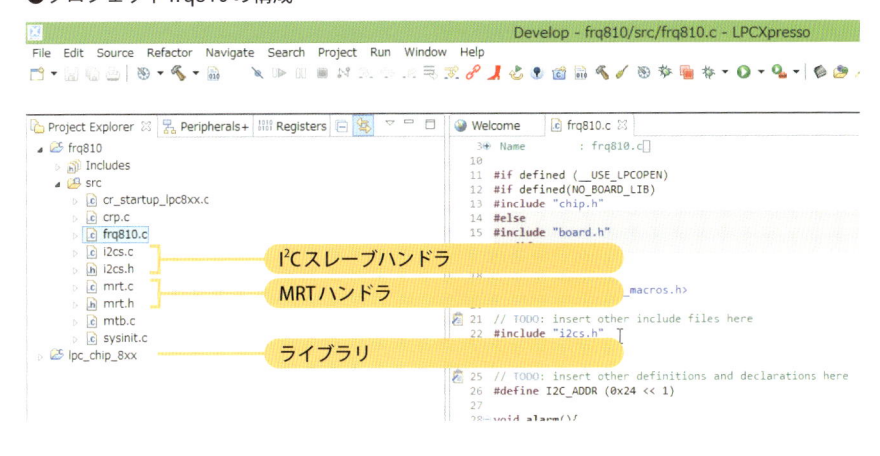

関数mainを含むソースfrq810.cの記述を下に示します。マスタが計測頻度-1を書き込むと通信完了処理関数がMRTの割り込み間隔を変更します（記述❶）。マスタが読み出しをすると送信用の配列に保存しておいた周波数（記述❷）を送信します。そのとおり動作するかどうかは、あとふたつ製作物を完成させてからテストします。

●プロジェクトfrq810のソースfrq810.c

```
// frq810.c

#include "chip.h"   //LPCOpenのヘッダ
#include "i2cs.h"   //I²Cスレーブハンドラのヘッダ
#include "mrt.h"    //MRTハンドラのヘッダ

#define I2C_ADDR 0x24  //アドレス

//通信完了処理関数
void changeInterval(){
  if(rxn && (txn == 0)){  //もし受信データがあれば
    //受信した値でMRTチャンネル0の割り込み間隔を変更 ──❶
    Chip_MRT_SetInterval(LPC_MRT_CH(0),
    SystemCoreClock / (uint32_t)(i2csRxBuf[1] + 1));

    //圧電ブザーをピッと鳴らす
    Chip_GPIO_SetPinOutHigh(LPC_GPIO_PORT, 0, 2);
    mrtWait(MRT_MS(50));
    Chip_GPIO_SetPinOutLow(LPC_GPIO_PORT, 0, 2);
  }
}

//MRTがリピートで繰り返し呼び出す関数
void getFreq(){
  uint32_t freq;  //周波数

  //周波数の読み取り
  Chip_SCT_SetControl(LPC_SCT, SCT_CTRL_HALT_L);  //SCTを停止
  freq = LPC_SCT->COUNT_U;  //カウントを読み取る
  LPC_SCT->COUNT_U = 0;  //カウントをクリア
  Chip_SCT_ClearControl(LPC_SCT, SCT_CTRL_HALT_L);  //SCTを開始

  //送信用の配列に保存 ──❷
  __disable_irq();  //割り込みを保留
  i2csTxBuf[0] = (freq >> 24);  //周波数の第1バイト
  i2csTxBuf[1] = (freq >> 16) & 0xff;  //周波数の第2バイト
  i2csTxBuf[2] = (freq >> 8) & 0xff;  //周波数の第3バイト
  i2csTxBuf[3] = freq & 0xff;  //周波数の第4バイト
  __enable_irq();  //割り込みを再開
```

```c
    Chip_GPIO_SetPinToggle(LPC_GPIO_PORT, 0, 3); //LEDの点滅を反転
}

int main(void) {
  SystemCoreClockUpdate(); //システムクロックを登録

  //スイッチマトリクスでピンを設定
  Chip_Clock_EnablePeriphClock(SYSCTL_CLOCK_SWM);
  Chip_SWM_DisableFixedPin(SWM_FIXED_SWCLK); //SWCLK無効
  Chip_SWM_DisableFixedPin(SWM_FIXED_SWDIO); //SWDIO無効
  Chip_SWM_MovablePinAssign(SWM_I2C_SDA_IO, 0); //SDA
  Chip_SWM_MovablePinAssign(SWM_I2C_SCL_IO, 1); //SCL
  Chip_SWM_MovablePinAssign(SWM_CTIN_0_I, 4); //CTIN0
  Chip_Clock_DisablePeriphClock(SYSCTL_CLOCK_SWM);

  //汎用ポートをセットアップ
  Chip_GPIO_SetPinDIROutput(LPC_GPIO_PORT, 0, 2); //出力に設定
  Chip_GPIO_SetPinDIROutput(LPC_GPIO_PORT, 0, 3); //出力に設定
  Chip_GPIO_SetPinOutLow(LPC_GPIO_PORT, 0, 2); //0を出力
  Chip_GPIO_SetPinOutLow(LPC_GPIO_PORT, 0, 3); //0を出力

  //SCTをセットアップ
  Chip_SCT_Init(LPC_SCT); //SCTを起動してリセット
  Chip_SCT_Config(LPC_SCT, //SCTを設定
    SCT_CONFIG_32BIT_COUNTER | //32ビット×1本として動かす
    SCT_CONFIG_CLKMODE_INCLK //CTIN0の上昇端を数える
  );
  Chip_SCT_ClearControl(LPC_SCT, SCT_CTRL_HALT_L); //SCTを開始

  //MRTをセットアップ
  mrtSetup(); //MRTをセットアップ
  mrtRepeat( //繰り返しの設定
    SystemCoreClock, //1秒間隔で繰り返す
    getFreq //関数getFreqを呼び出す
  );

  //I²Cスレーブをセットアップ
  i2csSetupCallback(changeInterval); //通信完了処理関数を登録
  i2csSetup(I2C_ADDR, 1, 4); //I²Cスレーブをセットアップ

  while(1) //つねに繰り返す
    __WFI(); //割り込みが発生するまでスリープ
  return 0 ; //文法上の整合をとる記述
}
```

chapter2
方形波発振器
PLUS ⊕ ONE──汎用ポートの高度な制御

[第2章]
分散処理編
Distributed Computing

⊕ 方形波発振器の概要

　工場の生産ラインで作業の効率を上げるために使う簡単な道具をジグといいます。たいていは現場の声をもとに器用な人が自作するので、工具店では見掛けない恰好をしています。電子工作でおかしなものが出来上がったらジグだと言い張るのが一案です。ここでは、前項の周波数カウンタをテストする、ちょっとしたジグを紹介します。

　下に示す製作物は強いていうなら方形波発振器です。方形波を出力するのは書き込み装置に取り付けたまま動いているLPC810で、周波数は4本のピンの状態で16段階に切り替わります。製作物を取り付けると4本のピンにロータリースイッチが覆いかぶさり、ツマミを回すことでLPC810が1kHz～16kHzの方形波を出力します。

●方形波発振器が動作している様子

●製作例の外観

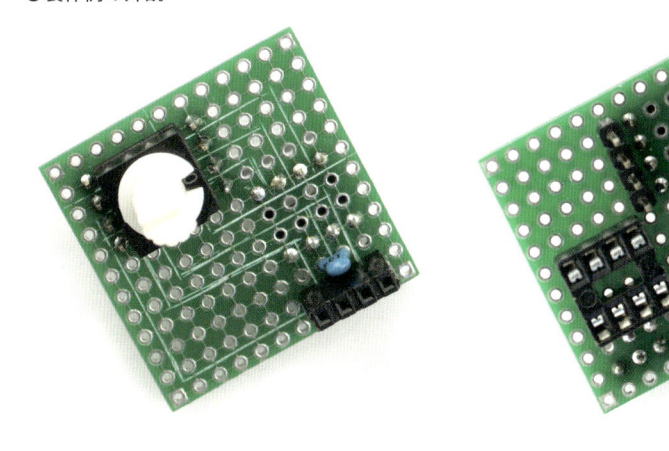

製作例の外観を上に示します。裏側（写真右）にピンヘッダがあって、これが書き込み装置のピンソケットに挿さります。その隣のICソケットにLPC810を取り付けると単独でも動きますが、座りが悪くて不便です。表側（写真左）のピンソケットはLPC810の電源とCTOUT0につながっています。ここから電源と方形波を取り出します。

ロータリースイッチはフジソクのDRS4016-Zです。外観と主要な仕様を下に示します。ツマミの位置に応じて4系統のスイッチがオン／オフし、仮にオンを1とみなせば、目盛りと同じ0x0〜0xfの状態が得られます。したがってマイコンと直結する場合、スイッチのオンが1と読めるように設定するとあとの処理がラクになります。

●DRS4016-Zの外観と主要な仕様

項目	仕様
接点切り替え構造	回転式16接点、作動力0.0245N・m以下
スイッチ構造	4ビット正論理バイナリ
スイッチ定格	開閉20mV/1μA〜15V/30mA、通電50V/100mA
通電特性	接触抵抗100mΩ以下、絶縁抵抗1000MΩ以上

2―方形波発振器

⊕ 方形波発振器の設計

　方形波発振器の回路を下に示します。方形波はSCTで作ってCTOUT0で出力します。CTOUT0はスイッチマトリクスで論理0番ピンに割りあてる想定です。ロータリースイッチは論理ピン番号が連続した4本の汎用ポートで読み取ります。そのうちの3本はリセットとデバッガ接続用に初期設定されるので、これらを無効にして使います。

● 方形波発振器の回路

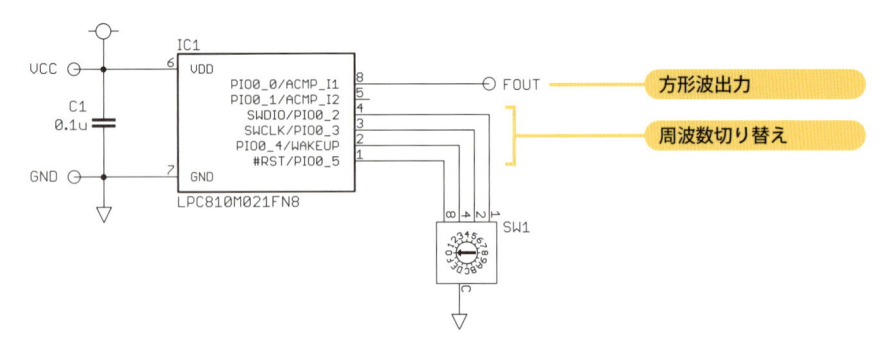

　ロータリースイッチは通例にしたがい共通ピンをGNDに接続します。この場合、オンが0、オフは初期設定のプルアップに引っ張られて1になります。ツマミの目盛りとスイッチの状態を一致させるには1と0を逆に読み取らなければなりません。そこで、方形波発振器は、下に示すとおり、1と0が反転するように指定します。

● プルアップ（初期設定）と反転の構造

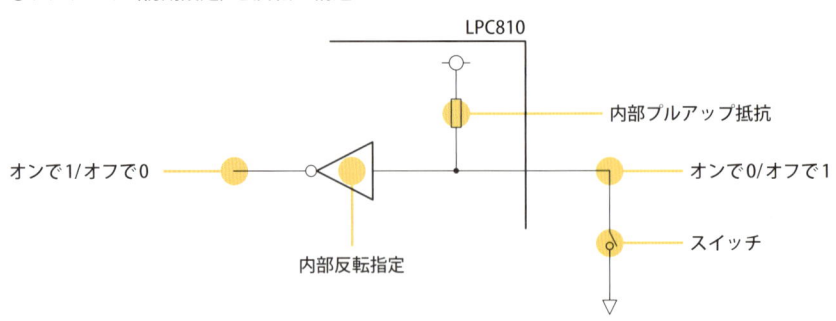

LPC810のピンの状態は1本のレジスタの各ビットに反映されます。したがって、ロータリースイッチの4系統のオン/オフは全部まとめて読み出すことができます。ただし、素直に読み出すと余計なピンの情報が混じります。方形波発振器は、下に示すとおり、ロータリースイッチが接続されていないピンをマスクして読み取ります。

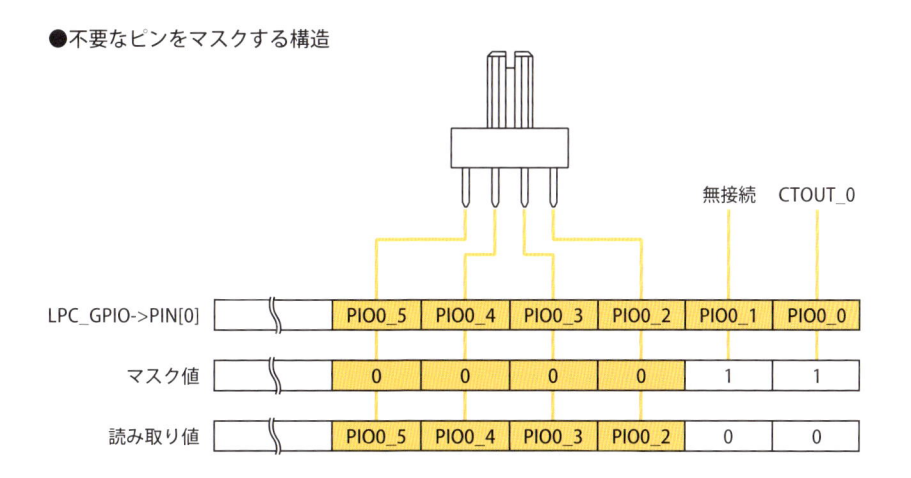

●不要なピンをマスクする構造

　ロータリースイッチを操作すると少なくとも最下位ビットが変化します。スイッチの状態は、この変化を捉えて読み取ります。ただし、4系統のスイッチがぴったり同時にオン/オフすることはあり得ません。ですから、下に示すとおり、ピンの割り込みでMRTのワンショットを開始し、100m秒ほどあとMRTの割り込みで読み取ります。

●スイッチの確定を待つ構造

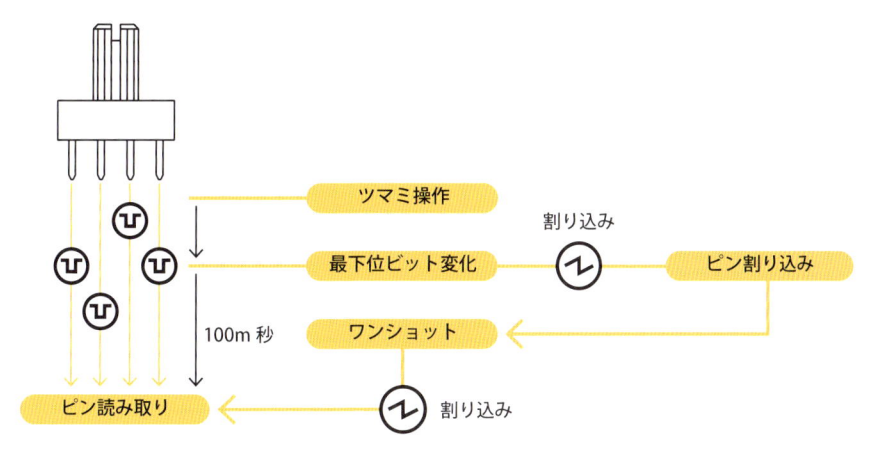

2―方形波発振器

方形波はSCTを応用したPWMで作ります。理屈と手順を下に示します。SCTは出力を1にしてカウントアップし、index1の値に達すると出力を0に切り替え、index0の値に達したらカウントを0に戻します。index0の役割はかえられません。index1の働きはindex2〜4にもあり、デューティ比の異なる方形波を最大4系統、出力できます。

●SCTのPWMで方形波を作る理屈と手順

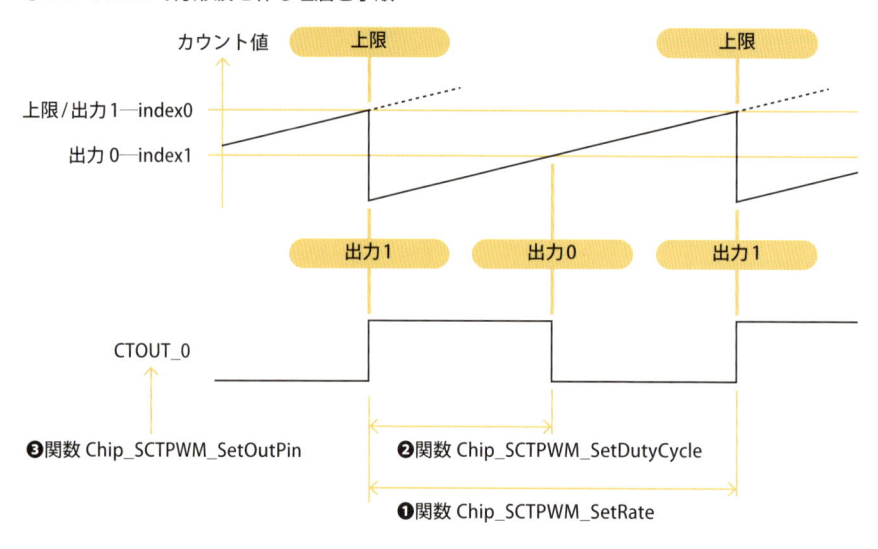

　SCTはさまざまに組み合わせの利く小さな機能の集合体ですが、いいかえると可能性が広過ぎるため、LPCOpenはPWMのための機能と割り切っているようです。方形波発振器はそれを利用します。別項の周波数カウンタはSCTの特徴を生かしていない応用例です。逆に、込み入った応用例はのちほど指先脈拍計やAD変換器で示します。

⊕ 方形波発振器の製作

　組み立てにはサンハヤトのワイヤードユニバーサル基板を使いました。外観を右に示します。普通のユニバーサル基板がランドを配線でつなぐのに対し、これはランドをつないだ配線をカットします。カットのしかたが難しいのですが、2〜3枚失敗すると要領がわかり、それからあとはたちまちプリント基板が出来上がる感覚です。

●ワイヤードユニバーサル基板UB-WRD01の外観

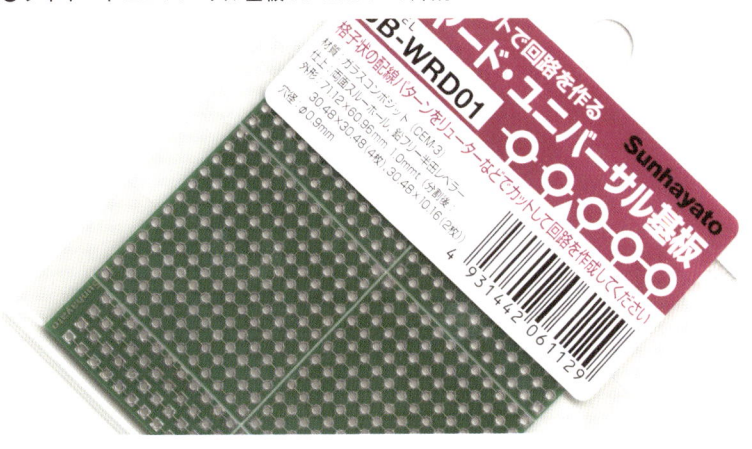

　配線図と部品表を下に示します。ワイヤードユニバーサル基板をカット図のとおりにカットし、部品配置図のとおりに部品を取り付けます。ICソケットとピンヘッダは裏側から挿して表側でハンダ付けします。LPC810は、方形波発振器を単独で動かす場合だけ、書き込み装置から取り外してICソケットに取り付けます。

●配線図と部品表

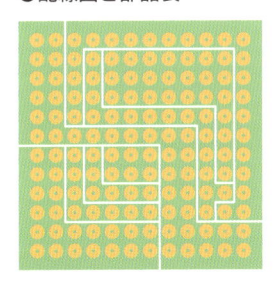

⇦カット図 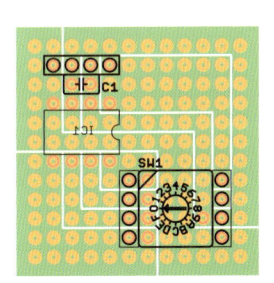　　　⇦部品配置図

部品番号	仕様	数量	備考
IC1	LPC810M021FN8	1	マイコン
C1	0.1μF	1	積層セラミックコンデンサ
SW1	DRS4016-Z	1	ロータリースイッチ
—	DIP8ピンICソケット	1	製作例は2227/8/3（Neltron）
—	4ピン1列ピンソケット	1	42ピン1列ピンソケットをカットして使用
—	4ピン1列ピンヘッダ	2	42ピン1列ピンヘッダをカットして使用
—	UB-WRD01	1	ワイヤードユニバーサル基板

2―方形波発振器

⊕ 方形波発振器のプログラム

　方形波発振器のプロジェクトosc810を作り、LPC810を発振器ICのように動かします。発振器ICは、電源をつなぐと1kHzの方形波を出力し、必要に応じ、4本のピンで1倍〜16倍を指定できるものとします。プロジェクトの構成を下に示します。ロータリースイッチを読む処理でタイミングを遅らせるためにMRTハンドラを使います。

●プロジェクトosc810の構成

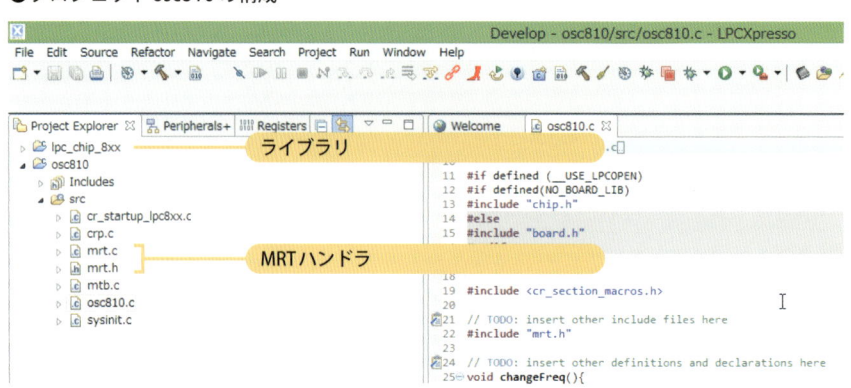

　関数mainを含むソースosc810.cの記述を右に示します。ロータリースイッチのツマミを回すとピン割り込みが発生し、それがワンショットを開始し（記述❷）、100m秒後に関数changeFreqが呼び出されます（記述❶）。この関数がスイッチの状態を読み、下に示すとおり0x0〜0xfの値に変換して、PWMに新しい周波数を設定します。

●スイッチの状態からバイナリを得る構造

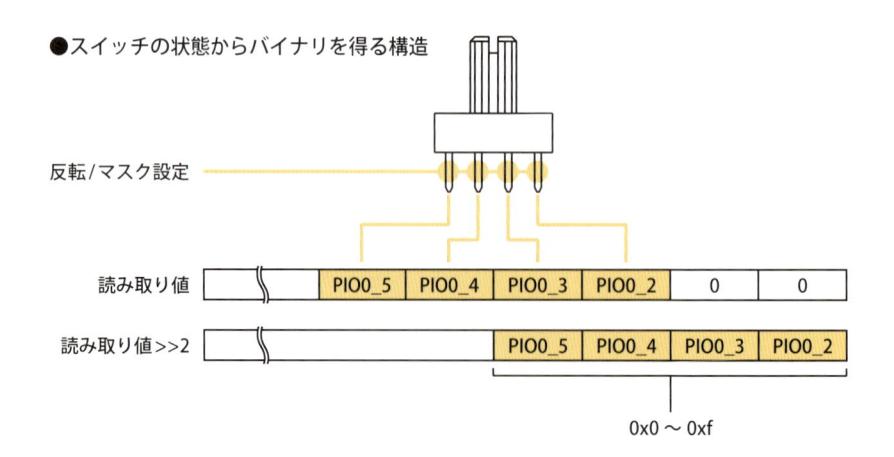

[第2章]分散処理編

●プロジェクトosc810のソース osc810.c

```c
// osc810.c

#include "chip.h"  //LPCOpenのヘッダ
#include "mrt.h"   //MRTハンドラのヘッダ

//MRTのワンショットで呼び出される関数 ――①
void changeFreq(){
  uint32_t sw;  //スイッチの状態
  uint32_t hz;  //周波数

  //スイッチの状態を読み出してバイナリに変換
  sw = Chip_GPIO_GetMaskedPortValue(LPC_GPIO_PORT, 0) >> 2;
  hz = 1000 * (sw + 1);  //周波数を計算

  //PWMに新しい周波数を設定
  Chip_SCTPWM_SetRate(LPC_SCT, hz);  //周波数を設定
  Chip_SCTPWM_SetDutyCycle(LPC_SCT, 1,  //index1を指定
  Chip_SCTPWM_PercentageToTicks(LPC_SCT, 50));  //デューティ比50%

  Chip_SCTPWM_Start(LPC_SCT);  //PWMを開始
}

//ピン割り込み関数
void PININT7_IRQHandler(void){
  //割り込みフラグをクリア
  Chip_PININT_ClearIntStatus(LPC_PININT, PININTCH7);

  //100m秒後に関数changeFreqを呼び出す
  mrtOneshot(MRT_MS(100), changeFreq);
}                                            ――②

int main(void) {
  SystemCoreClockUpdate();  //システムクロックを登録

  //スイッチマトリクスでピンを設定
  Chip_Clock_EnablePeriphClock(SYSCTL_CLOCK_SWM);
  Chip_SWM_DisableFixedPin(SWM_FIXED_SWCLK);  //SWCLK無効
  Chip_SWM_DisableFixedPin(SWM_FIXED_SWDIO);  //SWDIO無効
  Chip_SWM_DisableFixedPin(SWM_FIXED_RST);    //RST無効
  Chip_SWM_MovablePinAssign(SWM_CTOUT_0_O, 0);  //CTOUT_0
  Chip_Clock_DisablePeriphClock(SYSCTL_CLOCK_SWM);
```

2―方形波発振器

```
//SCTをセットアップ
Chip_SCTPWM_Init(LPC_SCT);   //SCTを起動してリセット
Chip_SCTPWM_SetRate(LPC_SCT, 1000);   //周波数を1kHzに設定
Chip_SCTPWM_SetDutyCycle(LPC_SCT, 1,   //index1を指定
Chip_SCTPWM_PercentageToTicks(LPC_SCT, 50));   //デューティ比50%
Chip_SCTPWM_SetOutPin(LPC_SCT, 1, 0);   //index1はCTOUT0に出力
Chip_SCTPWM_Start(LPC_SCT);   //PWMを開始

//論理2番ピン～論理5番ピンを反転 ──❸
Chip_Clock_EnablePeriphClock(SYSCTL_CLOCK_IOCON);
Chip_IOCON_PinEnableInputInverted(LPC_IOCON, IOCON_PIO2);
Chip_IOCON_PinEnableInputInverted(LPC_IOCON, IOCON_PIO3);
Chip_IOCON_PinEnableInputInverted(LPC_IOCON, IOCON_PIO4);
Chip_IOCON_PinEnableInputInverted(LPC_IOCON, IOCON_PIO5);
Chip_Clock_DisablePeriphClock(SYSCTL_CLOCK_IOCON);

//汎用ポートPIO0_2～PIO0_5以外をマスク
Chip_GPIO_SetPortMask(LPC_GPIO_PORT, 0, ~(0x3f));   ──❹

mrtSetup();   //MRTをセットアップ

//ピン割り込みをセットアップ ──❺
Chip_SYSCTL_SetPinInterrupt(7, 2);   //チャンネル7に論理2番ピンを登録
Chip_PININT_SetPinModeEdge(LPC_PININT, PININTCH7);   //エッジ
Chip_PININT_EnableIntHigh(LPC_PININT, PININTCH7);   //上昇端
Chip_PININT_EnableIntLow(LPC_PININT, PININTCH7);   //下降端
NVIC_EnableIRQ(PININT7_IRQn);   //ピン割り込みを許可

while(1)   //つねに繰り返す
    __WFI();   //割り込みが発生するまでスリープ
 return 0 ;   //文法上の整合をとる記述
}
```

ロータリースイッチがつながる論理2番ピン～論理5番ピンは直読でバイナリが得られるよう、反転（記述❸）とマスク（記述❹）を設定します。本来はさらにプルアップして汎用ポートを入力に設定するのですが、これらは初期設定されます。初期設定されるものを念のために設定することは、LPC810の場合、メモリの無駄遣いです。

バイナリの最下位ビットにあたる論理2番ピンは上昇端と下降端でピン割り込みを発生するように設定します（記述❺）。これで、バイナリの変化をすべて捉えることができます。ピン割り込みはチャンネル0～7の8系統があり、数字が大きいと優先順位が下がりますが、機能は独立かつ対等です。ここではチャンネル7を使っています。

⊕ 方形波発振器のテスト

　方形波発振器はロータリースイッチの目盛りを0に合わせると、書き込み装置に取り付けた状態でLPC810にプログラムを書き込めます。プログラムはリセットを無効に設定するので、書き直しをするときは開発環境の説明で述べたとおり操作してください。プログラムが正しく動作すると方形波発振器のピンは下に示す役割をもちます。

●方形波発振器のピンの役割

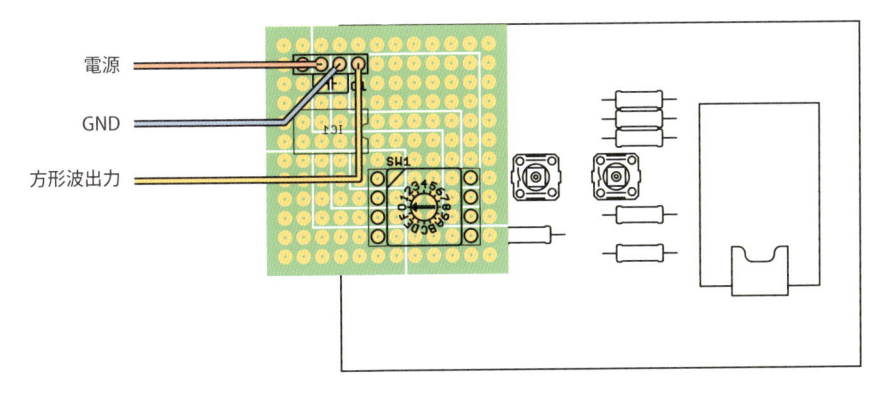

　オシロスコープで観測した波形を下に示します。周波数はツマミの位置0で1kHz、ひとつ回すごとに1kHzずつ増え、Fで16kHzになります。切り替えの失敗はありません。電圧は電源電圧と同じ3.3Vです。波形が少しなまって見えるのは測定のしかたの問題で、実際は角の立った方形波です。すべて狙ったとおりの結果になりました。

●オシロスコープで観測した波形

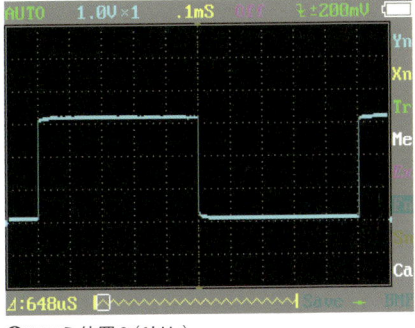

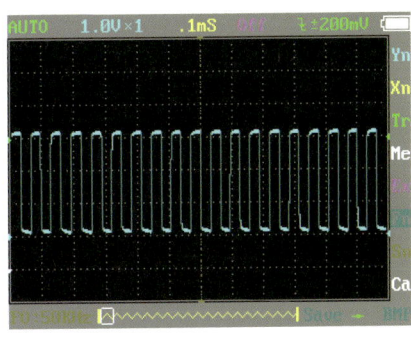

⬆ツマミ位置0 (1kHz)　　⬆ツマミ位置F (16kHz)

2―方形波発振器

chapter2
3 LPC810親機
PLUS⊕ONE―周波数カウンタのテスト

[第2章]
分散処理編
Distributed Computing

⊕ LPC810親機の概要

　電子工作を関心の赴くところに任せると機能の断片ばかりがたくさん出来上がります。作り散らかしてただ眺めるのも悪くない趣味ですが、それらを束ねる親機がひとつあれば、心置きなく作り散らかすことができます。本書の製作物はあらかた機能の断片なので、I^2Cのマスタの働きと各種の出力装置を備えた親機を作っておきます。

　LPC810親機の製作例を下に示します。LPC810はI^2Cのマスタの立場でLCDを動かすとともにスレーブの働きをもつほかの製作物と通信します。スレーブから読み込んだデータは、LEDの光、圧電ブザーの音、LCDの文字で出力します。入力装置はありませんが、リセットを無効に設定するとリセットスイッチが汎用スイッチになります。

●製作例の外観

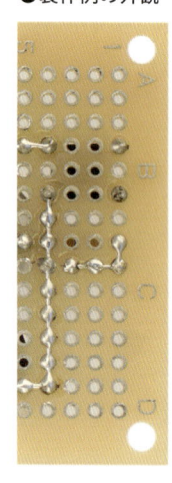

●周波数カウンタから周波数を読み出した例

　LPC810親機の最初の仕事は周波数カウンタのテストです。これはLPC810親機のテストでもあります。方形波発振器、周波数カウンタ、LPC810親機をつなぎ、上に示すとおり、LCDで周波数を表示します。正しい周波数が表示されたら、製作物が完成したという話にとどまらず、トリプルコアの並行動作を成功させたことになります。

⊕ LPC810親機の設計と製作

　LPC810親機の回路を下に示します。I²CのSDAとSCLはプログラムで論理0番ピンと論理1番ピンに割りあてる想定です。LEDと圧電ブザーは力任せに動かす性質の部品なので最大20mAを出力できる4番ピンと5番ピンにつなぎました。論理5番ピンのタクトスイッチはプログラムでリセットスイッチか汎用スイッチかを選択できます。

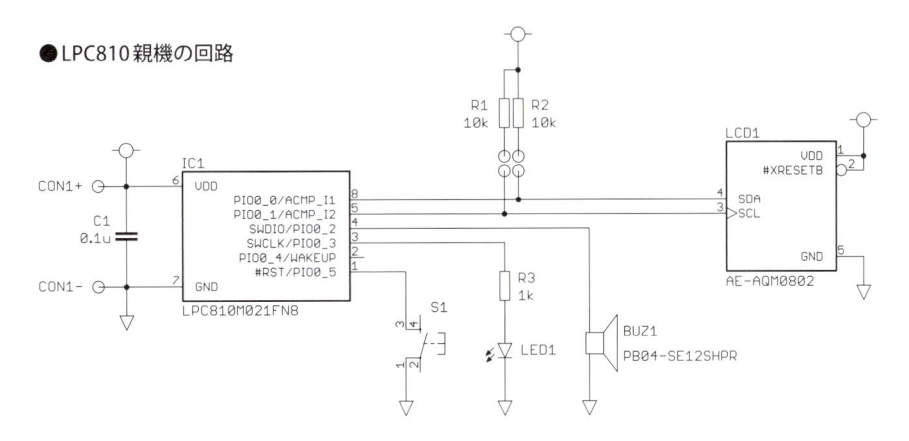

●LPC810親機の回路

3―LPC810親機

●配線図と部品表

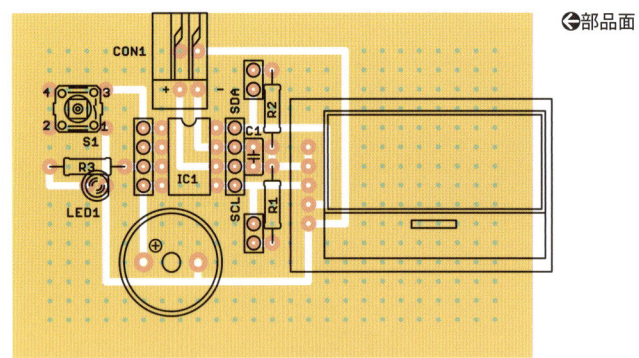

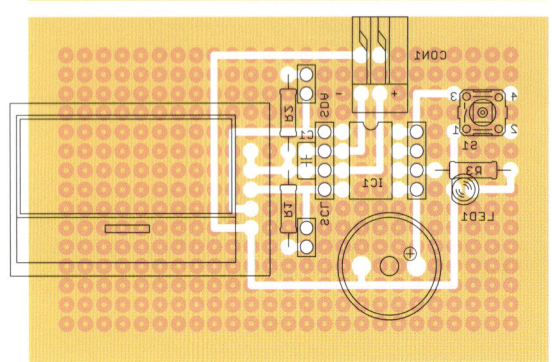

→部品面

→ハンダ面

部品番号	仕様	数量	備考
IC1	LPC810M021FN8	1	マイコン
LCD1	AE-AQM0802	1	AQM0802Aピッチ変換キット
LED1	OS5RKA3131A	1	高輝度LED
BUZ1	PB04-SE12SHPR	1	圧電ブザー
R1、R2	10kΩ	2	1/4Wカーボン抵抗
R3	1kΩ	1	1/4Wカーボン抵抗
C1	0.1μF	1	積層セラミックコンデンサ
S1	タクトスイッチ	1	製作例はDTS-6（Cosland）の黒
CON1	ターミナルブロック	1	製作例はTB401a-1-2-E（Alphaplus）
—	DIP8ピンICソケット	1	製作例は2227-8-3（Neltron）
—	4ピン1列ピンソケット	2	42ピン1列ピンソケットをカットして使用
—	2ピン1列ピンヘッダ	2	42ピン1列ピンヘッダをカットして使用
—	ジャンパピン	2	製作例はMJ-254-6（Useconn）の赤
—	ユニバーサル基板	1	製作例はCタイプ（秋月電子通商）

配線図と部品表を左に示します。圧電ブザーは音の出る穴が保護シールで塞がれています。LCDは表示面を保護シールが覆っています。保護シールは絶対に剥がさない派とすぐ剥がす派に別れますが、貼ったまま組み立てて完成したら剥がすのが正解です。とりわけ圧電ブザーは、保護シールがあるとないとで音量がまったく違います。

⊕ LPC810親機のプログラム

LPC810親機のプロジェクトは組み合わせる製作物ごとにひとつ作ります。ここでは周波数カウンタと組み合わせるプロジェクトfrqReaderを作ります。目標は、2秒おきに周波数を読み込んでLCDへ表示し、タクトスイッチを押したら計測頻度×1または×2に相当する値を書き込むことです。プロジェクトの構成を下に示します。

● プロジェクトfrqReaderの構成

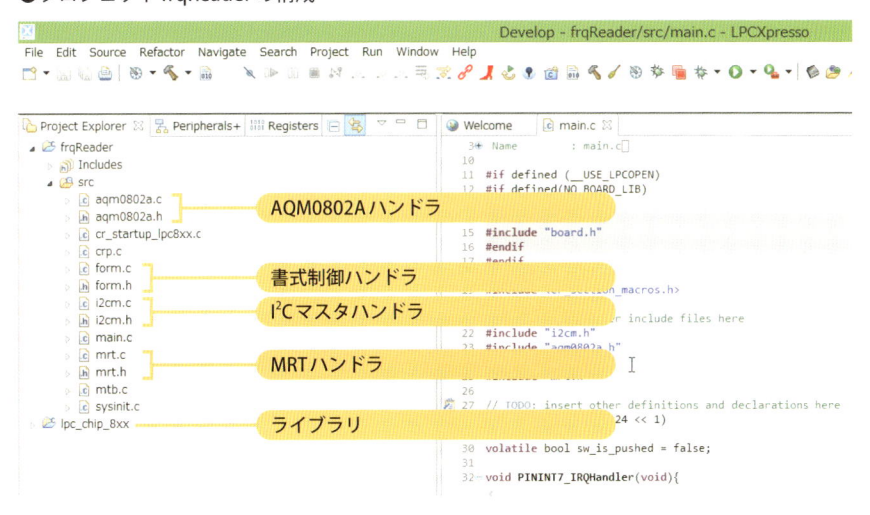

I^2CマスタハンドラはLCDと周波数カウンタの読み書きに使います。AQM0802Aハンドラと書式制御ハンドラはLCDの表示に使います。MRTハンドラはおもに通信や表示の間隔を2秒あけるために使います。圧電サウンダ、LED、タクトスイッチは制御のしかたが比較的簡単ですから、取り扱いをプログラムの本編に直接記述します。

3 — LPC810親機　　127

関数mainを含むソースmain.cの記述を下に示します。上から下の流れに逆らう処理がひとつあります。タクトスイッチがつながる論理5番ピンはリセットを無効に設定したうえで（記述❷）ピン割り込みを設定しています（記述❸）。これを押すとフラグが立ち（記述❶）、繰り返しの中で周波数カウンタに計測頻度-1を書き込みます（記述❹）。

●プロジェクトfrqReaderのソースmain.c

```
// main.c

#include "chip.h"      //LPCOpenのヘッダ
#include "i2cm.h"      //I²Cマスタハンドラのヘッダ
#include "aqm0802a.h"  //AQM0802Aハンドラのヘッダ
#include "form.h"      //書式制御ハンドラのヘッダ
#include "mrt.h"       //MRTハンドラのヘッダ

#define FRQ_ADRS (0x24 << 1)  //周波数カウンタのアドレス

volatile bool sw_is_pushed = false;  //タクトスイッチが押されたフラグ

//ピン割り込み関数
void PININT7_IRQHandler(void){
  //割り込みフラグをクリア
  Chip_PININT_ClearIntStatus(LPC_PININT, PININTCH7);
  sw_is_pushed = true;  //タクトスイッチが押されたフラグを立てる ──❶
}

//エラー処理関数
void alarm(uint8_t adrs, ErrorCode_t err){
  Chip_GPIO_SetPinOutHigh(LPC_GPIO_PORT, 0, 2);  //圧電ブザーを鳴らす
  while(1);  //停止
}

int main(void) {
  SystemCoreClockUpdate();  //システムクロックを登録

  //スイッチマトリクスでピンを設定
  Chip_Clock_EnablePeriphClock(SYSCTL_CLOCK_SWM);
  Chip_SWM_DisableFixedPin(SWM_FIXED_SWCLK);  //SWCLK無効
  Chip_SWM_DisableFixedPin(SWM_FIXED_SWDIO);  //SWDIO無効
  Chip_SWM_DisableFixedPin(SWM_FIXED_RST);    //RST無効 ──❷
  Chip_SWM_MovablePinAssign(SWM_I2C_SDA_IO, 0);  //SDA
  Chip_SWM_MovablePinAssign(SWM_I2C_SCL_IO, 1);  //SCL
  Chip_Clock_DisablePeriphClock(SYSCTL_CLOCK_SWM);
```

```c
//汎用ポートをセットアップ
Chip_GPIO_SetPinDIROutput(LPC_GPIO_PORT, 0, 2);  //出力に設定
Chip_GPIO_SetPinDIROutput(LPC_GPIO_PORT, 0, 3);  //出力に設定
Chip_GPIO_SetPinOutLow(LPC_GPIO_PORT, 0, 2);  //0を出力
Chip_GPIO_SetPinOutLow(LPC_GPIO_PORT, 0, 3);  //0を出力

//ピン割り込みをセットアップ ――③
Chip_SYSCTL_SetPinInterrupt(7, 5);  //チャンネル7に論理5番ピンを登録
Chip_PININT_SetPinModeEdge(LPC_PININT, PININTCH7);  //エッジ
Chip_PININT_EnableIntLow(LPC_PININT, PININTCH7);  //下降端
NVIC_EnableIRQ(PININT7_IRQn);  //ピン割り込みを許可

mrtSetup();  //MRTをセットアップ
i2cmSetupErr(alarm);  //I²Cのエラー処理関数を登録
i2cmSetup();  //I²Cマスタをセットアップ
lcdSetup();   //AQM0802Aをセットアップ

lcdLocate(0, 0);  //表示開始位置を上の行の先頭に設定
lcdPuts("Freq(Hz)");  //タイトルを表示
lcdLocate(0, 1);  //表示開始位置を下の行の先頭に設定
lcdPuts("Wait....");  //起動待ちを表示

uint32_t freq;  //周波数
int count = 0;  //計測頻度-1(最下位ビットのみ使用)
uint8_t i2cbuf[5];  //I²Cマスタ通信用バッファ
i2cbuf[0] = FRQ_ADRS;  //周波数カウンタのアドレス

while(1){  //つねに繰り返す
  if(sw_is_pushed){  //もしタクトスイッチが押されたら
    count++;  //計測頻度を切り替える                          ――④
    i2cbuf[1] = (count & 1);  //計測頻度-1を設定
    i2cmTx(i2cbuf, 2);  //2バイトを書き込む
    sw_is_pushed = false;  //タクトスイッチが押されたフラグを降ろす
  }

  mrtWait(MRT_MS(1000));  //1秒停止
  Chip_GPIO_SetPinOutHigh(LPC_GPIO_PORT, 0, 3);  //LEDを点灯
  mrtWait(MRT_MS(1000));  //1秒停止
  Chip_GPIO_SetPinOutLow(LPC_GPIO_PORT, 0, 3);  //LEDを消灯

  //周波数の取得
  i2cmRx(i2cbuf, 5);  //アドレス+4バイトを読み込む
  freq = (i2cbuf[1] << 24) |   //周波数を計算
    (i2cbuf[2] << 16) | (i2cbuf[3] << 8) | i2cbuf[4];
```

```
        lcdLocate(0, 1);  //表示開始位置を下の行の先頭に設定
        lcdPuts(formDec(freq, 6, 0));  //周波数を表示
        lcdPuts("x");  //「x」を表示
        lcdPuts(formItoa((count & 1) + 1));  //計測頻度を表示 ────❺
    }
    return 0 ;  //文法上の整合をとる記述
}
```

　周波数カウンタから読み込んだ周波数は、そのままLCDへ表示します。計測頻度が×2の場合、この表示は本当の周波数の半分です。そのため、続けて「×1」または「×2」を表示することにしました（記述❺）。実用機器なら正しい周波数を計算して表示するところですが、その方法だと計測頻度が切り替わったことを確認できません。

⊕ LPC810親機のテスト

　LPC810親機のテストを兼ねて周波数カウンタの読み出しをします。方形波発振器、周波数カウンタ、LPC810親機を右に示すとおり接続します。I²Cの信号線は周波数カウンタの抵抗でプルアップしました。方形波発振器が10kHzを出力したときの表示例を下に示します。ほぼ10kHzが表示され、計測頻度の切り替えもうまくいきました。

●LPC810親機の表示例

⬅周波数10kHz/計測期間1秒

⬅周波数10kHz/計測期間0.5秒

●周波数カウンタから周波数を読み出す接続

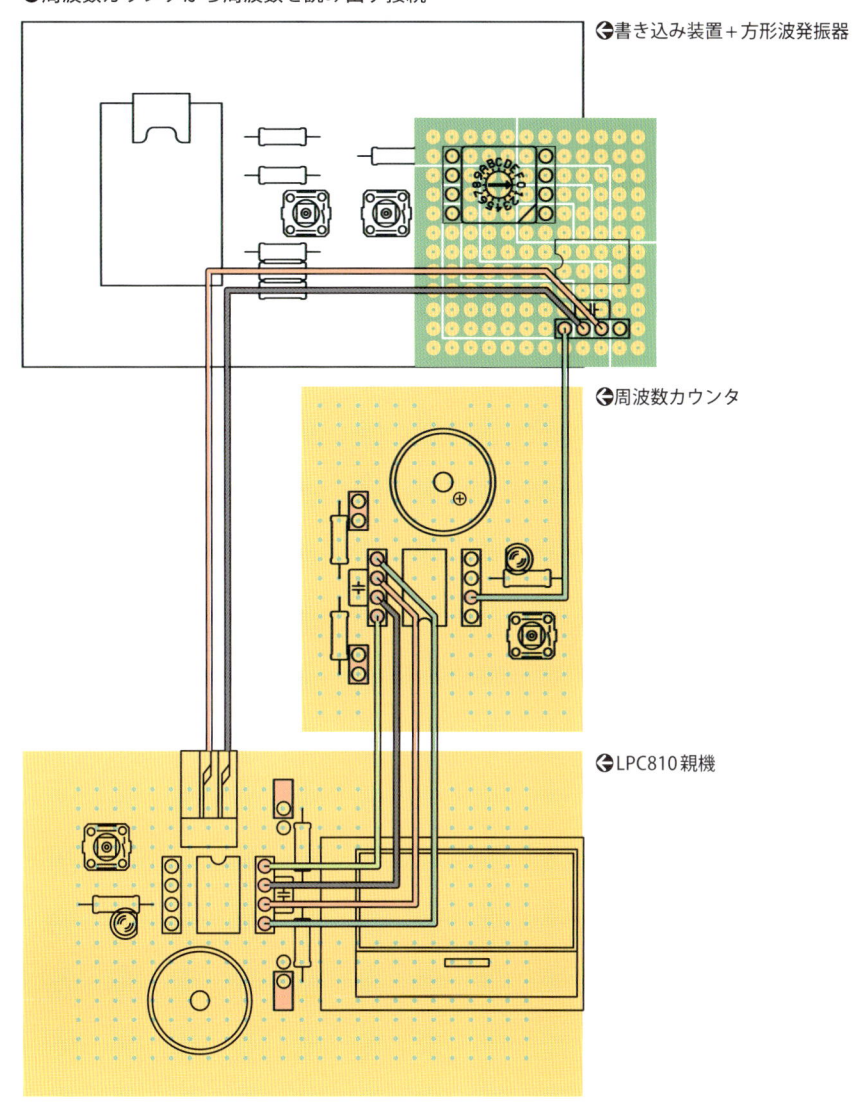

←書き込み装置＋方形波発振器

←周波数カウンタ

←LPC810親機

　周波数カウンタとLPC810親機が完成し、当面の目標が達成されました。最終の目標はAD変換器がないマイコンでアナログを取り込むことにあり、今はまだその手段を得たに過ぎません。次の目標は値の大小を周波数で表現する回路です。方形波発振器をそれと置き換えたとき、ようやく最終の目標を達成したことになります。

3—LPC810親機　　131

chapter2

4 精密温度計
PLUS ⊕ ONE ― 抵抗値計の製作

［第2章］
分散処理編
Distributed Computing

⊕ 抵抗値計の製作

　センサの素材はたいてい周囲の事象に反応して抵抗値を変化させます。湿度センサは高分子感湿膜の抵抗値が湿気で変化することを利用します。温度センサのサーミスタは、名前の由来が「温度」と「抵抗」をあらわす英語です。照度センサのフォトダイオードは、一般に電流を変化させると説明されますが、抵抗値の変化とも解釈できます。

　ですから、LPC810で抵抗値を知ることができたらさまざまなセンサが実現します。AD変換器がないため、電流を流して電圧を読む方法はとれません。抵抗値を周波数に変換し、周波数カウンタで読むことにします。まずは、下に示す製作物を完成させます。これは抵抗値を周波数に変換します。それだけですが、便宜上、抵抗値計と呼びます。

●抵抗値計の製作例

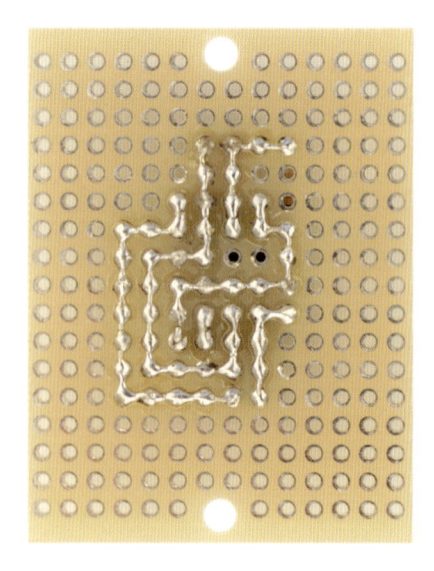

●LMC555の外観と主要な仕様

項目	仕様
発振周波数	実用周波数 0.001Hz ～ 3MHz（無安定動作の経験値）
パルス出力	実用パルス幅 100μ秒～ 100秒（単安定動作の経験値）
出力電圧	0.3V ～電源電圧 -0.3V
電源電圧	1.5V ～ 15V
消費電流	100μA

　抵抗値を周波数に変換するのはナショナルセミコンダクタのLMC555です。外観と主要な仕様を上に示します。LMC555は555と総称されるタイマICのひとつです。555は周波数の取り扱いに長け、マイコンが登場する以前の電子工作で主役を務めました。その精度を高め、また低い電圧でも動くように改良した現代版がLMC555です。

　抵抗値計の回路を下に示します。これはLMC555のアプリケーションノートに「無安定動作」と紹介されている、ごく普通の（安定して動作する）発振回路です。周波数に関係するのは抵抗R1とコンデンサC1と未知の抵抗値です。抵抗R1とコンデンサC1は固定値ですから、周波数をもとに未知の抵抗値を計算することができます。

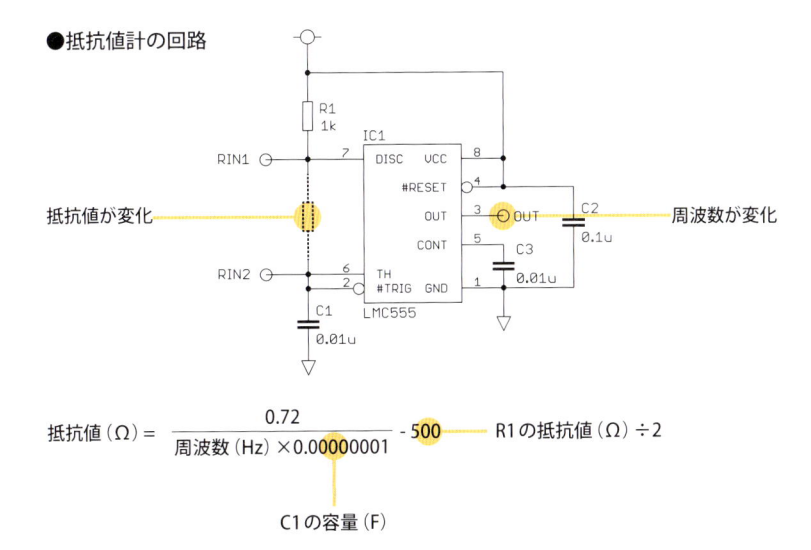

●抵抗値計の回路

$$抵抗値(\Omega) = \frac{0.72}{周波数(Hz) \times 0.00000001} - 500$$

C1の容量（F）
R1の抵抗値（Ω）÷2

4—精密温度計

●配線図と部品表

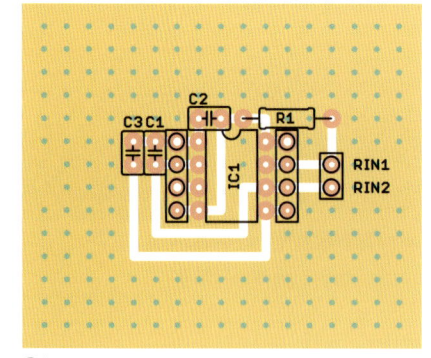

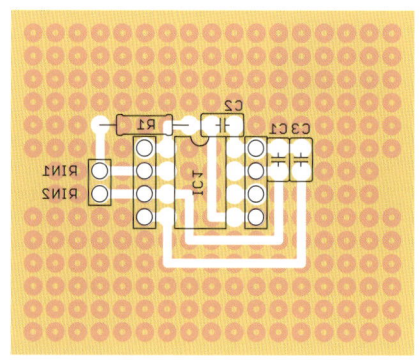

🔼部品面　　　　　　　　　　　　🔼ハンダ面

部品番号	仕様	数量	備考
IC1	LMC555	1	タイマIC
R1	1kΩ	1	1/4Wカーボン抵抗
C1、C3	0.01μF	2	積層セラミックコンデンサ
C2	0.1μF	1	積層セラミックコンデンサ
—	DIP8ピンICソケット	1	製作例は2227-8-3（Neltron）
—	4ピン1列ピンソケット	2	42ピン1列ピンソケットをカットして使用
—	2ピン1列ピンソケット	1	42ピン1列ピンソケットをカットして使用
—	ユニバーサル基板	1	製作例はDタイプ（秋月電子通商）

　配線図と部品表を上に示します。比較的簡単な回路なので手に入る最小のユニバーサル基板に組み立てました。LPC810の両側に4ピン1列ピンソケット、抵抗の接続用に2ピン1列ピンソケットを取り付けます。少なくとも2ピン1列ピンソケットは販売されていないので、両方とも42ピン1列ピンソケットをカットして使います。

⊕ 精密温度計の製作

　抵抗値を周波数に変換して周波数カウンタで読む方法は、電圧に変換してAD変換器で読む方法に比べ、やや時間が掛かりますが圧倒的に高精度です。この利点を生かし、欠点を隠す応用例として、サーミスタを接続し、精密温度計を作ります。サーミスタもまた、温度に反応するほかの素材より高精度の測定ができる特徴をもちます。

● 103AT-2（左）、103AT-11（右）の外観と主要な仕様

項目	仕様（103AT-2/103AT-11）	備考
R_{25}	10kΩ±1%	温度25℃の抵抗値
$B_{25/85}$定数	3435K±1%	抵抗値の変化傾向を表す定数
熱時定数	約15秒/約75秒	応答性を表す定数
熱放散定数	約2mW/℃/約2.6mW/℃	自己発熱で1℃増加する電力
使用温度範囲	-50℃〜110℃	

　製作例のサーミスタはセミテックの103ATです。外観と主要な仕様を上に示します。気温の測定に適した103AT-2と液温の測定に適した103AT-11があり、形状の違いから応答性などに差がありますが、温度-抵抗値特性は共通です。データシートは代表的な19点の抵抗値を示し、そのうち25℃と85℃の抵抗値は誤差±1%を保証しています。

　サーミスタは抵抗値と温度の関係が物理学の数式に忠実です。製品固有の性質はB定数と呼ばれるひとつの値に収斂され、$B_{25/85}$定数は25℃と85℃の計算上の抵抗値を実際の抵抗値と一致させます。もし、いくらか正確さを欠いてもラクなほうがいいなら、25℃の抵抗値と$B_{25/85}$定数と下に示す数式で、全域の抵抗値や温度を算出できます。

● R_{25}と$B_{25/85}$定数を使う抵抗値と温度の算出方法

$$抵抗値(\Omega) = 10000 \times \exp\left\{3435 \times \left(\frac{1}{温度(℃)+273} - \frac{1}{298}\right)\right\}$$

R_{25}（25℃の抵抗値）　　$B_{25/85}$定数　　絶対温度に換算　　25℃相当の絶対温度

$$温度(℃) = \frac{3435 \times 298}{\ln\left(\frac{抵抗値(\Omega)}{10000}\right) \times 298 + 3435} - 273$$

● 103ATの温度-抵抗値特性

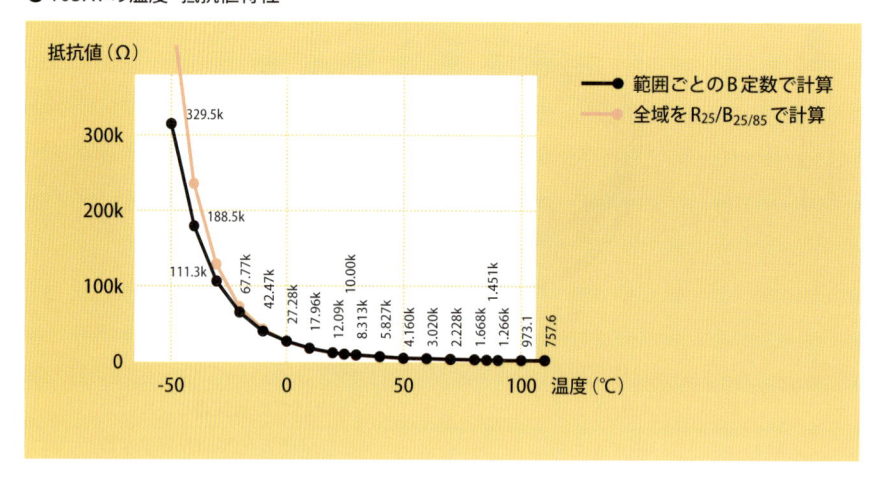

精密温度計の目標は正確な温度の測定です。103ATは代表的な19点の抵抗値がわかっているので、隣り合うふたつの抵抗値でその範囲のB定数を割り出し、範囲ごとに計算します。この方法と前述のラクな方法で計算した結果を上に示します。温度が高いところはほぼ同じですが、0℃を下回ったあたりからしだいに差が開きます。

103ATは、下に示すとおり、抵抗値計の2ピン1列ピンソケットに取り付けます。これで抵抗値計が温度に応じた周波数を出力します。精密温度計としての接続を右に示します。抵抗値計の周波数を周波数カウンタで数え、その結果をLPC810親機で読み込み、周波数→抵抗値→温度と換算してLCDに表示します。

● 103ATの抵抗値を周波数に変換する接続（103AT-2を取り付けた例）

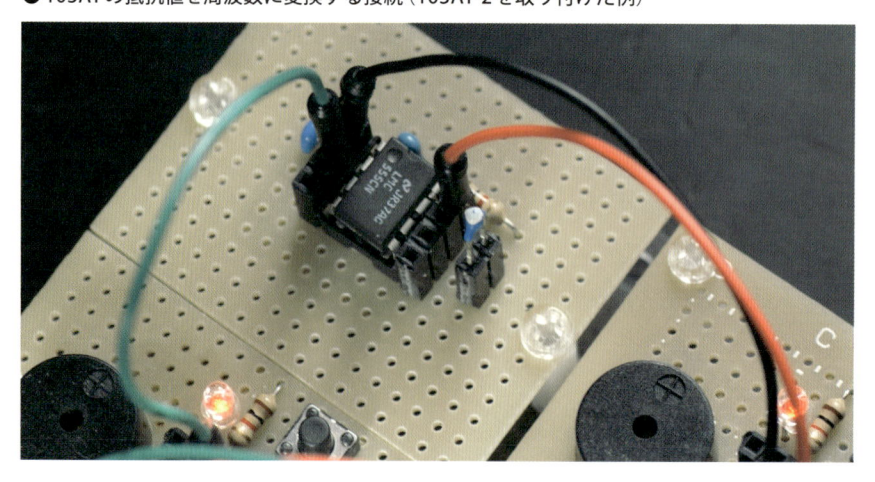

[第2章] 分散処理編

●精密温度計の接続（103AT-11を取り付けた例）

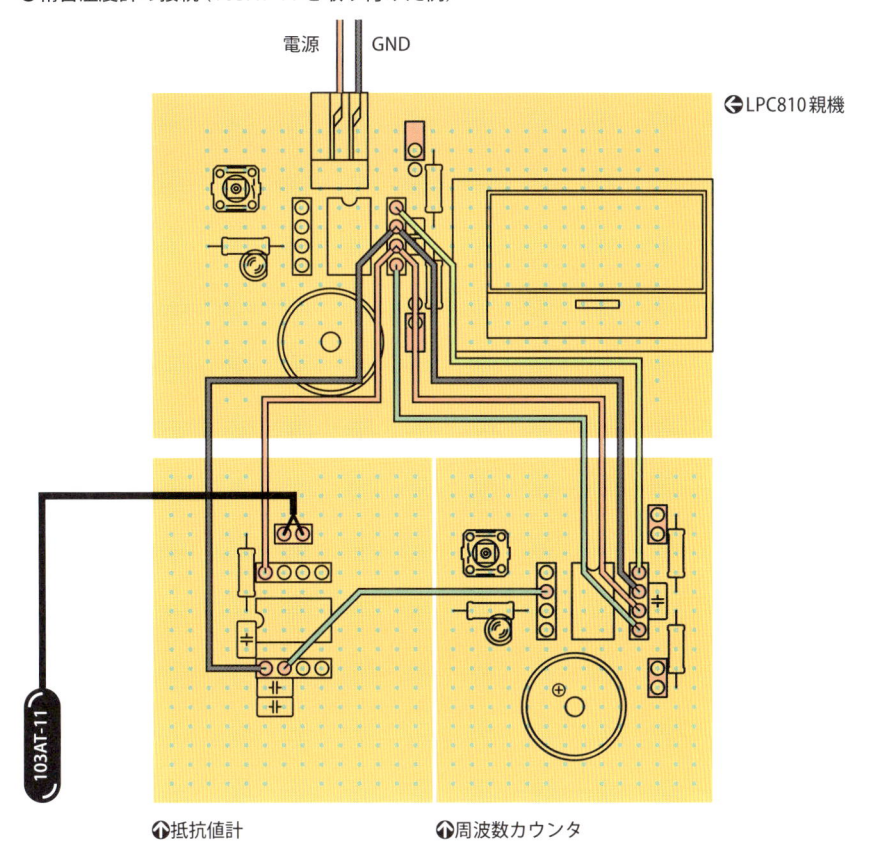

電源　GND

←LPC810親機

↑抵抗値計　　　↑周波数カウンタ

　精密温度計の接続はLPC親機のピンソケットの電源とGNDの穴にジャンパワイヤを2本ずつ挿しており、普通だと無理な配線です。製作例はジャンパワイヤを下に示すとおり加工して使っています。長めのジャンパワイヤを中央で切り、撚って、ハンダ揚げしたものです。このジャンパワイヤを使うのはあとにも先にも精密温度計だけです。

●電源の配線に使ったジャンパワイヤ

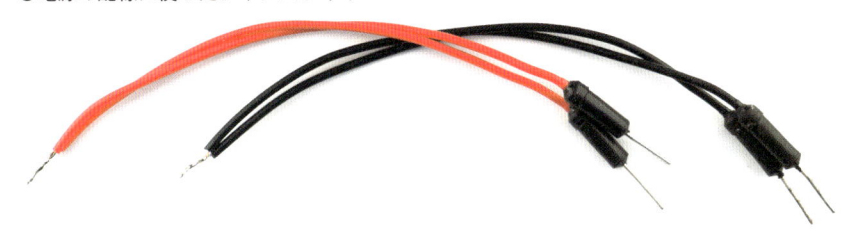

4─精密温度計

●精密温度計の誤差をテストした様子

　精密温度計の誤差はプログラムが完成していなくてもテストすることができます。上に示すとおり、抵抗値計の103ATをなるべく正確な10kΩの抵抗に挿し替えます。LPC810親機はプロジェクトfrqReaderで動かして周波数を表示させます。これで周波数が6857Hzになれば完璧です。普通は少しズレていて、それが測定の誤差です。

　製作例でより丁寧に実測したところ、下に示すとおり、全域で周波数が低めに出る傾向がありました。原因は抵抗値計の抵抗R1とコンデンサC1の誤差で、下回りかたが一定ですから数学的に補正できます。抵抗値計と10kΩの抵抗で周波数がいくつになるかわかればすぐさま全体が補正されるよう、プログラムの作りかたに配慮します。

●抵抗値-周波数特性の論理値と製作例の実測値

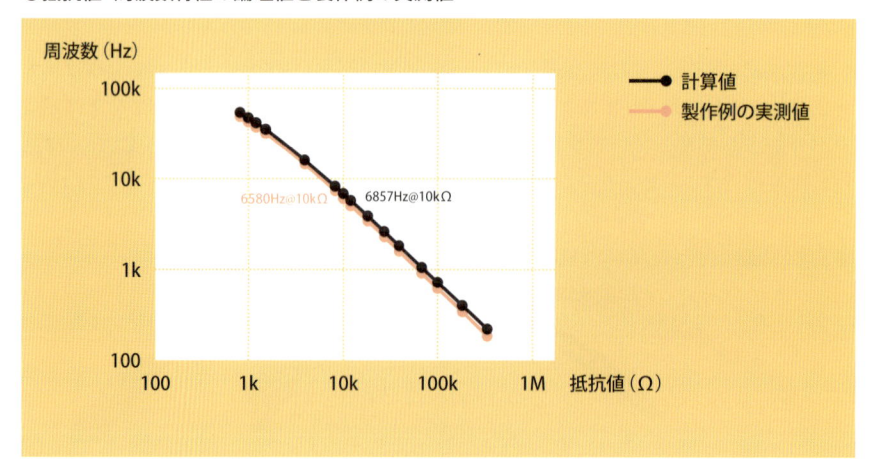

⊕ 温度-周波数対照表の作成

　精密温度計の働きはLPC810親機のプログラムで実現します。温度を得る過程に対数の計算があり、正直なプログラムはLPC810の控えめなメモリにおさまりません。現実的な方法として、下に示すとおり、パソコンの表計算ソフトで温度-周波数対照表を作ります。これをLPC810に書き込んで検索させれば、計算なしで温度がわかります。

　温度-周波数対照表は-50℃から110℃まで0.1℃おきに1601点の周波数をもちます。初期値は、抵抗値計が正確な周波数を出力すると仮定した値です。抵抗値計に10kΩの抵抗をつないだときの実際の周波数がわかれば、それを所定のセルへ入力すると全体が一括再計算され、誤差を補正した値に置き換わります。

●表計算ソフトで作った温度-周波数対照表　　　　周波数の実測値を入力するセル

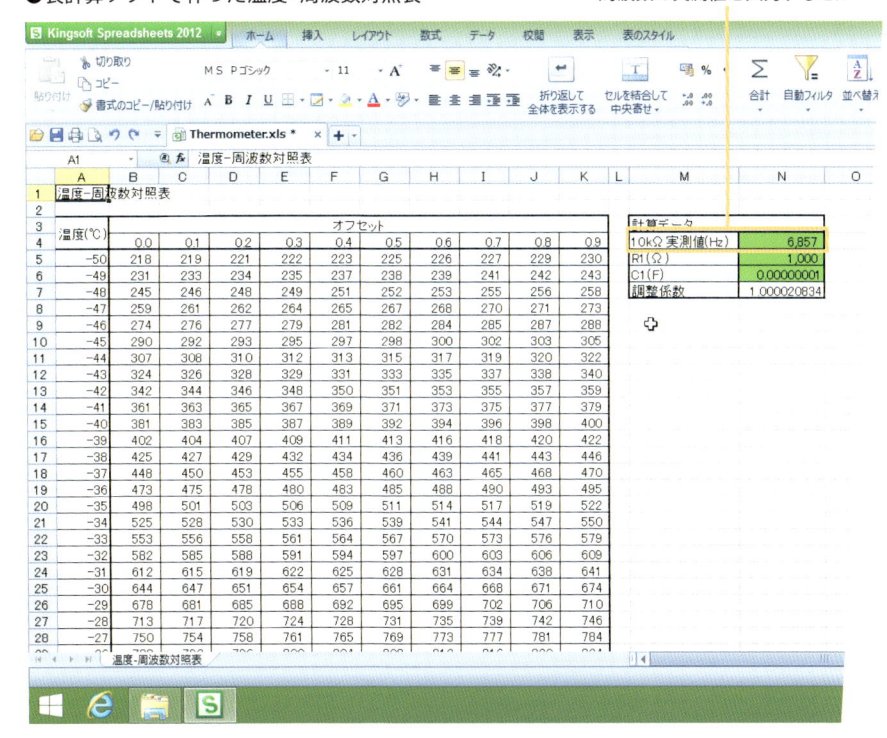

　値が確定したらCSV（コンマ区切り）形式で保存します。配列のイニシャライザと似た書式で書き出され、わずかな修正でLPC810のプログラムへ流用することができます。ただし、全部を流用したらそれだけで3Kバイトを占め、まともなプログラムが書けません。あれやこれやの兼ね合いで、一定の範囲を抜き出すことになるでしょう。

4─精密温度計

●温度-周波数対照表に相当するヘッダthermo.h

```
// thermo.h

#ifndef THERMO_H_
#define THERMO_H_

const uint16_t tmp_hz_tbl[] = {  //温度-周波数対照表(-45℃〜45℃)
  361,363,365,367,369,371,373,375,377,379,
  381,383,385,387,389,392,394,396,398,400,
  402,404,407,409,411,413,416,418,420,422,
  425,427,429,432,434,436,439,441,443,446,
  448,450,453,455,458,460,463,465,468,470,
  473,475,478,480,483,485,488,490,493,495,
  498,501,503,506,509,511,514,517,519,522,
  525,528,530,533,536,539,541,544,547,550,
  553,556,558,561,564,567,570,573,576,579,
  582,585,588,591,594,597,600,603,606,609,
  612,615,619,622,625,628,631,634,638,641,
  644,647,651,654,657,661,664,668,671,674,
  678,681,685,688,692,695,699,702,706,710,
  713,717,720,724,728,731,735,739,742,746,
  750,754,758,761,765,769,773,777,781,784,
  788,792,796,800,804,808,812,816,820,824,
  ……,……,6760,6784,6808,6833,
  ……,6882,6906,6931,6956,6981,7005,7030,7055,7081,
  7106,7131,7156,7182,7207,7233,7258,7284,7310,7335,
  7361,7387,7413,7439,7465,7492,7518,7544,7571,7597,
  7624,7650,7677,7704,7731,7758,7784,7812,7839,7866,
  7893,7920,7948,7975,8003,8030,8058,8086,8114,8142,
  8170,8198,8226,8255,8283,8312,8341,8369,8398,8427,
  8456,8485,8514,8544,8573,8602,8632,8661,8691,8720,
  8750,8780,8810,8840,8870,8900,8930,8960,8991,9021,
  9052,9082,9113,9143,9174,9205,9236,9267,9298,9329,
  9361,9392,9423,9455,9486,9518,9550,9582,9613,9645,
  9677,9710,9742,9774,9806,9839,9871,9904,9936,9969,
  10002,10035,10068,10101,10134,10167,10200,10234,10267,10301,
  10334,10368,10402,10436,10470,10504,10538,10572,10606,10640,
  10675,10709,10744,10778,10813,10848,10883,10918,10953,10988,
  11023,11058,11094,11129,11165,11200,11236,11272,11308,11344,
  11380,11416,11453,11489,11526,11563,11600,11637,11674,11711,
  11748,11786,11823,11860,11898,11936,11973,12011,12049,12087,
};

#endif
```

温度-周波数対照表をもとに作ったヘッダthermo.hを左に示します。表計算ソフトが計算した値は、気温の測定を念頭において-41℃から41.9℃の830点に絞りました。アメダスの過去の記録を調べると、最低が-41.0℃（旭川・1902年1月25日）、最高が41℃（江川崎・2013年8月12日）ですから、日本中どこにいても気温を測定できます。

⊕ 精密温度計のプログラム

　LPC810親機を精密温度計として動かすプロジェクトtmpReaderを作ります。目標は、周波数カウンタから2秒おきに周波数を読み込み、温度に変換してLCDへ表示することです。プロジェクトの構成を下に示します。LPC810親機のハードウェアに対応した各種のハンドラに加え、温度-周波数対照表に相当するヘッダがあります。

●プロジェクトtmpReaderの構成

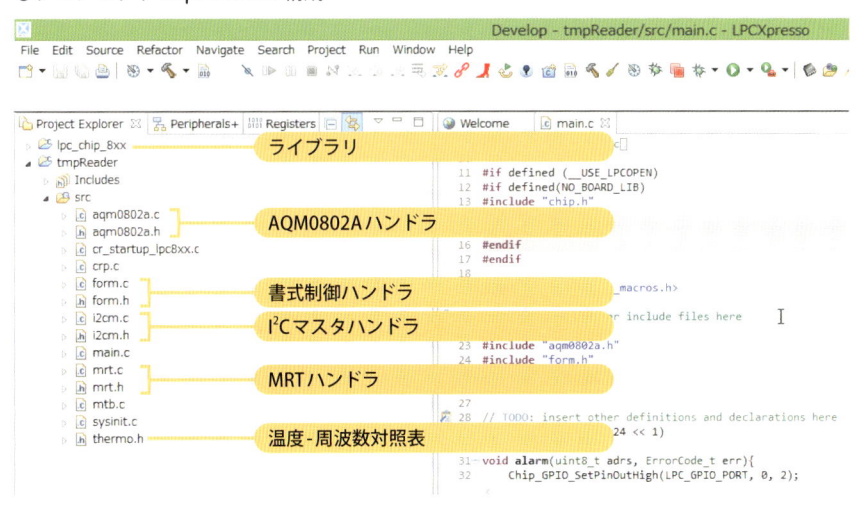

　このプログラムは4Kバイトにおさめるのがとても難しく、必要な機能を作るより、なくても動く機能を削るほうに時間をとられました。ですから、エラーメッセージのたぐいは一切ありません。測定範囲を超えたとき「ニッポンキロクヲカンソクシマシタ」くらいのことは表示したほうが親切だと思いますが、とうてい無理な状況です。

4―精密温度計

関数mainを含むソースmain.cの記述を下に示します。ギリギリの判断で削除を免れた機能がふたつあります。「℃」の上付き「○」は、メモリ不足が見抜かれるのを防ぐためにあえて定義しました（記述❶）。エラー処理関数は、いったん削除したものの、ジャンパケーブルが外れているのに気付かなくて苦労したことから復活させました。

●プロジェクトtmpReaderのソースmain.c

```c
// main.c

#include "chip.h"        //LPCOpenのヘッダ
#include "i2cm.h"        //I²Cマスタハンドラのヘッダ
#include "aqm0802a.h"    //AQM0802Aハンドラのヘッダ
#include "form.h"        //書式制御ハンドラのヘッダ
#include "mrt.h"         //MRTハンドラのヘッダ
#include "thermo.h"      //温度-周波数対照表に相当するヘッダ

#define FRQ_ADRS (0x24 << 1)  //周波数カウンタのアドレス

//エラー処理関数
void alarm(uint8_t adrs, ErrorCode_t err){
  Chip_GPIO_SetPinOutHigh(LPC_GPIO_PORT, 0, 2);//圧電ブザーを鳴らす
  while(1);  //停止
}

int main(void) {
  SystemCoreClockUpdate();  //システムクロックを登録

  //スイッチマトリクスでピンを設定
  Chip_Clock_EnablePeriphClock(SYSCTL_CLOCK_SWM);
  Chip_SWM_DisableFixedPin(SWM_FIXED_SWCLK);  //SWCLK無効
  Chip_SWM_DisableFixedPin(SWM_FIXED_SWDIO);  //SWDIO無効
  Chip_SWM_MovablePinAssign(SWM_I2C_SDA_IO, 0);  //SDA
  Chip_SWM_MovablePinAssign(SWM_I2C_SCL_IO, 1);  //SCL
  Chip_Clock_DisablePeriphClock(SYSCTL_CLOCK_SWM);

  //汎用ポートをセットアップ
  Chip_GPIO_SetPinDIROutput(LPC_GPIO_PORT, 0, 2); //出力に設定
  Chip_GPIO_SetPinDIROutput(LPC_GPIO_PORT, 0, 3); //出力に設定
  Chip_GPIO_SetPinOutLow(LPC_GPIO_PORT, 0, 2); //0を出力
  Chip_GPIO_SetPinOutLow(LPC_GPIO_PORT, 0, 3); //0を出力

  const uint8_t degree[] = {  //上付き「○」のフォント ──❶
    0x07, 0x05, 0x07, 0x00, 0x00, 0x00, 0x00, 0x00
  };
```

```c
mrtSetup();   //MRTをセットアップ
i2cmSetupErr(alarm);   //I²Cのエラー処理関数を登録
i2cmSetup();   //I²Cマスタをセットアップ
lcdSetup();    //AQM0802Aをセットアップ
lcdDefChar(3, degree);   //文字コード3に上付き「○」を登録

lcdLocate(0, 0);   //表示開始位置を上の行の先頭に設定
lcdPuts("Temperat");   //タイトルを表示
lcdLocate(0, 1);   //表示開始位置を下の行の先頭に設定
lcdPuts("Wait....");   //起動待ちを表示

uint8_t i2cbuf[5];   //I²Cマスタ通信用バッファ
i2cbuf[0] = FRQ_ADRS;   //周波数カウンタのアドレス
uint32_t freq;   //周波数
int tmp;   //温度
int i;   //ループカウンタ

while(1){   //つねに繰り返す
  mrtWait(MRT_MS(1000));   //1秒停止
  Chip_GPIO_SetPinOutHigh(LPC_GPIO_PORT, 0, 3);   //LEDを点灯
  mrtWait(MRT_MS(1000));   //1秒停止
  Chip_GPIO_SetPinOutLow(LPC_GPIO_PORT, 0, 3);   //LEDを消灯

  i2cmRx(i2cbuf, 5);   //アドレス+4バイトを読み込む
  freq = (i2cbuf[1] << 24) |   //周波数を計算
    (i2cbuf[2] << 16) | (i2cbuf[3] << 8) | i2cbuf[4];

  //温度-周波数対照表を検索 ―――❷
  for(i = 0; i < 830 && freq > tmp_hz_tbl[i]; i++);
  tmp = i - 410;   //該当位置を温度×10に換算 ―――❸


  lcdLocate(0, 1);   //表示開始位置を下の行の先頭に設定
  lcdPuts(formDec(tmp, 4, 1));   //温度を表示 ―――❹
  lcdDat(3);   //上付き「○」を表示
  lcdPuts("C)");   //「C」を表示
}
return 0 ;   //文法上の整合をとる記述
}
```

　温度-周波数対照表は次のように使います。周波数カウンタから周波数を読み出し、温度-周波数対照表と比較して何番めの範囲に該当するかを調べます（記述❷）。温度-周波数対照表の性質により、該当の位置-410が温度×10に相当します（記述❸）。その数字に小数点を追加して表示し（記述❹）、見た目に10で割って温度の実数とします。

●tmpReaderのプログラムのサイズ（4088バイト）

フラッシュメモリに占めるバイト数

　ビルドの結果を上に示します。苦労の甲斐があって何とか4088バイトにまとまりました。このインチキくさいプログラムは、正直なプログラムの半分のサイズで、外見上、同じ働きをします。本当はいくつかの難点（測定範囲の制限、温度を小数点以下1桁に固定など）を抱えているのですが、通常の使用だと問題になりません。

⊕ 精密温度計のテスト

　精密温度計が動作している様子を下に示します。電源（単三乾電池2本）を入れて放置してあり、103AT-2が気温を測定している恰好です。表示は家中の温度計とほぼ一致します。エアコンを動かしたときの反応も家中の温度計と同じ傾向を示します。少なくとも温度を測定していることは確かです。引き続き測定の正確さを調べます。

●103AT-2で気温を測定した例

● 103AT-11で氷水の温度を測定した例

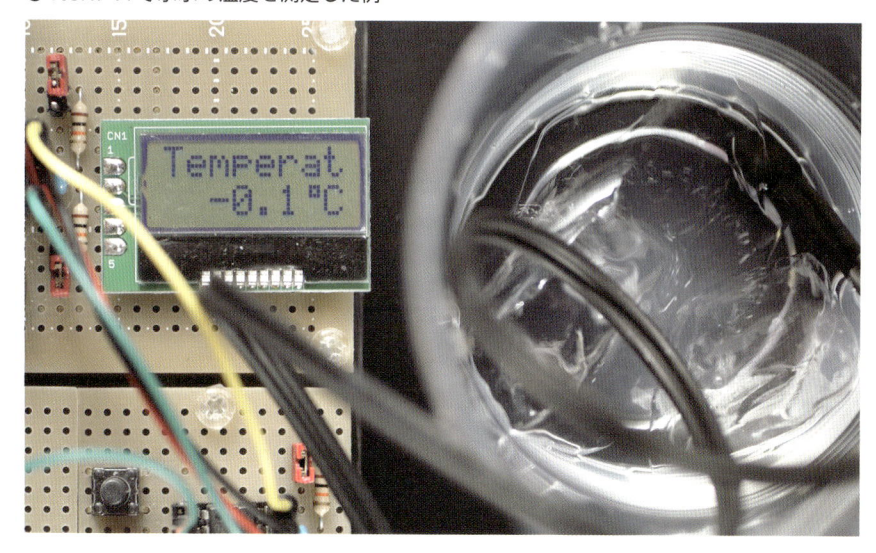

　103AT-11に挿し替えて氷水に浸した様子を上に示します。0.0℃を表示しないことに衝撃を受けたのですが、氷店で取材したところ、氷水が0℃でも氷は冷蔵庫の温度まで下がっていて、温度計が氷に触れるとこうなるそうです。都合のいい事実は全面的に受け入れる方針です。精密温度計はその名に恥じぬ正確さで動作してくれました。

chapter2

5 Linuxで分散処理
PLUS⊕ONE――理想的な精密温度計の製作

[第2章]
分散処理編
Distributed Computing

⊕ BeagleBone Blackの接続

　LPC810を使った精密温度計はメモリの制約で少なからず妥協を強いられました。一方、十分なメモリを備え、Linuxが走るようなマイコンボードは、おそらく周波数を数えられません。理想的な精密温度計は、LPC810で周波数を数え、十分なメモリを備えたマイコンボードが温度への換算を引き受ける、いわゆる分散処理で実現します。

　BeagleBone Blackと抵抗値計と周波数カウンタを組み合わせた精密温度計を下に示します。BeagleBone BlackのマイコンはARMのCortex-A8を組み込んだテキサスインスツルーメンツのAM335xです。処理能力はARM系で最上位の一群に属します。メモリは物理メモリだけでも512Mバイトあり、妥協のないプログラムが作れます。

● BeagleBone Blackと組み合わせた精密温度計

●精密温度計の接続（103AT-2を取り付けた例）

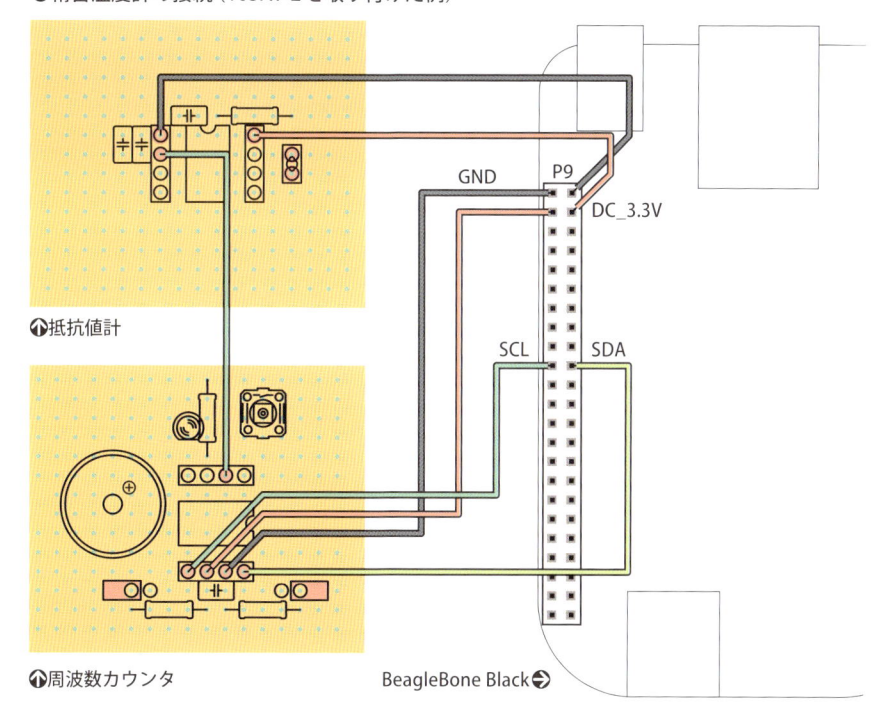

↑抵抗値計

GND　P9
　　　DC_3.3V

SCL　SDA

↑周波数カウンタ　　BeagleBone Black→

　精密温度計の接続を上に示します。BeagleBone Blackの拡張コネクタは2系統のI²Cを備え、どちらを使ってもいいのですが、実例では/dev/i2c-1で制御されるほうを使いました。信号線はBeagleBone Blackの側ですでにプルアップされており、周波数カウンタのプルアップ抵抗は下に示すとおりジャンパピンをオープンにします。

●周波数カウンタのジャンパピンの設定

⊕ 精密温度計のLinux版プログラム

　BeagleBone BlackのLinux（Debian）で動く精密温度計のプログラムを右に示します。関数ohmが周波数を抵抗値に換算し、関数tmpが抵抗値を温度に換算します。すなわち、温度がデータとして読み込まれるまでの経緯をこのふたつの関数が逆にたどり、読み込んだデータから温度を得ます。精密温度計の処理の流れを下にまとめます。

●精密温度計の処理の流れ

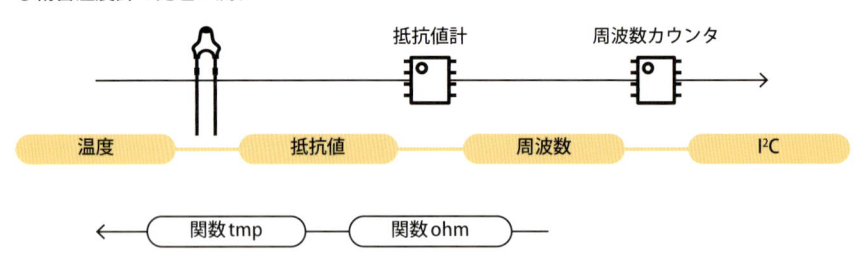

　周波数→抵抗値の換算は前項で述べた数式を使います（記述❶）。抵抗値→温度の換算は、前項で述べた方法のうち、$B_{25/85}$定数を全域にあてはめる略式ではなく、18範囲のB定数で範囲ごとに計算するほうを使います。18範囲のB定数と関連のデータは配列にまとめてあります（記述❷）。配列のデータが意味するところを下に示します。

●抵抗値→温度の換算と関連するデータ

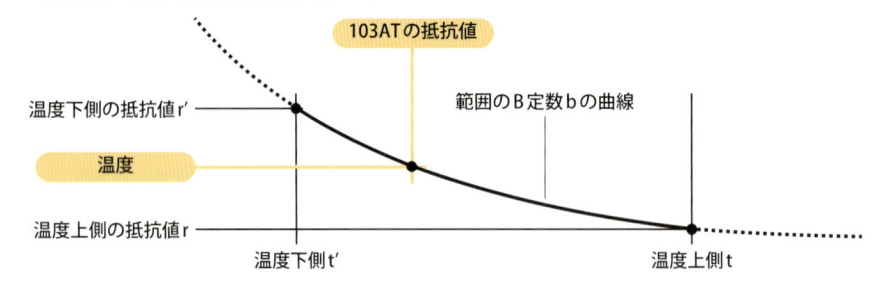

　抵抗値から温度を得る数式は、103ATに限らず、温度測定用サーミスタ（NTCサーミスタ）のすべてに共通です。温度測定用サーミスタは、温度と抵抗値の実測値が最低2組あれば、いちおう全域の温度を計算することができます。そして、このプログラムの方法をとるならば、実測値が多ければ多いほど計算の精度があがります。

●精密温度計のプログラム tmp_reader のソース

```c
//tmp_reader.c

#include <stdio.h>  //関数printfなどのヘッダ
#include <stdint.h> //型uint32_tなどのヘッダ
#include <math.h>   //関数logなどのヘッダ
#include <linux/i2c-dev.h> //シンボルI2C_SLAVEなどのヘッダ
#include <sys/ioctl.h>  //関数ioctlなどのヘッダ
#include <fcntl.h>  //関数openなどのヘッダ

#define I2C_BUS "/dev/i2c-1"  //I²Cの制御用ファイル
#define FRQ_ADRS 0x24  //周波数カウンタのアドレス
#define FRQ_10K 6857  //抵抗値計が10kΩで出力する周波数

//周波数を抵抗値に換算する関数
uint32_t ohm(uint32_t f){
  if(f == 0) //もし周波数が0なら
    return 0xffffffff;  //最大値を持ち帰る
  return 72000000 / f - 500;  //抵抗値を計算して持ち帰る ──①
}

//抵抗値を温度に換算する関数
double temp(uint32_t o){
  int i; //ループカウンタ
  const struct {  //範囲の計算に使うデータの構造体
    int t;  //温度上側
    uint32_t r;  //温度上側の抵抗値
    uint32_t b;  //範囲のB定数
  } c103at[18] = {  //18範囲のデータの配列 ──②
    {110, 758, 3570}, {100, 973, 3567}, {90, 1266, 3548},
    {85, 1451, 3526}, {80, 1668, 3508}, {70, 2228, 3477},
    {60, 3020, 3448}, {50, 4160, 3410}, {40, 5827, 3373},
    {30, 8313, 3340}, {25, 10000, 3318}, {20, 12090, 3285},
    {10, 17960, 3233}, {0, 27280, 3182},
    {-10, 42470, 3113}, {-20, 67770, 3054},
    {-30, 111300, 2987}, {-40, 188500, 2906}
  };

  for(i = 0; (i < 17) && (o < c103at[i].r); i++); //範囲を検索
  double k = c103at[i].t + 273;  //温度上側の絶対温度
  double r = c103at[i].r;  //温度上側の抵抗値
  double b = c103at[i].b;  //範囲のB定数
  return //温度を計算して持ち帰る
    (b * k) / (log(o / r) * k + b) - 273;
}
```

5 ─ Linuxで分散処理

```
main(){
  int fd; //ファイルディスクリプタ
  int ret; //戻値を検証するための変数
  uint8_t buf[4]; //I²Cの通信用バッファ
  uint32_t f; //周波数
  uint32_t o; //抵抗値
  double t; //温度

  //I²Cマスタの立場で準備
  fd = open(I2C_BUS, O_RDWR); //ディスクリプタを取得 ──❸
  if(fd < 0){ //もしディスクリプタの取得に失敗したら
    perror("open"); //エラーの原因を表示
    return; //打ち切る
  }
  ret = ioctl(fd, I2C_SLAVE, FRQ_ADRS); //スレーブを指定 ──❹
  if(ret < 0){ //もしスレーブの指定に失敗したら
    perror("ioctl"); //エラーの原因を表示
    return; //打ち切る
  }

  do{ //やってみる
    read(fd, buf, 4); //4バイトを読み込む ──❺
    f = ((buf[0] << 24) | //周波数を計算
      (buf[1] << 16) | (buf[2] << 8) | buf[3]);
    f = f * 6857 / FRQ_10K; //周波数を補正

    o = ohm(f); //周波数から抵抗値を計算
    t = temp(o); //抵抗値から温度を計算

    //書式を指定して周波数、抵抗値、温度を表示
    printf("Freq=%d, Ohm=%d, Temp=%.2f\n", f, o, t);
    sleep(2); //2秒停止
  } while(t < 30); //温度が30℃未満なら繰り返す

  close(fd); //ディスクリプタを解放
}
```

　I²Cの取り扱いは大部分をLinuxがやってくれるため、ソースの記述は抽象的です。周波数の読み込みは、ディスクリプタを取得し（記述❸）、スレーブを指定し（記述❹）、4バイトを指定して読み込む手順になります（記述❺）。計算の経過と結果は関数printfで表示します。関数printfと関数logは、LPC810で使うとメモリがパンクします。

⊕ 精密温度計のテスト

　BeagleBone Blackは拡張コネクタの制御に管理者の権限を必要とします。以降の操作はBeagleBone Blackへパソコンの端末で接続し、下に示すとおり、ユーザー名rootでログインしているものとします。こういうログインのしかたは行儀が悪いといわれることがありますが、それはサーバーとして使う場合のマナーです。

●パソコンの端末ソフトで接続した様子

　ソースtmp_reader.cはnanoなどのエディタで記述します。これをもとに、下に示す操作で実行可能なプログラムを生成します。温度を得る計算で数学計算ライブラリの関数logを使っているため、ccのコマンドラインに-lmを含める必要があります。生成されたプログラムは「./tmp_reader」で実行することができます。

●プログラムをコンパイルする操作

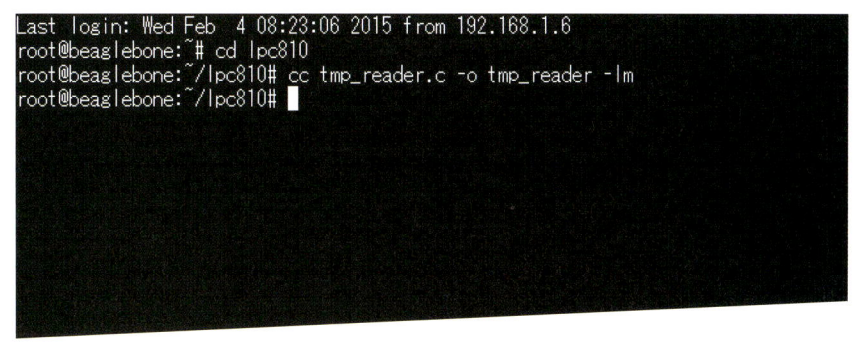

```
Last login: Wed Feb  4 08:23:06 2015 from 192.168.1.6
root@beaglebone:~# cd lpc810
root@beaglebone:~/lpc810# cc tmp_reader.c -o tmp_reader -lm
root@beaglebone:~/lpc810#
```

5—Linuxで分散処理　　151

プログラム tmp_reader の実行例を下に示します。気温を測定したところ、実感と一致する数字が表示されました（表示❶）。このプログラムは温度が30℃を超えると終了します。正しい動作を確認できたら103ATを指でつまんで温度を上げます（表示❷）。ソースのコメントを参考に、地域や季節によって、終了する温度を調整してください。

●プログラム tmp_reader の実行例

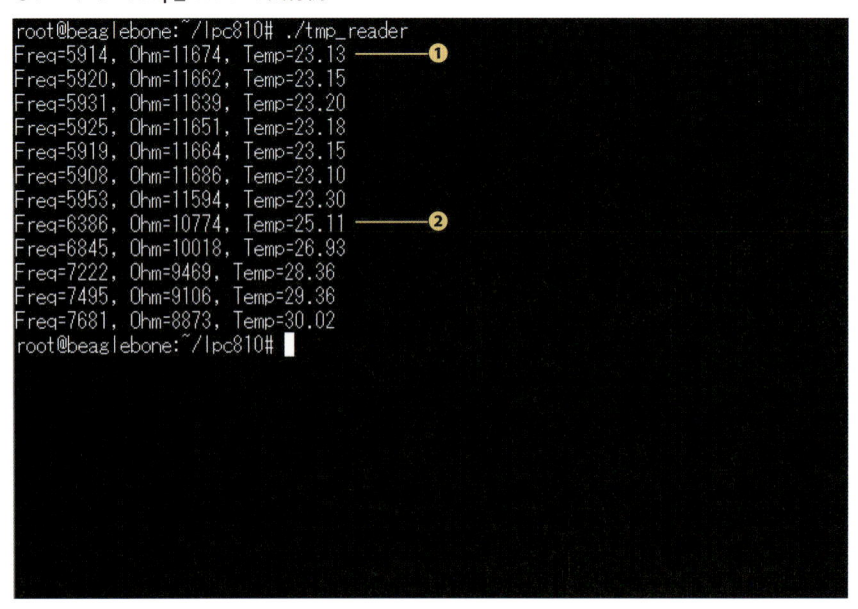

```
root@beaglebone:~/lpc810# ./tmp_reader
Freq=5914, Ohm=11674, Temp=23.13    ❶
Freq=5920, Ohm=11662, Temp=23.15
Freq=5931, Ohm=11639, Temp=23.20
Freq=5925, Ohm=11651, Temp=23.18
Freq=5919, Ohm=11664, Temp=23.15
Freq=5908, Ohm=11686, Temp=23.10
Freq=5953, Ohm=11594, Temp=23.30
Freq=6386, Ohm=10774, Temp=25.11    ❷
Freq=6845, Ohm=10018, Temp=26.93
Freq=7222, Ohm=9469, Temp=28.36
Freq=7495, Ohm=9106, Temp=29.36
Freq=7681, Ohm=8873, Temp=30.02
root@beaglebone:~/lpc810#
```

I^2Cの取り扱いはLinuxのもとで標準化されています。Linuxで動くマイコンボードは、原則、このソースをもとに精密温度計のプログラムを作ることができます。ただし、一部のマイコンボードはスレーブの待ち要求（clock stretching）を無視するようです。その場合、正しく動作するように見えますが、間違った温度が表示されます。

得手に帆を揚ぐ 幻の精密湿度計

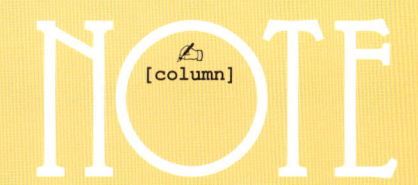

NOTE [column]

　無理かもしれないと思った製作物を首尾よく成功させたあとその発展形を目指すと勢いに乗って何もかもうまくいくことがあります。ただの勢いでも成功が重なれば水準が上がります。その結果、ときどき無駄に難しい製作物が出来上がります。技術的には成功しているのにその方向性で道を誤った製作例があります。

　精密温度計の次の目標は精密湿度計でした。サーミスタと同様、湿度センサも抵抗値を変化させます。しかし微弱な交流しか掛けられず、抵抗値計をそのまま使うことができません。湿度センサをつなぐため、次のような改良を加えました。

　LMC555は無安定動作を三角波出力に変更し、交流で測定する方式をとりました。電流の経路にはダイオードを入れて電圧を下げました。さらに周波数と関係するコンデンサを3種類つなぎ、LPC810のオープンドレインで選択して計測レンジの切り替えができるようにしました。

　この改良版の抵抗値計にはちゃんと湿度センサがつながり、湿度に応じた周波数を出力します。湿度と周波数の関係は、回路をいじり回したせいでもはや数式が当てはまらなくて実測しました。実測した値は部品の誤差を織り込んでいて、こ

▲精密湿度計の製作例

れほど確かなものはありません。こうして精密湿度計が見事に動作したのです。

　しかし、冷静に評価してこれはただの木炭と大差ありません。木炭の両端にテスタをあてて抵抗値を測定すれば湿度に応じた数字が表示されます。それを湿度計と呼ばないのは、木炭にデータシートがなく、ひとつひとつ実測しない限り数字を湿度に読み替えられないからです。

　完成した精密湿度計はボクと同じ情熱をもって全域の実測をやり遂げた人にのみ正しい湿度を示します。プログラムが確定できず、本文のページを割いて紹介するわけにいきません。不本意ながらここに成功した試みの断片を述べ、何かの参考にしてもらおうと思う次第です。

chapter2

6 超音波距離計
PLUS ⊕ ONE ― LPC810親機で分散処理

[第2章]
分散処理編
Distributed Computing

⊕ 超音波距離計の概要

　物体に超音波を送信し、反射音を受信すると、往復の時間から距離がわかります。この原理を応用し、巻き尺を引き回さずに距離を測定できる、超音波距離計を作ります。機械系で広範な活躍が期待され、例をあげたらキリがないので、I²Cのスレーブの立場で距離の測定に専念し、応用をマスタに委ねます。当面の目標は距離の表示とします。

　製作例が動作している様子を下に示します。超音波距離計が測定した距離をLPC810親機で読み出しています。普通に動かしたとき安定して測定できる範囲は下限70mm、上限1900mmです。普通でない動かしかたもあります。ひょっとしたら測定範囲が広がるかも知れない機能を仕込んであり、実験的な制御で上限が2050mmに伸びました。

●超音波距離計の製作例

●製作例の外観

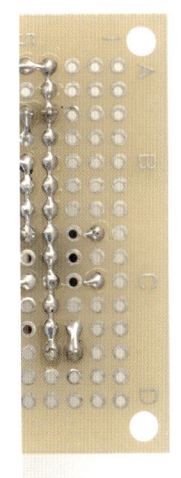

　製作例の外観を上に示します。ユニバーサル基板から突き出した2個の部品が超音波の送信器（左）と受信器（右）です。超音波はLPC810が作って送信器へ直接出力します。一方、受信器の信号は微弱な交流なので、増幅し、整流してからLPC810へ入力しなければなりません。部品が込み入ったところは受信側の増幅回路と整流回路です。

　超音波距離計は物理的な形状が性能に影響するまれな製作物のひとつです。いちばん大切なことは全体のステルス性です。下に示すとおり、対象物の側から見える面積をできるだけ小さくし、受信器をそれた反射音が素どおりする形にまとめます。そうでないと、超音波が対象物との間で反射を繰り返し、正確な測定を妨げます。

●製作例を対象物の位置から見た状態

6―超音波距離計

⊕ 超音波距離計の動作原理

　超音波の送信器はSPLのUT1612MPR、受信器は同UR1612MPRです。外観と主要な仕様を下に示します。振動板はどちらもセラミックで、送信器は電圧を掛けると曲がる性質、受信器は曲がると発電する性質を利用します。超音波の周波数は40kHzです。この周波数で振動板が共振するため、小さな電力で効率的に送受信できます。

●UT1612MPR/UR1612MPRの外観と主要な仕様

項目	仕様	備考
送信器入力電圧	標準10V	ピーク値20V
送信器音圧レベル	115dB	電圧10V、距離30cm、0dB=20μPa
受信器感度	-65dB	0dB=1V/μPa
静電容量	2400pF	1kHz
中心周波数	40kHz±1kHz	
指向性	角度50度で-6dB	
使用温度範囲	-30℃～85℃	

　測定範囲を伸ばすには送信器をできるだけ高い電圧で動かします。デジタルのピン1本だと3.3Vしか掛けられないので、下に示すとおり、2本のピンを交互に振って実効電圧6.6Vを掛けます。一方、受信器が発生する電圧は片道2m（測定距離1m相当）で実測2.8mVでした。受信の合図を作るには1000倍ほど増幅する必要がありそうです。

●送信器の制御方法と受信器の出力電圧

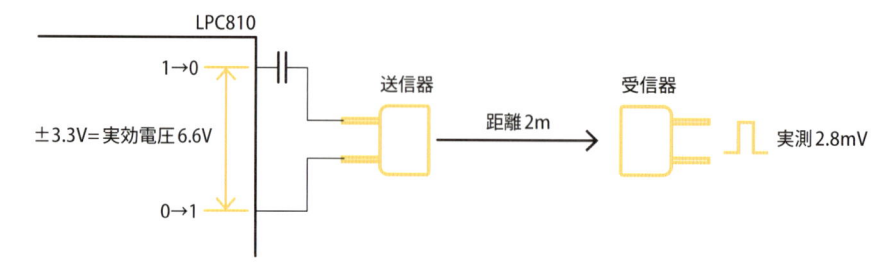

送信器から出た超音波が受信器へ届く経路を下に示します。距離の測定に必要なものは対象物に当たって跳ね返ってくる反射音です。必要でないのは、送信器から受信器へそのまま届く直接音と、あちこちに当たってしばらく跳ね返り続ける残響音です。これらは、送信から受信までの時間や音の大きさを手掛かりにして区別します。

●送信器の超音波が受信器へ届く経路

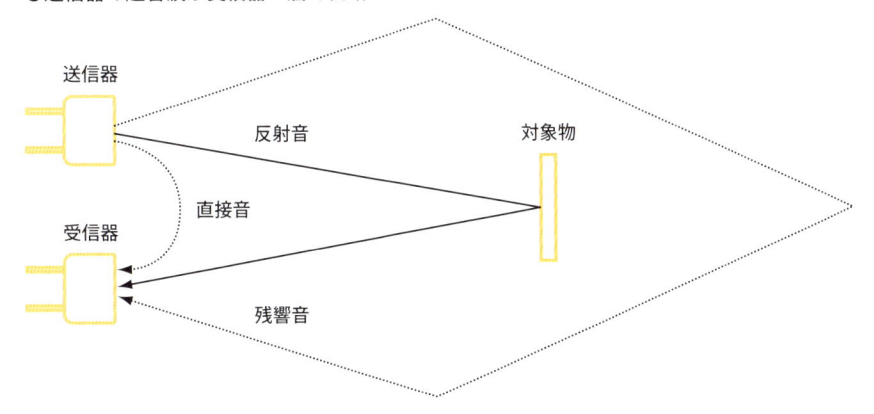

　送信する信号と受信する信号の関係を下に示します。送信器が超音波を送信するとすぐ直接音が受信器へ届きます。これを遣り過ごして反射音待ちとなるため、短い距離は測定できません。反射音は、次に届く最初の大きな音です。そのあとさらに数回の残響音を受信しますから、これがおさまるまで1秒ほど次回の測定へ進めません。

●送信信号と受信信号の関係

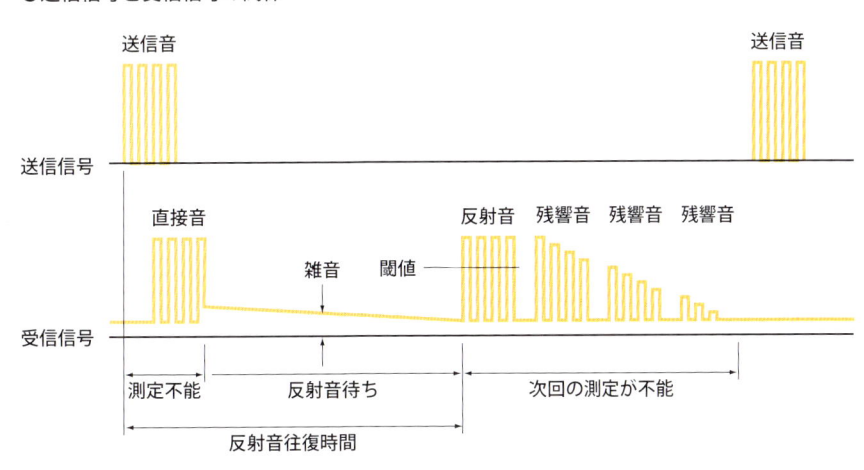

6─超音波距離計

反射音は雑音の中から立ち上がります。反射音と雑音を区別するのは閾値です。閾値が高すぎると反射音を見失い、低すぎれば雑音を誤認します。うまくいかない場合に備え、ふたつの機能を仕込みます。第1に、測定に失敗したら原因をマスタに知らせます。第2に、閾値をマスタから変更できるようにします。あとはマスタ次第です。

⊕ 超音波距離計の設計と製作

超音波距離計の回路を下に示します。送信信号はSCTで作ってCTOUT0に出力し、同時にそれを反転してCTOUT1に出力します。受信信号は反転増幅2段で合計1000倍に増幅し、整流して、LPC810のACMP1に入れます。ACMP1はコンパレータで、入力された電圧を閾値と比較し、反射音が雑音の中から立ち上がる瞬間を検出します。

●超音波距離計の回路

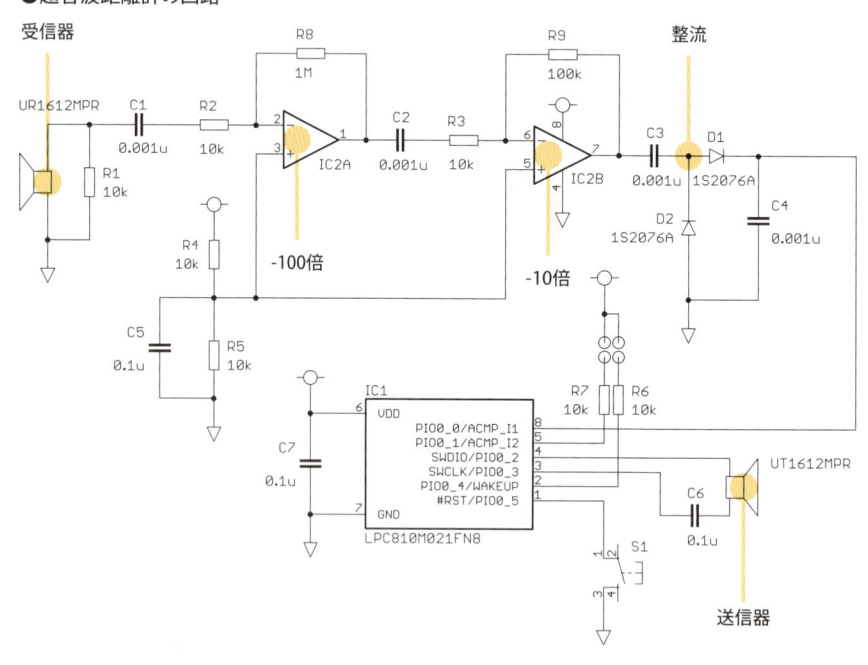

配置図と部品表を右に示します。勘どころは送信器と受信器の取り付けです。ぴったり同じほうを向け、触れない程度に近付けます。極性はありませんが、一方の脚がケースと接続しているので、これをGNDと仮定します。ハンダ付けはGNDでない脚からやります。もしGNDを先にハンダ付けするとケースを持つ手が火傷を負います。

●配線図と部品表

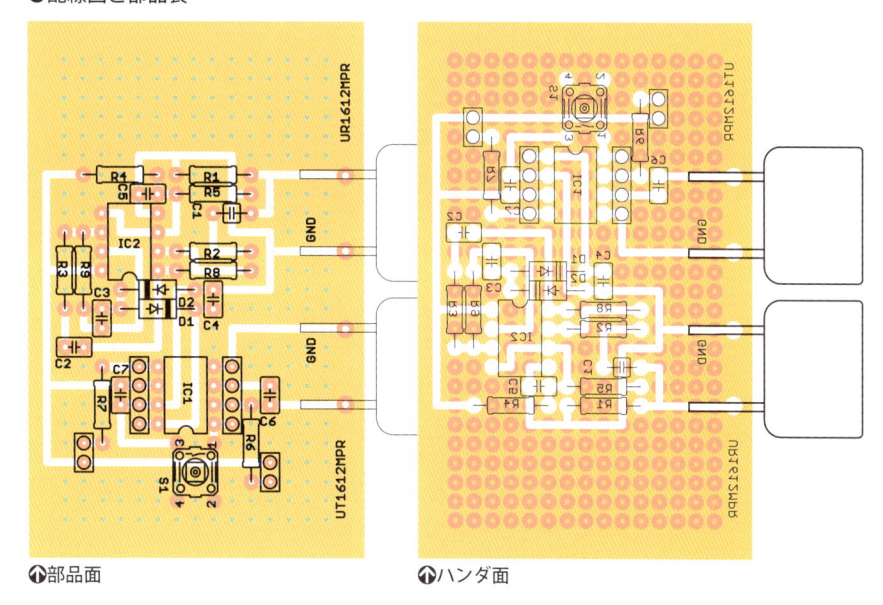

⇧部品面　　　　　　　　⇧ハンダ面

部品番号	仕様	数量	備考
IC1	LPC810M021FN8	1	マイコン
IC2	NJU7032D（新日本無線）	1	オペアンプ
D1、D2	1S2076A（ルネサス）	2	小信号スイッチング用ダイオード
R1〜R7	10kΩ	7	1/4Wカーボン抵抗
R8	1MΩ	1	1/4Wカーボン抵抗
R9	100kΩ	1	1/4Wカーボン抵抗
C1〜C4	0.001μF	4	積層セラミックコンデンサ
C5〜C7	0.1μF	3	積層セラミックコンデンサ
S1	タクトスイッチ	1	製作例はDTS-6（Cosland）の黒
―	UT1612MPR/UR1612MPR	1組	超音波送受信器
―	DIP8ピンICソケット	2	製作例は2227-8-3（Neltron）
―	4ピン1列ピンソケット	2	42ピン1列ピンソケットをカットして使用
―	2ピン1列ピンヘッダ	2	42ピン1列ピンヘッダをカットして使用
―	ジャンパピン	2	製作例はMJ-254-6（Useconn）の赤
―	ユニバーサル基板	1	製作例はCタイプ（秋月電子通商）

⊕ 超音波距離計のプログラム

　暫定的なプログラムでテストした送信側と受信側の波形を下に示します。送信側は測定の都合で1本のピンだけを見ており、実際は上下に3V強ずつ振れます。受信側は意外なことに直接音をまったく拾わないので、すぐ受信待ちに入れます。反射音は鋭く立ち上がり、確実に検出できそうです。閾値は1.5V付近にとると測定が安定します。

●送信側と送受側の電圧の推移

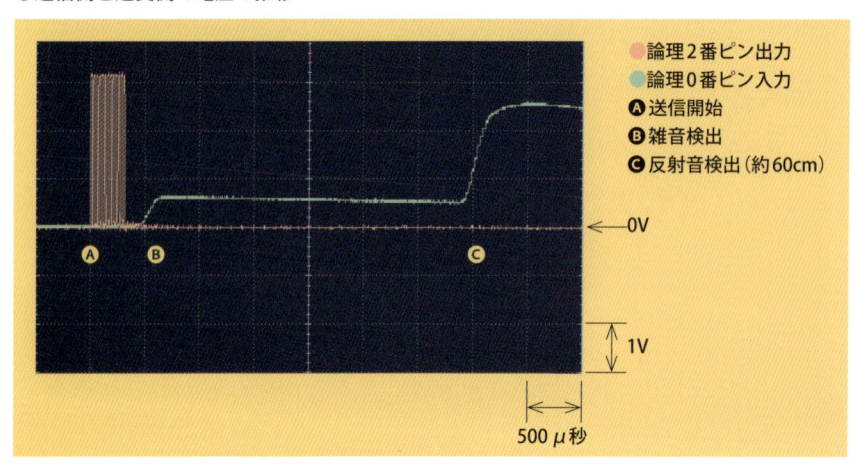

- 論理2番ピン出力
- 論理0番ピン入力
- Ⓐ 送信開始
- Ⓑ 雑音検出
- Ⓒ 反射音検出（約60cm）

　超音波距離計のプロジェクトusm810を作ります。プロジェクトの構成を下に示します。I²Cスレーブハンドラ はI²Cスレーブとしての働きを実現します。通信手順は、アドレス0x29、読み込み2バイト（距離）、書き込み1バイト（閾値）です。MRTハンドラは、要所のタイミングをとるのと同時に超音波が往復する時間も計測します。

●プロジェクトusm810の構成

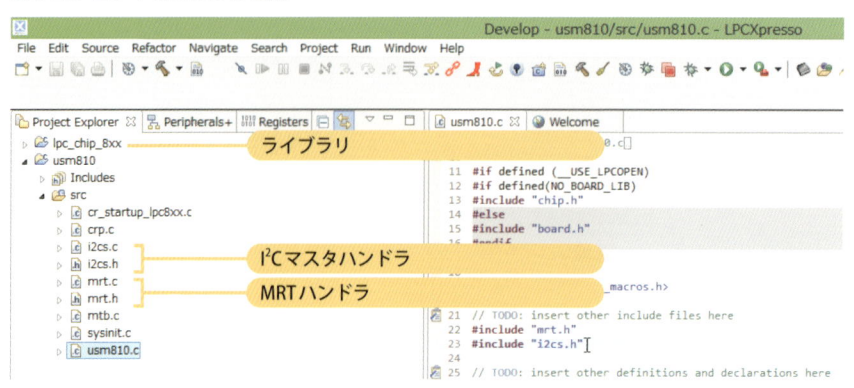

- ライブラリ
- I²Cマスタハンドラ
- MRTハンドラ

関数mainを含むソースusm810.cの記述を下に示します。冒頭のシンボル（記述❶）を書き換えることで測定のしかたを調整できます。閾値は0（0V）〜31（電源電圧）の値です。送信信号のバースト期間は長いと測定範囲の上限、短いと下限を改善します。直接音を遣り過ごす期間は、必要がありませんが、念のため少しだけとっています。

●プロジェクトusm810のソースusm810.c

```
// usm810.c

#include "chip.h"      //LPCOpenのヘッダ
#include "mrt.h"       //MRTハンドラのヘッダ
#include "i2cs.h"      //I²Cスレーブハンドラのヘッダ

#define I2C_ADDR 0x29  //アドレス
#define USM_VLADDER 15 //閾値の初期値
#define USM_BURST MRT_US(320)  //送信信号のバースト期間
#define USM_DELAY MRT_US(50)   //直接音を遣り過ごす期間

enum {  //エラー番号
  USM_ERR_NEAR = -2,  //測定範囲の下限以下
  USM_ERR_FAR  //測定範囲の上限以上
};

volatile bool timeout;  //タイムアウトフラグ

//MRTがワンショットで呼び出す関数
void usmTimeout(){
  timeout = true;  //タイムアウトした
}

//距離を測定する関数
int usmDistance(){
  int count;  //MRTチャンネル2のカウント値
  int distance;  //距離

  timeout = false;  //タイムアウトしていない
  mrtOneshot(MRT_MS(100), usmTimeout);  //100m秒（17m）でタイムアウト
  Chip_SCTPWM_Start(LPC_SCT);  //送信開始
  mrtSleep(USM_BURST);  //送信信号のバースト期間
  Chip_SCTPWM_Stop(LPC_SCT);  //送信終了

  mrtSleep(USM_DELAY);  //直接音を遣り過ごす期間
  if(!(LPC_CMP->CTRL & ACMP_COMPSTAT_BIT))  //もし閾値をこえていたら
    return USM_ERR_NEAR;  //測定範囲の下限以下を通知
```

❶

6—超音波距離計

```c
    while(LPC_CMP->CTRL & ACMP_COMPSTAT_BIT) //受信待ち              ❷
      if(timeout) //もしタイムアウトしたら
        return USM_ERR_FAR; //測定範囲の上限以上を通知

    //MRTチャンネル2がいくつカウントダウンしたかを計算
    count = MRT_MS(100) - Chip_MRT_GetTimer(LPC_MRT_CH(2));
    //距離(単位mm)に換算      ❸
    distance = (340 / 2) * count / (SystemCoreClock / 1000);
    return distance; //距離を持ち帰る
}

//通信完了処理関数
void changeLad(uint8_t rxn, uint8_t txn){
  if(rxn && (txn == 0)){ //もし受信したら
    //受信した値で閾値を設定
    Chip_ACMP_SetupVoltLadder(LPC_CMP, i2csRxBuf[0], false);
    Chip_ACMP_EnableVoltLadder(LPC_CMP); //閾値を有効に設定
  }
}

int main(void) {
  SystemCoreClockUpdate();

  Chip_Clock_EnablePeriphClock(SYSCTL_CLOCK_IOCON);
  Chip_IOCON_PinSetMode(LPC_IOCON, IOCON_PIO0,
  PIN_MODE_INACTIVE); //論理0番ピンのプルアップを無効に設定        ❹
  Chip_Clock_DisablePeriphClock(SYSCTL_CLOCK_IOCON);

  Chip_Clock_EnablePeriphClock(SYSCTL_CLOCK_SWM);
  Chip_SWM_DisableFixedPin(SWM_FIXED_SWCLK); //SWCLK無効
  Chip_SWM_DisableFixedPin(SWM_FIXED_SWDIO); //SWDIO無効
  Chip_SWM_EnableFixedPin(SWM_FIXED_ACMP_I1); //ACMP1           ❺
  Chip_SWM_MovablePinAssign(SWM_CTOUT_0_O, 2); //CTOUT0
  Chip_SWM_MovablePinAssign(SWM_CTOUT_1_O, 3); //CTOUT1
  Chip_SWM_MovablePinAssign(SWM_I2C_SCL_IO, 1); //SCL
  Chip_SWM_MovablePinAssign(SWM_I2C_SDA_IO, 4); //SDA
  Chip_Clock_DisablePeriphClock(SYSCTL_CLOCK_SWM);

  //SCTをセットアップ
  Chip_SCTPWM_Init(LPC_SCT); //SCTを起動してリセット
  Chip_SCTPWM_SetRate(LPC_SCT, 40000); //周波数を40kHzに設定
  Chip_SCTPWM_SetDutyCycle(LPC_SCT, 1, //index1を指定
  Chip_SCTPWM_PercentageToTicks(LPC_SCT, 50)); //デューティ比50%
  Chip_SCTPWM_SetOutPin(LPC_SCT, 1, 0); //index1はCTOUT0に出力
  LPC_SCT->OUT[1].SET = 1 << 1; //CTOUT1はSCTとindex1の一致で1を出力
  LPC_SCT->OUT[1].CLR = 1; //CTOUT1はSCTが0に戻ったら0を出力
```

```
mrtSetup();    //MRTをセットアップ
mrtSetupSleep();    //関数mrtWaitを無効にして関数mrtSleepを有効にする

//コンパレータをセットアップ ─❻
Chip_ACMP_Init(LPC_CMP);    //コンパレータを起動してリセット
//閾値を設定
Chip_ACMP_SetupVoltLadder(LPC_CMP, USM_VLADDER, false);
Chip_ACMP_EnableVoltLadder(LPC_CMP);    //閾値を有効に設定
mrtSleep(MRT_US(30));    //30μ秒停止(閾値が有効に設なるのを待つ)
//+入力は閾値、-入力はACMP1、ヒステリシス10mV
Chip_ACMP_SetPosVoltRef(LPC_CMP, ACMP_POSIN_VLO);
Chip_ACMP_SetNegVoltRef(LPC_CMP, ACMP_NEGIN_ACMP_I1);
Chip_ACMP_SetHysteresis(LPC_CMP, ACMP_HYS_10MV);

//I²Cスレーブをセットアップ
i2csSetupCallback(changeLad);    //通信完了処理関数を登録
i2csSetup(I2C_ADDR, 1, 2);    //I²Cスレーブをセットアップ

int distance;    //距離

while (1) {    //つねに繰り返す
  distance = usmDistance();
  __disable_irq();    //割り込みを保留
  i2csTxBuf[0] = distance >> 8;    //距離の第1バイト
  i2csTxBuf[1] = distance & 0xff;    //距離の第2バイト
  __enable_irq();    //割り込みを再開

  mrtSleep(MRT_MS(1000));    //1秒停止
}
return 0;    //文法上の整合をとる記述
}
```

　超音波が往復する時間はタイムアウトの検出を兼ねてMRTのワンショットで計測します。ワンショットはタイムアウトでフラグをセットします。そうならないうちに受信を検出したら（記述❷）、いくつカウントダウンしたかを計算し、距離に換算します（記述❸）。距離の計算では超音波の速度を340m/秒（海面、25℃）と想定しています。
　超音波の受信はコンパレータで検出します。コンパレータは一般的なセットアップの手順に加え（記述❻）、スイッチマトリクスでACMP1を有効とし（記述❺）、論理0番ピンのプルアップを無効にする必要があります（記述❹）。もうひとつACMP2もありますが、同じピンがISPモードへ切り替える役割を兼ねるため、使用を避けました。

⊕ 超音波距離計のテスト

　超音波距離計が測定した距離をLPC810親機で読み出し、LCDに表示してみます。超音波距離計とLPC810親機の接続を下に示します。送受信器を対象物へ向け、LCDを読める方向に置くと、双方の位置関係は自然とこう決まります。あちこちへ持ち運んでテストしたいので、電源は単三乾電池2本からとることにします。

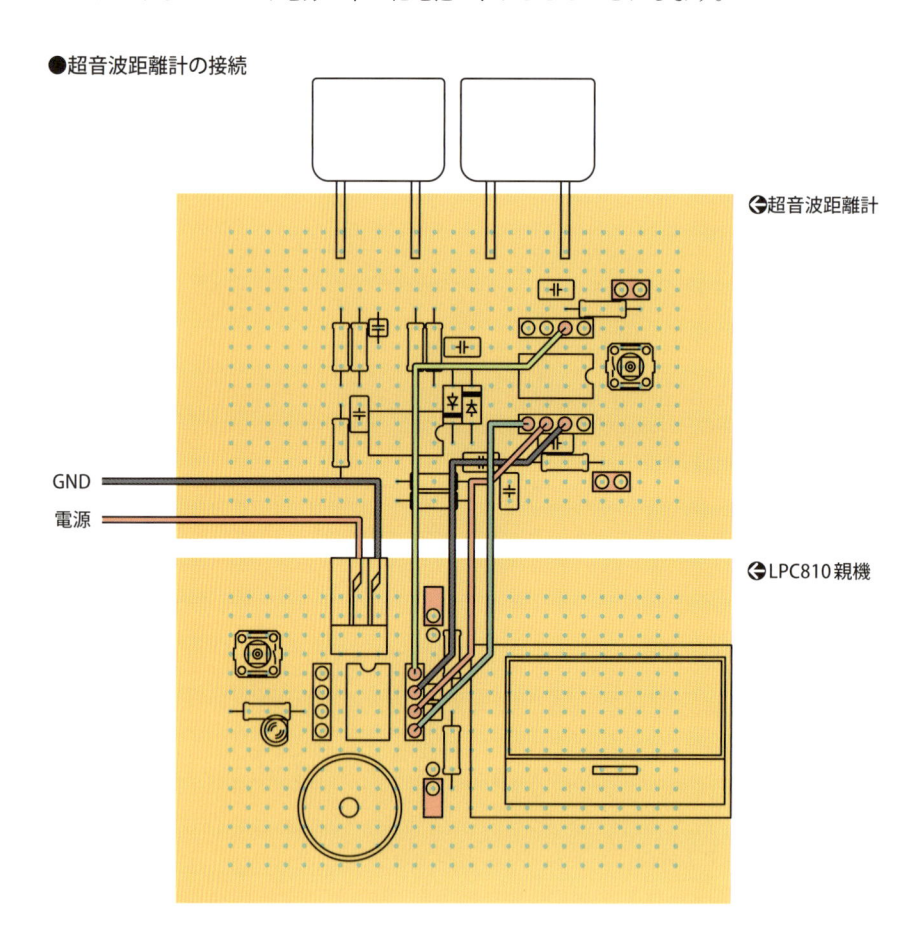

●超音波距離計の接続

←超音波距離計

GND
電源

←LPC810親機

　LPC810親機を超音波距離計と組み合わせるプロジェクトusmReaderを作ります。目標は、1秒おきに距離を読み込んでLCDへ表示することです。閾値の調整は、のちほど表示範囲に余裕のある別のマイコンボードで試すことにして、もし距離の測定に失敗したら前回の表示をそのまま残します。プロジェクトの構成を右に示します。

●プロジェクト usmReader の構成

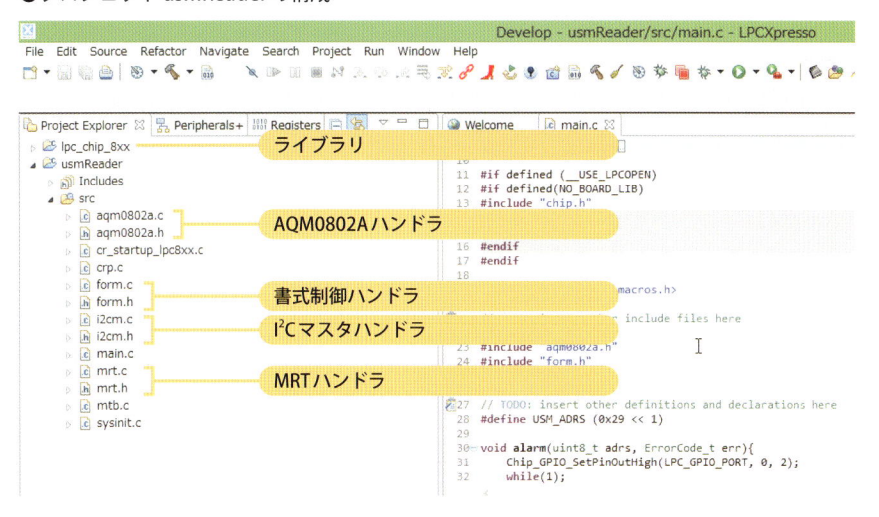

```
Develop - usmReader/src/main.c - LPCXpresso
File  Edit  Source  Refactor  Navigate  Search  Project  Run  Window  Help
```

- lpc_chip_8xx ──── ライブラリ
- usmReader
  - Includes
  - src
    - aqm0802a.c ┐
    - aqm0802a.h ┘ AQM0802Aハンドラ
    - cr_startup_lpc8xx.c
    - crp.c
    - form.c ┐
    - form.h ┘ 書式制御ハンドラ
    - i2cm.c ┐
    - i2cm.h ┘ I²Cマスタハンドラ
    - main.c
    - mrt.c   ┐
    - mrt.h   ┘ MRTハンドラ
    - mtb.c
    - sysinit.c

```
11  #if defined (__USE_LPCOPEN)
12  #if defined(NO_BOARD_LIB)
13  #include "chip.h"

16  #endif
17  #endif
18
                                   macros.h>
                                   include files here
23  #include "aqm0802a.h"
24  #include "form.h"

27  // TODO: insert other definitions and declarations here
28  #define USM_ADRS (0x29 << 1)
29
30  void alarm(uint8_t adrs, ErrorCode_t err){
31      Chip_GPIO_SetPinOutHigh(LPC_GPIO_PORT, 0, 2);
32      while(1);
```

　関数mainを含むソースmain.cの記述を下に示します。プログラムは関数mainのほかにエラー処理関数があるだけのシンプルな形にまとめました。LPC810親機はLCDで表示し、リセット用のタクトスイッチでリセットし、I²Cでエラーを生じたら圧電ブザーを鳴らしますが、LEDはこれといって使いみちがないため消灯しておきます。

●プロジェクト usmReader のソース main.c

```c
// main.c

#include "chip.h"       //LPCOpenのヘッダ
#include "i2cm.h"       //I²Cマスタハンドラのヘッダ
#include "aqm0802a.h"   //AQM0802Aハンドラのヘッダ
#include "form.h"       //書式制御ハンドラのヘッダ
#include "mrt.h"        //MRTハンドラのヘッダ

#define USM_ADRS (0x29 << 1)  //超音波距離計のアドレス

//エラー処理関数
void alarm(uint8_t adrs, ErrorCode_t err){
  Chip_GPIO_SetPinOutHigh(LPC_GPIO_PORT, 0, 2);//圧電ブザーを鳴らす
  while(1);  //停止
}
```

6 ― 超音波距離計　　165

```c
int main(void) {
  SystemCoreClockUpdate(); //システムクロックを登録

  //スイッチマトリクスでピンを設定
  Chip_Clock_EnablePeriphClock(SYSCTL_CLOCK_SWM);
  Chip_SWM_DisableFixedPin(SWM_FIXED_SWCLK);  //SWCLK無効
  Chip_SWM_DisableFixedPin(SWM_FIXED_SWDIO);  //SWDIO無効
  Chip_SWM_MovablePinAssign(SWM_I2C_SDA_IO, 0); //SDA
  Chip_SWM_MovablePinAssign(SWM_I2C_SCL_IO, 1); //SCL
  Chip_Clock_DisablePeriphClock(SYSCTL_CLOCK_SWM);

  //汎用ポートをセットアップ
  Chip_Clock_EnablePeriphClock(SYSCTL_CLOCK_GPIO);
  Chip_GPIO_SetPinDIROutput(LPC_GPIO_PORT, 0, 2); //出力に設定
  Chip_GPIO_SetPinDIROutput(LPC_GPIO_PORT, 0, 3); //出力に設定
  Chip_GPIO_SetPinOutLow(LPC_GPIO_PORT, 0, 2);  //0を出力
  Chip_GPIO_SetPinOutLow(LPC_GPIO_PORT, 0, 3);  //0を出力

  mrtSetup(); //MRTをセットアップ
  i2cmSetupErr(alarm); //I²Cのエラー処理関数を登録
  i2cmSetup(); //I²Cマスタをセットアップ
  lcdSetup();  //AQM0802Aをセットアップ

  lcdLocate(0, 0); //表示開始位置を上の行の先頭に設定
  lcdPuts("Distance"); //タイトルを表示
  lcdLocate(0, 1); //表示開始位置を下の行の先頭に設定
  lcdPuts("Wait...."); //起動待ちを表示

  uint8_t i2cbuf[3]; //I²Cマスタ通信用バッファ
  i2cbuf[0] = USM_ADRS; //超音波距離計のアドレス
  int16_t distance; //距離 ――❶

  while(1){ //つねに繰り返す
    mrtWait(MRT_MS(1000)); //1秒停止
    i2cmRx(i2cbuf, 3); //アドレス+2バイトを読み込む ――❷
    distance = (i2cbuf[1] << 8) | i2cbuf[2]; //距離を計算
    if(distance < 0) //もし距離の測定に失敗していたら
      continue; //繰り返しの先頭へ戻る ――❸

    lcdLocate(0, 1); //表示開始位置を下の行の先頭に設定
    lcdPuts(formDec(distance, 6, 0)); //距離を表示
    lcdPuts("mm"); //単位を表示
  }
  return 0 ; //文法上の整合をとる記述
}
```

超音波距離計は距離を2バイトのデータで知らせます。距離の測定に失敗したら負の値をとるので、型は2バイトの符号付き整数でなければなりません（記述❶）。LPC810親機はこれを1バイトずつ2回読み込んで（記述❷）、2バイトに組み立てます。組み立てた値が正であればLCDに表示し、負だったら何もせずに繰り返します（記述❸）。

　プログラムの実行例を下に示します。2階のベランダから隣の建物へ向けて距離を測定したとき最長の1982mmを記録しました。プログラムが正しく動作し、測定範囲の上限も期待を超えて長いのですが、それ以上に、巻き尺を引き回せないところでちゃんと距離を表示したことに超音波距離計の可能性を感じました。

●usmReaderの実行例

　測定範囲の下限は69mmでした。論理的な限界（送信開始から受信待ちまでの間に超音波が進む距離÷2）が63mmなので、頑張ってもあと少ししか改善しません。上限の1900mm前後がそう悪くない数字だと思うなら、マスタから閾値の調整をやるために苦労するより、これを完成としたほうがいいかも知れません。

chapter 2-7 Arduinoで分散処理

PLUS ⊕ ONE──理想的な超音波距離計の製作

[第2章]
分散処理編
Distributed Computing

⊕ Arduino Uno の接続

　超音波距離計の閾値をマスタから調整して測定範囲の上限を伸ばします。内輪の処理ですから普通はさりげなくやるのですが、電子工作ではことあるごとにお祭り騒ぎをするのが通例です。LPC810親機だと地味な表示しかできません。Arduino Unoをマスタにして、パソコンの端末に経過を表示しながら、これ見よがしの調整をします。

　超音波距離計とArduino Unoが接続した状態を下に示します。Arduino Unoのマイコンは AtmelのATmega328Pで、処理能力はLPC810に劣るというのが一般的な評価です。しかし、フラッシュメモリが32Kバイトあり、またライブラリが充実していて、難しいプログラムを短時間で作れます。閾値の調整で試行錯誤するのに最適です。

●超音波距離計をArduino Unoと組み合わせた例

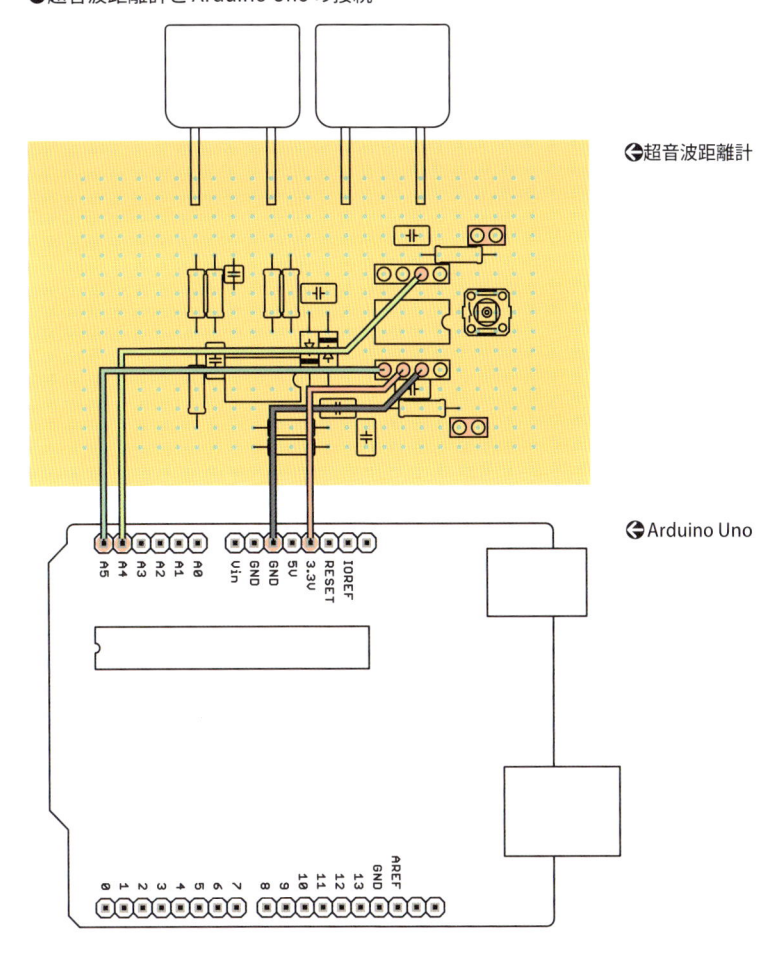

●超音波距離計と Arduino Uno の接続

←超音波距離計

←Arduino Uno

　超音波距離計と Arduino Uno の接続を上に示します。Arduino Uno の I^{2}C は、本来、バスを5Vにプルアップします。しかし、ATmega328Pの1と0を区別する電圧がとても低いので、超音波距離計の側で3.3Vにプルアップしたバスでも正しく通信します。この種のご都合主義的な設計でそれなりに動くところが Arduino Uno の持ち味です。

　電子工作の分野で Arduino が評判をとったことから、マイコンが違うのにピン配置を Arduino に合わせたマイコンボードがたくさんあります。Quark SoC X1000を採用したインテルのGalileo Gen2がその一例です。超音波距離計と Arduino Uno の組み合わせは、こうしたマイコンボードと接続するときにも参考になると思います。

7 ― Arduino で分散処理

⊕ 超音波距離計のスケッチ

　超音波距離計のスケッチusmReaderを下に示します。対象物が近すぎると距離が-2になります。この場合（記述❷）、閾値をひとつ上げます。遠すぎると距離が-1になります。この場合（記述❸）、閾値をひとつ下げます。閾値の変更は関数usmChangeLadが行い（記述❶）、あわせて、どのように変更したかをパソコンの端末に表示します。

●超音波距離計のスケッチusmReader

```
//usmReader

#include <Wire.h>  //I²Cライブラリのヘッダ

#define I2C_ADRS 0x29  //超音波距離計のアドレス
#define I2C_LAD 15  //閾値の初期値
#define I2C_NOISE 6  //閾値の最低制限

byte lad;  //閾値

void setup(){
  lad = I2C_LAD;  //閾値の初期値を設定
  Wire.begin();  //I²Cをマスタの立場に初期化
  Serial.begin(9600);  //非同期シリアルを通信速度9600bpsで初期化
}

//閾値を変更する関数 ────❶
void usmChangeLad(){
  //閾値の変更
  Wire.beginTransmission(I2C_ADRS);  //I²Cの書き込みを開始
  Wire.write(lad);  //閾値を書き込む
  Wire.endTransmission();  //I²Cの書き込みを終了

  //変更の表示
  Serial.print("Threshold changed to ");  //見出しを表示
  Serial.print(3.3 * lad / 31);  //閾値を表示
  Serial.println("V");  //単位を表示して改行
}

void loop(){
  int distance;  //距離

  //距離の取得
  Wire.requestFrom(I2C_ADRS, 2);  //I²Cで2バイトを読み込む
  distance =  //距離を計算
    ((int)Wire.read() << 8) | Wire.read();
```

```
//下限の処理
if(distance == -2){  //もし近すぎるエラーなら ──❷
  Serial.print("Near: ");  //近すぎると表示
  if(lad < 31){  //もし閾値が上限でなければ
    lad++;  //閾値を上げる
    usmChangeLad();  //閾値を書き込む
  } else  //そう（閾値が上限）でなければ
    Serial.println("Limit");  //ここが限界と表示
}
//上限の処理
else  //そう（近すぎるエラー）でなければ
if(distance == -1){  //もし遠すぎるエラーなら ──❸
  Serial.print("Far: ");  //遠すぎると表示
  if(lad > I2C_NOISE){  //もし閾値が最低制限より大きければ
    lad--;  //閾値を下げる
    usmChangeLad();  //閾値を書き込む
  } else  //そうでなければ（閾値が最低制限なら）
    Serial.println("Limit");  //ここが限界と表示
}
//正常に測定した場合の処理
else {  //そう（エラー）でなければ
  Serial.print("Distance: ");  //見出しを表示
  Serial.print(distance);  //距離を表示
  Serial.println("mm");  //単位を表示して改行
}

delay(1000);  //1秒停止
}
```

エラーの状況と閾値の関係を下に示します。近すぎるエラーは受信待ちを開始した時点で受信信号が閾値を超えています。雑音を誤認している可能性があるので閾値を上げて対処しますが、論理的な限界かもしれません。遠すぎるエラーは受信信号を捉えられずにタイムアウトします。雑音を誤認しない程度に閾値を下げて捉えます。

●エラーの状況と閾値の関係

7 ─ Arduinoで分散処理　　　　171

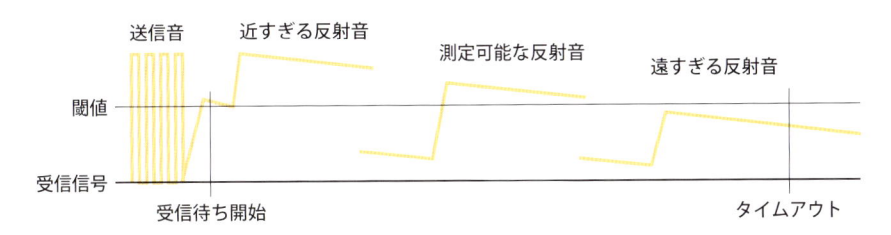

⊕ 閾値の自動調整のテスト

　usmReaderの実行例を下に示します。超音波距離計を部屋の壁（布地の壁紙）に向け、少しずつ離れました。閾値は1900mmまで調整されません。これを超えるとしだいに下がり、最低制限の0.64Vで瞬間最長2069mmを記録しました。離れたところからまた壁に近付くと閾値は元へ戻る方向で調整され、1.28V付近でいったん落ち着きます。

● usmReaderの実行例

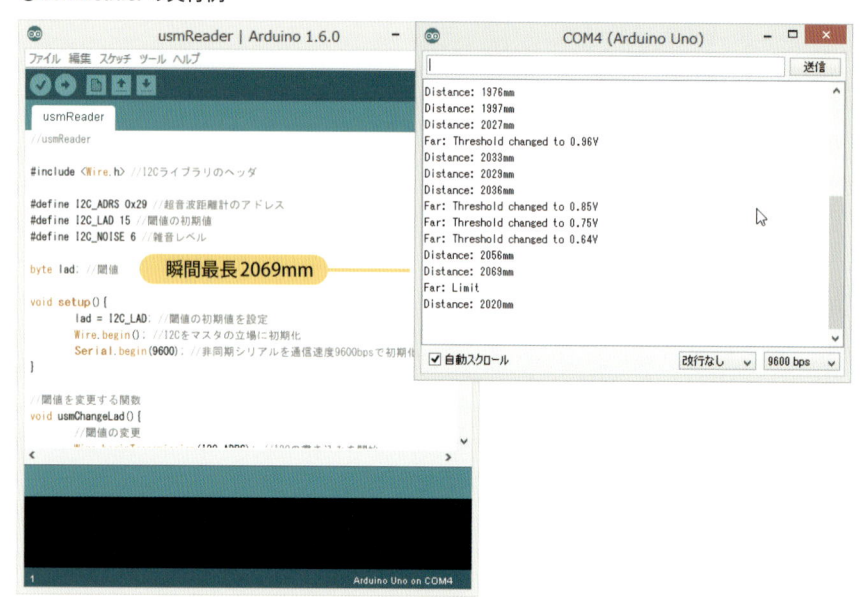

　壁にごく近い距離での反応は極端です。閾値は70mm付近まで調整されず、より近付くと一気に上がります。その途中、1.92Vで68mmを記録しましたが、あとは上がり続けて測定をしません。結局、閾値の調整は測定範囲の上限を少し伸ばしただけでした。しかし、少しとはいえ効果があがったわけですから、やった甲斐がありました。

chapter3

[第3章]
実践応用編

Practical Application

普通の仕事を全力で頑張ってみる

　電子工作で得られるものは、たいがい実用性を欠いた不恰好な製作物と、それを動かす技術です。主眼は技術にあるので、見事に動いたら実体がどう見えようと美しい製作物です。手に取ると、つい笑みがこぼれます。電子工作に関心がない人にとってそれはただの不恰好な製作物で、笑みをこぼす人は変人です。変人に関心を示す変人から「それは何の役に立ちますか?」と無粋な質問を浴びせられることが懸念されます。

　腹に用意した答えはこうです。iPS細胞は今のところ誰の命も救っていません。CP対称性の破れは日常生活に何ら影響を及ぼしません。優れた研究とはそういうものです。電子工作はそういう次元の趣味なので、何の役に立つかと訊かれてすぐ答えられるようなものは、たまにしか作りません。このたいそうな理屈は、とても実用的な青色のLEDがノーベル賞をとったことで口に出す機会がないまま破綻してしまいました。

　やはり4回に1回くらいは世間に受け入れられる製作物を完成させようと思い直し、まず一般にウケる要素をまとめてみました。突き詰めると3つあります。漠然と健康に関係するもの、生活環境を改善するもの、そして、何はともあれ目に見えて動くものです。コロッケのロボット五木ひろしが爆笑をとっているので、ロボット風の機械だったらヘタに作ってぎこちなく動いたとしてもむしろ面白がってくれる気がします。

　ここでは、そういう方向性をもって取り組んだ製作物を紹介します。健康系は指先脈拍計、生活系はリモコン解析機です。指先脈拍計はLPC810の内部の構造がバシッとハマり、大半の処理をハードウェアが成し遂げます。リモコン解析機はLinuxで動いたプログラムをLPC810に移植したダウンサイジングが見どころです。何だか方向性を勘違いしているような気もしますが、たぶん結果オーライに落ち着くと思います。

　機械系は半分くらい電子工作の範疇を超え、はみ出した部分については技術の余裕がありません。あつかましくて申し訳ないのですが、紙面を借りて経験を積み、しかるのち「関節」を完成させます。この関節は回路が乗ったユニバーサル基板をつねに水平に保ち、滅多なことでは傾けません。健気に動き、作った本人がいたく感動しているのですが、その感覚が世間とズレているかも知れないことはぜひご承知おきください。

普通の仕事を全力で頑張ってみる

指先脈拍計

PLUS ⊕ ONE — SCTの高度な制御

[第3章]
実践応用編
Practical Application

⊕ 指先脈拍計の概要

　人の血が赤く見えるのは血液中のヘモグロビンが波長の長い赤を反射し、ほかの色を吸収するからだそうです。赤より波長の長い赤外線は、より強く反射します。そこで、指先に赤外線をあてて血流を観測してみます。医学的に有益な情報が得られますが、生命や健康に関係する話は簡単に語れないので、製作の目標を指先脈拍計とします。

　製作例を下に示します。右下に赤外線の発光部と受光部を一体にしたフォトリフレクタがあり、ここへ指を乗せて脈拍を検出します。単体では、脈拍に合わせてLEDが点滅し、圧電ブザーが鳴ります。外部にI²Cか非同期シリアルの装置をつなぐと脈拍数を送信しますし、オシロスコープがあれば心電図のような波形を見ることができます。

●製作例の外観

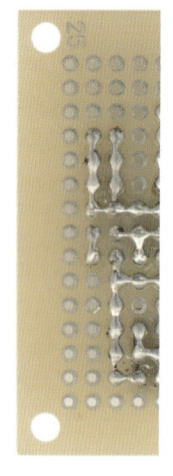

●ヘモグロビンの光反射率（島津製作所の公開資料をもとに作図）

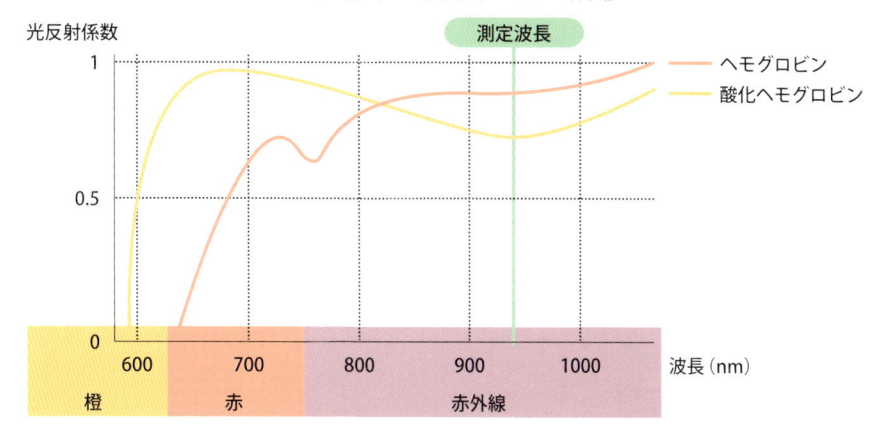

ヘモグロビンの光反射率を上に示します。青～橙の光はほぼ0%、つまり大半を吸収してしまって目に映りませんが、赤は60%程度、赤外線は80%程度を反射します。心臓から出たヘモグロビンは戻るとき酸化ヘモグロビンになり、これも赤外線を60%程度は反射するので、血流を観測すると往復で反応して大小の山または谷を描きます。

製作例で使ったフォトリフレクタはLetexテクノロジのLBR-127HLDです。外観と主要な仕様を下に示します。数あるフォトリフレクタの中からこの製品を選んだ決め手は形状です。発光部と受光部がプラスチックのケースに固定されていて、指を乗せたとき位置関係がズレませんし、指が信号の経路に触れる心配もありません。

●LBR-127HLDの外観と主要な仕様

項目	仕様
赤外線波長	940nm
発光側順方向電流（I_F）	標準20mA、連続最大60mA、パルス1A
発光側順方向電圧降下（V_F）	標準1.2V、最大1.5V
受光側コレクタ電流（I_C）	最大20mA
受光側飽和電圧（$V_{CE(SAT)}$）	標準0.4V

1―指先脈拍計

⊕ 指先脈拍計の設計と製作

フォトリフレクタの本来の役割は赤外線の反射で物体の有無を判別することです。通常は受光側の振れをできるだけ大きく増幅します。しかし、指先脈拍計でそれをやると、指を乗せたかどうかがよくわかっても血流は読めません。右に示すとおり、指を乗せたときの大きな振れを抑制し、血流の変化による小さな振れを取り出します。

指先脈拍計の回路を下に示します。血流の変化による振れは直流成分に重畳しており、その電圧は予測できません。ですから、いったん直流成分を遮断し、あらためて最適なバイアスを加えます。この信号を反転増幅（兼バンドパスフィルタ）2段で137倍に増幅し、LPC810のコンパレータへ入れます。あとはプログラムの役割です。

●指先脈拍計の回路

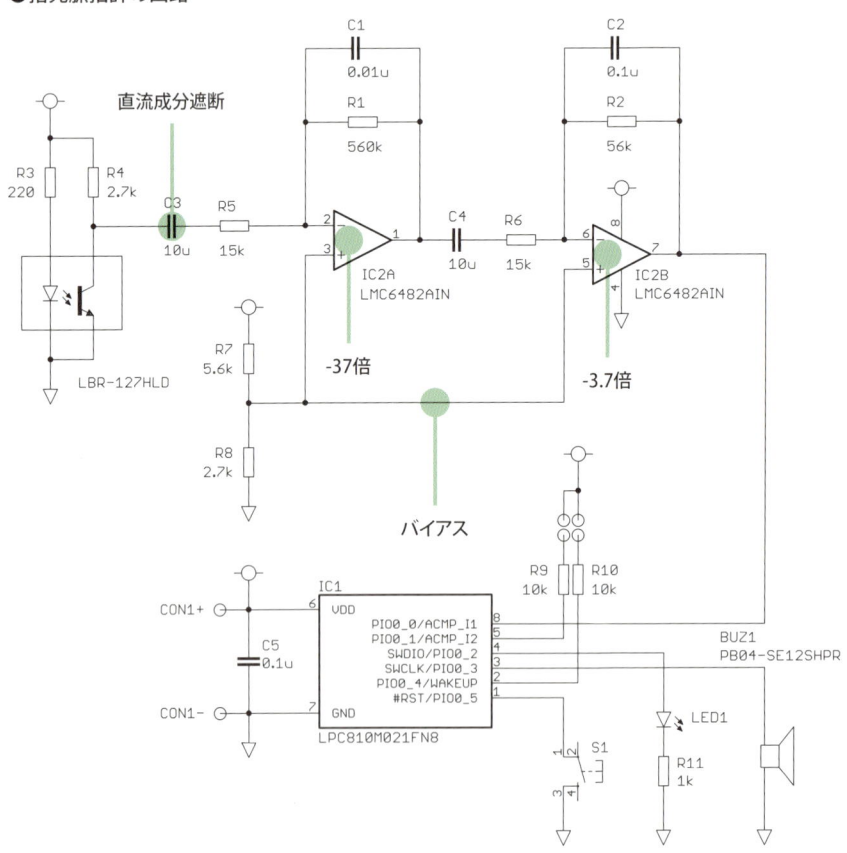

●受光側の電圧の取り出しかた

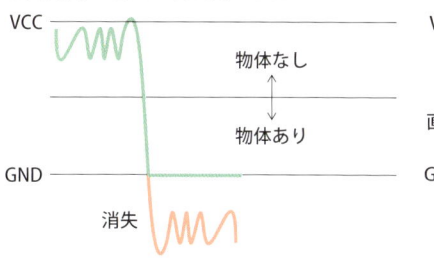

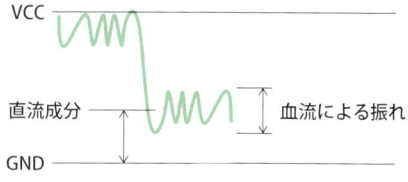

⬆︎物体の有無を判別する場合　　⬆︎血流を観測する場合

　配線図を下に示します。デジタルとアナログが混在していて雑音を拾いがちですし、部品点数がとても多いので、配線はアレンジなしでこのとおり引き回すのが無難です。フォトリフレクタは一辺が欠けた形をしており、その位置で向きを合わせます。脚の間隔がユニバーサル基板の穴と微妙にズレていますが、力任せに押し込みました。

●配線図

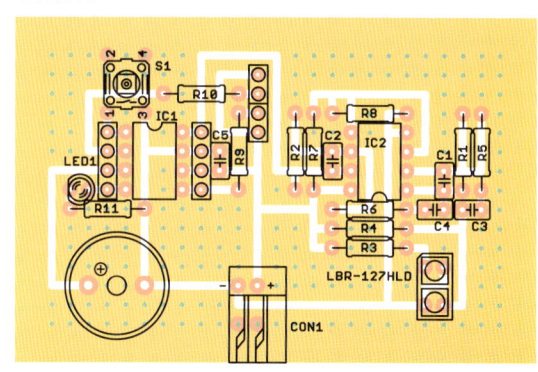

⬅︎部品面

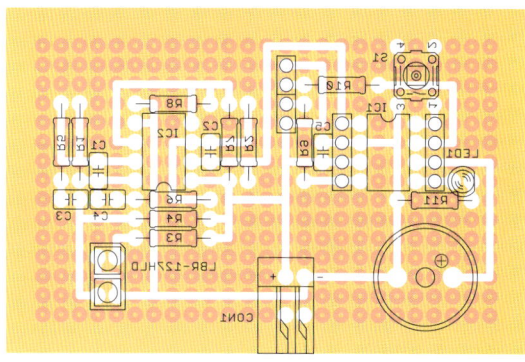

⬅︎ハンダ面

1─指先脈拍計

●部品表

部品番号	仕様	数量	備考
IC1	LPC810M021FN8	1	マイコン
IC2	LMC6482AIN (TI)	1	オペアンプ
LED1	OS5RKA3131A	1	高輝度LED
BUZ1	PB04-SE12SHPR	1	圧電ブザー
R1	560kΩ	1	1/4Wカーボン抵抗
R2	56kΩ	1	1/4Wカーボン抵抗
R3	220Ω	1	1/4Wカーボン抵抗
R4、R8	2.7kΩ	2	1/4Wカーボン抵抗
R5、R6	15kΩ	2	1/4Wカーボン抵抗
R7	5.6kΩ	1	1/4Wカーボン抵抗
R9、R10	10kΩ	2	1/4Wカーボン抵抗
R11	1kΩ	1	1/4Wカーボン抵抗
C1	0.01μF	1	積層セラミックコンデンサ
C2、C5	0.1μF	2	積層セラミックコンデンサ
C3、C4	10μF	2	積層セラミックコンデンサ
S1	タクトスイッチ	1	製作例はDTS-6 (Cosland) の黒
CON1	ターミナルブロック	1	製作例はTB401a-1-2-E (Alphaplus)
―	LBR-127HLD	1	フォトリフレクタ
―	DIP8ピンICソケット	2	製作例は2227-8-3 (Neltron)
―	4ピン1列ピンソケット	2	42ピン1列ピンソケットをカットして使用
―	2ピン1列ピンヘッダ	2	42ピン1列ピンヘッダをカットして使用
―	ジャンパピン	2	製作例はMJ-254-6 (Useconn) の赤
―	ユニバーサル基板	1	製作例はCタイプ (秋月電子通商)

　部品表を上に示します。回路の動作を徹底的に突き詰めたので、抵抗値を細かく指定することになりました。コンデンサは影響が小さく、容量をざっくり決めています。オペアンプは入出力ともフルスイングのLMC6482AINです。入力がフルスイングである必要はありませんから、NJU7032Dなどもう少し安い製品で代替できます。

⊕ 脈拍を数える仕組み

　血流の振れを電気信号に変換する部分はプログラムが関与しないので組み立てたらすぐ動作します。オシロスコープで観測した代表的な2例の波形を下に示します。指先の体温とフォトリフレクタへの乗せかたが適切であれば性別や年齢によらず似たような波形となることがわかりました。これをもとに、脈拍の数えかたを検討します。

●オシロスコープで観測した波形

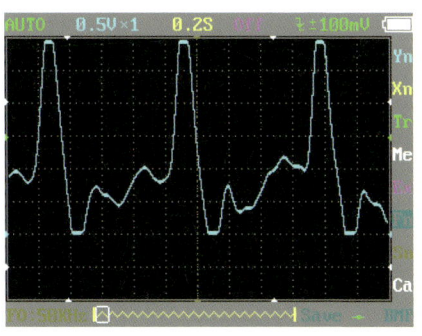

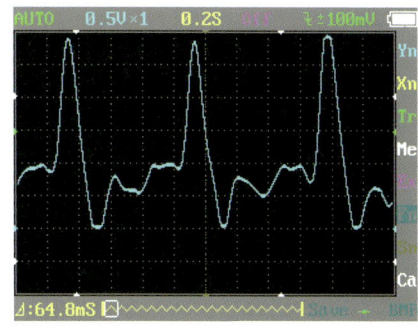

⬆男性20歳代　　　　　　　　　　　　　⬆女性30歳代

　脈拍は血流の周期の逆数です。周期は下に示す方法で測定します。すなわち、コンパレータで振れの1点を捉え、次の1点にいたる間隔をタイマでカウントします。測定の正確さを決めるのは閾値の取りかたです。閾値が血流のでこぼこしたところにあると周期を間違えます。実測した波形を見る限り、閾値は高めにとるほうがよさそうです。

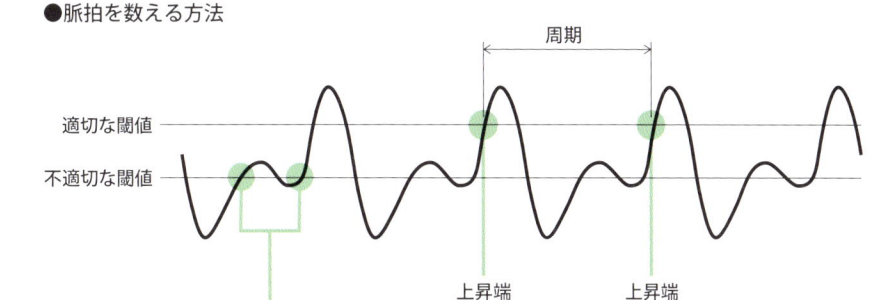

●脈拍を数える方法

適切な閾値
不適切な閾値

周期

上昇端　　上昇端

上昇端が2箇所あって不適切

1―指先脈拍計

●周期を数える構造

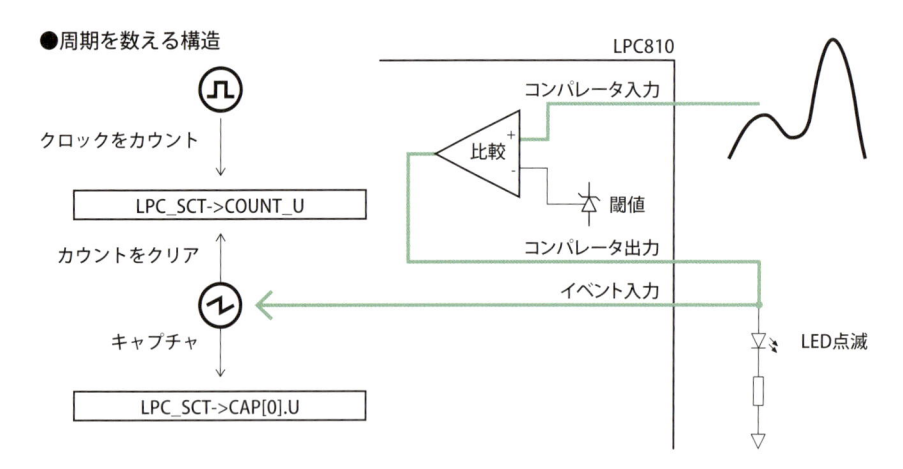

```
クロックをカウント
    ↓
[LPC_SCT->COUNT_U]
    ↓
カウントをクリア
キャプチャ
    ↓
[LPC_SCT->CAP[0].U]
```

LPC810を上に示すとおりセットアップすると周期はハードウェアで自動的に測定されます。コンパレータは血流の振れを閾値と比較し、結果をピンへ出力します。このピンはLEDを点滅させます。さらに、同じピンをスイッチマトリクスでSCTのイベント入力に設定し、そのイベントにカウント値のキャプチャとクリアを定義します。

⊕ 指先脈拍計のプログラム

指先脈拍計のプロジェクトfbc810を作ります。目標は、脈拍に合わせてLEDを点滅し、圧電ブザーを鳴らし、脈拍数を非同期シリアルで送信することです。プロジェクトの構成を下に示します。非同期シリアルハンドラは非同期シリアルの通信、書式制御ハンドラは脈拍数の表示に使います。MRTハンドラはLEDの消灯などに使います。

●プロジェクトfbc810の構成

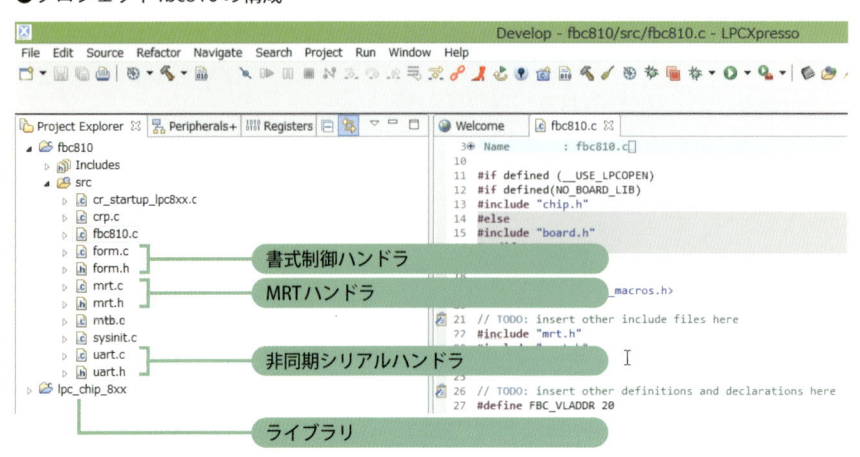

関数mainを含むソースfbc810.cの記述を下に示します。LEDはハードウェアが点滅させます。血流の周期もハードウェアがレジスタCAP[0].Uに記録するので、SCTの割り込みでこれを取り出し（記述❷）、脈拍に換算して変数に記録します。このときあわせて圧電ブザーを鳴らし、10m秒あとにMRTのワンショットで止めます（記述❶）。

●プロジェクトfbc810のソースfbc810.c

```
// fbc810.c

#include "chip.h"  //LPCOpenのヘッダ
#include "mrt.h"   //MRTハンドラのヘッダ
#include "uart.h"  //非同期シリアルハンドラのヘッダ
#include "form.h"  //書式制御ハンドラのヘッダ

#define FBC_VLADDR 20  //閾値の初期値

volatile int beat = -1;  //脈拍数（負の値はまだ計算されていない状態）

//MRTのワンショットで呼び出される関数
void buzOff() {
  //圧電ブザーを止める
  Chip_GPIO_SetPinOutLow(LPC_GPIO_PORT, 0, 3);        ——❶
}

//SCT割り込み関数
void SCT_IRQHandler(void) {
  uint32_t period;  //周期

  period = LPC_SCT->CAP[0].U;  //キャプチャされたカウント値を取得  ——❷
  beat = SystemCoreClock * 60 / period;  //周期を計算

  Chip_GPIO_SetPinOutHigh(LPC_GPIO_PORT, 0, 3);  //圧電ブザー鳴らす
  mrtOneshot(MRT_MS(50), buzOff);  //50m秒後に関数buzOffを呼び出す

  //割り込みフラグをクリア
  Chip_SCT_ClearEventFlag(LPC_SCT, SCT_EVT_0);
}

int main(void) {
  SystemCoreClockUpdate();  //システムクロックを登録

  Chip_Clock_EnablePeriphClock(SYSCTL_CLOCK_IOCON);
  Chip_IOCON_PinSetMode(LPC_IOCON, IOCON_PIO0,
    PIN_MODE_INACTIVE);  //論理0番ピンのプルアップを無効に設定
  Chip_Clock_DisablePeriphClock(SYSCTL_CLOCK_IOCON);
```

1―指先脈拍計

```c
//スイッチマトリクスでピンを設定
Chip_Clock_EnablePeriphClock(SYSCTL_CLOCK_SWM);
Chip_SWM_DisableFixedPin(SWM_FIXED_SWCLK);  //SWCLK無効
Chip_SWM_DisableFixedPin(SWM_FIXED_SWDIO);  //SWDIO無効
Chip_SWM_EnableFixedPin(SWM_FIXED_ACMP_I1); //ACMP1
Chip_SWM_MovablePinAssign(SWM_ACMP_O_O, 2); //ACMPO
Chip_SWM_MovablePinAssign(SWM_CTIN_0_I, 2); //CTIN0
Chip_SWM_MovablePinAssign(SWM_U0_TXD_O, 4); //TXD
Chip_SWM_MovablePinAssign(SWM_U0_RXD_I, 0); //RXD
Chip_Clock_DisablePeriphClock(SYSCTL_CLOCK_SWM);

//汎用ポートをセットアップ
Chip_GPIO_SetPinDIROutput(LPC_GPIO_PORT, 0, 3); //出力に設定
Chip_GPIO_SetPinOutLow(LPC_GPIO_PORT, 0, 3);    //0を出力

//SCTをセットアップ
Chip_SCT_Init(LPC_SCT); //SCTを起動してリセット
//32ビット×1本として動かす
Chip_SCT_Config(LPC_SCT, SCT_CONFIG_32BIT_COUNTER);
LPC_SCT->REGMODE_U |= (1 << 0); //CAP[0].Uをキャプチャに使う
//CTIN0の上昇端をイベント0と関連付ける
LPC_SCT->EV[0].CTRL |= (1 << 10) | (2 << 12);
LPC_SCT->EV[0].STATE = 3; //全部の効果を有効に設定
LPC_SCT->CAPCTRL[0].U = SCT_EVT_0; //イベント0にキャプチャを定義
LPC_SCT->LIMIT_U |= SCT_EVT_0; //イベント0にクリアを定義
//イベント0で割り込みを発生
Chip_SCT_EnableEventInt(LPC_SCT, SCT_EVT_0);
NVIC_EnableIRQ(SCT_IRQn); //SCTの割り込みを許可
Chip_SCT_ClearControl(LPC_SCT, SCT_CTRL_HALT_L); //SCTを開始

mrtSetup();  //MRTをセットアップ
uartSetup(); //非同期シリアルをセットアップ

//コンパレータをセットアップ
Chip_ACMP_Init(LPC_CMP); //コンパレータを起動してリセット
//閾値を設定
Chip_ACMP_SetupVoltLadder(LPC_CMP, FBC_VLADDR, false);
Chip_ACMP_EnableVoltLadder(LPC_CMP); //閾値を有効に設定
mrtWait(MRT_US(30)); //30μ秒停止(閾値が有効に設なるのを待つ)

//+入力はACMP1、-入力は閾値、ヒステリシス10mV
Chip_ACMP_SetPosVoltRef(LPC_CMP, ACMP_POSIN_ACMP_I1);
Chip_ACMP_SetNegVoltRef(LPC_CMP, ACMP_NEGIN_VLO);
Chip_ACMP_SetHysteresis(LPC_CMP, ACMP_HYS_10MV);
```

```
while (1) {   //つねに繰り返す
  __WFI();   //割り込みが発生するまでスリープして待機        ❸

  if (beat > 0) {   //もし脈拍数が計算されていたら            ❹
    uartPuts("Beat: ");   //見出しを表示
    uartPuts(formItoa(beat));   //脈拍数を表示
    uartPuts("\r\n");   //改行
    beat = -1;   //脈拍数が計算されていない状態に設定
  }
}
return 0;   //文法上の整合をとる記述
}
```

プログラムの本編はセットアップを終えてすぐ永久ループに入り、割り込みが発生するまでスリープします（記述❸）。割り込みが掛かってウェイクアップしたとき、もし脈拍数が計算されていたらこれを表示します（記述❹）。SCTの割り込みの過程で表示したほうが簡単ですが、割り込みを長く引っ張ることになり、マナーに反します。

⊕ 指先脈拍計のテスト

指先脈拍計を単体で動作させた様子を下に示します。寒くて指先がかじかんでいるようだと失敗します。普通の状態なら、フォトリフレクタに指を乗せて1秒くらいあと心臓のリズムに合わせてLEDが点滅し、圧電ブザーが小気味よくピッ、ピッと鳴ります。緊張するとテンポが速まり、まるで心の内を見透かされているような気分です。

●指先脈拍計を単体で動作させた様子

1―指先脈拍計

●心拍数を表示する接続

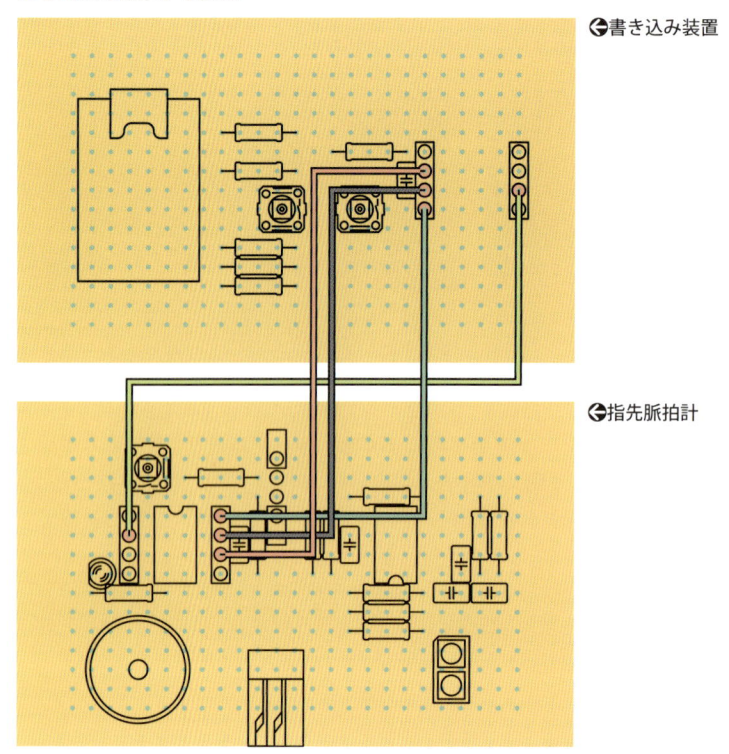

⇐書き込み装置

⇐指先脈拍計

　心拍数を表示する場合、上に示すとおり、書き込み装置と接続します。書き込み装置は指先脈拍計とパソコンを非同期シリアルで結び、また、電源を供給します。指先脈拍計はI²Cでも通信できるようにプルアップ用の抵抗が取り付けてあります。非同期シリアルで通信するときは、下に示すとおり、ジャンパピンをオープンにします。

●指先脈拍計のジャンパピンの設定

[第3章]実践応用編

●指先脈拍計が心拍数を表示した例

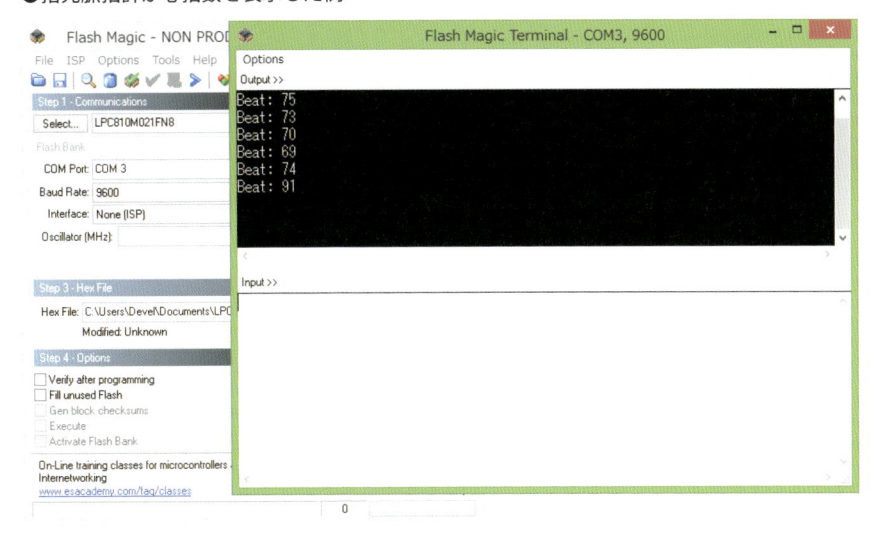

　LPC810が書き込み装置から離れたところで動くためパソコンの端末は何でもいいのですが、いつものとおりFlashMagicを使いました。心拍数の表示例を上に示します。心臓のリズムに合わせて1行ずつポン、ポンと現れる感じです。この間もLEDが点滅し、圧電ブザーが鳴ります。指先脈拍計はすべて期待どおりに動作しました。

chapter3 2 リモコン解析機

PLUS ⊕ ONE──リモコンハンドラの制作

[第3章]
実践応用編
Practical Application

⊕ リモコン解析機の概要

　家電製品のリモコンの赤外線を捉え、解析し、形式をまねて発射すると、家電製品が面白いように反応します。この方法を使いLPC810で家電製品を制御すれば、案外、実用的な製作物にまとまりそうです。普通の家を最先端のスマートハウスとするために必要な部品は、せいぜい100円程度の赤外線受光モジュールと赤外線LEDです。

　赤外線を捉える機能と発射する機能をもった、リモコン解析機の製作例を下に示します。部品が少数ですみ、回路が簡単なので、ブレッドボードに組み立てました。この状態で赤外線を受信して解析し、再現してテストすることができます。一方、プログラムの負担はとても大きく、フラッシュメモリをきっちり使い切ることになります。

●リモコン解析機の製作例

● PL-IRM2161-XD1の外観と主要な仕様

項目	仕様
受信可能な赤外線	ピーク発光波長940nm、周波数38kHz、最短応答間隔300μ秒
出力信号	点滅検出時0（0.5V以下）、非検出時1（電源電圧）
電源電圧	2.4V〜5.5V
消費電流	2.5mA

　製作例に使った赤外線受光モジュールはパラライトのPL-IRM2161-XD1です。外観と主要な仕様を上に示します。PL-IRM2161-XD1は38kHzで点滅する波長940nmの赤外線を監視し、非検出を1、検出を0で知らせます。すなわち、事実上すべてのリモコンの信号を捉えることができます。それを解析できるかどうかは、プログラム次第です。

　赤外線LEDはオプトサプライのOSI5LA5113Aです。外観と主要な仕様を下に示します。使いかたは普通のLEDとだいたい同じです。違うのは普通のLEDより大きな電流を流して強い光を出せるということです。電流は連続で100mA、リモコンの仕組みにしたがい38kHzで点滅させる場合はパルスの仕様が適用されて1Aを許容します。

● OSI5LA5113Aの外観と主要な仕様

項目	仕様
ピーク発光波長	940nm
放射強度	標準30mW/sr（I_F=50mA）
順方向電流（I_F）	連続最大100mA、パルス1A（周期100μ秒、周波数100Hz）
順方向電圧降下（V_F）	標準1.35V（I_F=100mA）

2―リモコン解析機

⊕ リモコン解析機の設計と製作

　リモコン解析機の回路を下に示します。赤外線受光モジュールはただつなぐだけです。赤外線LEDは、赤外線をなるべく遠くまで飛ばしたいので、FETを介して大きな電流で点滅させます。製作例は1/4Wカーボン抵抗がギリギリで燃え尽きない130mAの設計ですが、電源がヘタるので、実際の電流は60mAあたりになると思います。

●リモコン解析機の回路（電圧はFETがオンの状態）

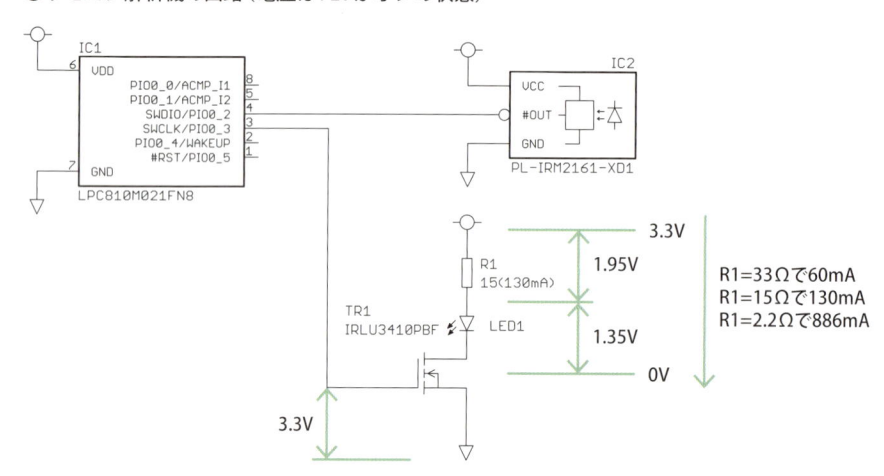

R1=33Ωで60mA
R1=15Ωで130mA
R1=2.2Ωで886mA

　赤外線LEDを盛大に点灯しようとすると、通常、FETのゲート（V_{GS}）に4V程度の電圧を掛ける必要があり、LPC810の出力ではこの電圧に届きません。しかし、製作例に使ったIRLU3410PBFは下に示すとおり優れた転送特性をもち、最低2.5Vの電圧でオンになります。LPC810の3.3Vの出力だと最大4Aをスイッチングできる計算です。

●IRLU3410PBFの転送特性（データシートからグラフの一部を転載）

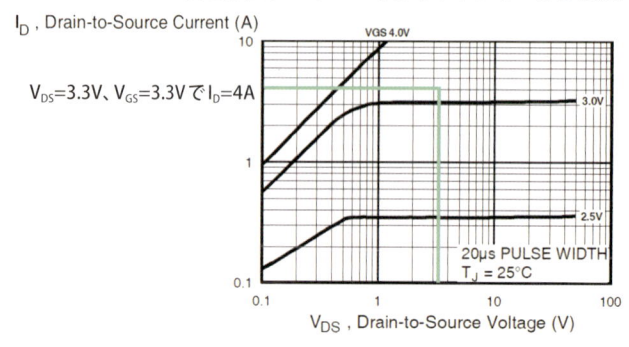

I_D , Drain-to-Source Current (A)

V_{DS}=3.3V、V_{GS}=3.3VでI_D=4A

20μs PULSE WIDTH
T_J = 25°C

V_{DS} , Drain-to-Source Voltage (V)

●配線図と部品表（ブレッドボード側）

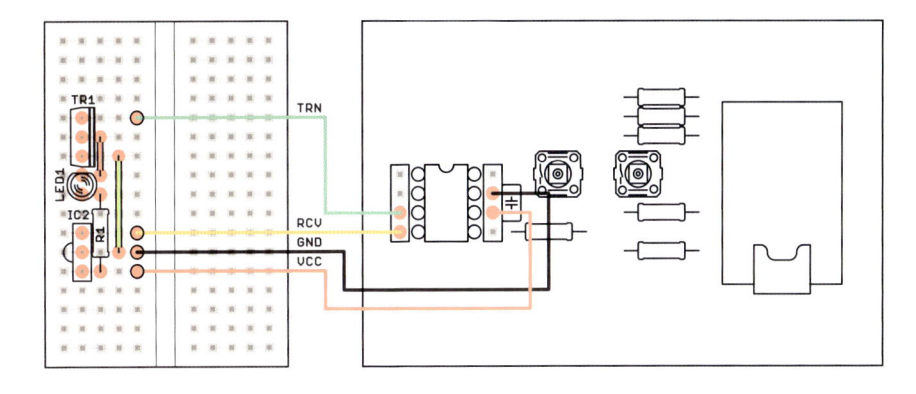

部品番号	仕様	数量	備考
IC2	PL-IRM2161-XD1	1	赤外線受光モジュール
TR1	IRLU3410PBF	1	NチャンネルエンハンスメントMOSFET
LED1	OSI5LA5113A	1	赤外線LED
R1	15Ω	1	1/4Wカーボン抵抗
—	BB-601（WANJIE）	1	ブレッドボード

　配線図と部品表を上に示します。LPC810はプログラムを頑張らなくてはいけないので書き込み装置に取り付けたまま動かします。それ以外の部品はブレッドボードに組み立てて書き込み装置のLPC810とつなぎます。下に示すとおり、赤外線受光モジュールの受光面が外を向き、赤外線LEDは垂直に立つ恰好になります。

●ブレッドボードに組み立てた状態

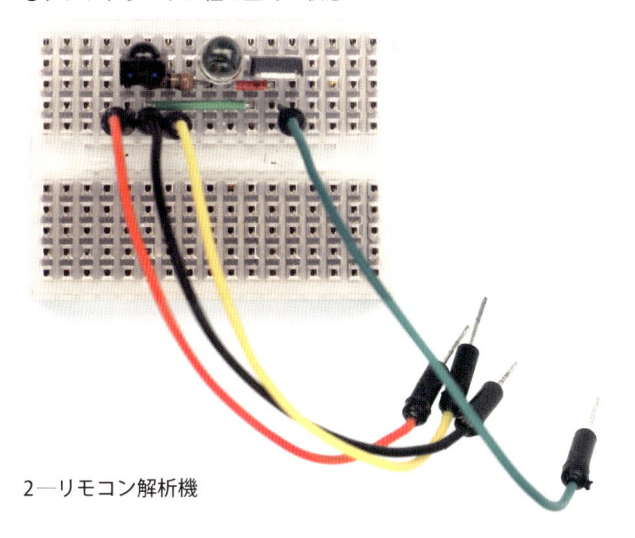

2―リモコン解析機　　　　　　　　　　　　　　　　　　　　　　　　　191

⊕ リモコンの制御

　リモコン解析機のプログラムのうち、解析、再現、比較をする部分は専門性が高いためソースを切り分けてリモコンハンドラとします。ヘッダremocon.hの記述を右に示します。ここに宣言した構造体irform_t（記述❶）は信号の形式を定義するもので、これをうまく設定できれば、解析、再現、比較とも8割がた完成したことになります。

　構造体irform_tのメンバと信号の関係を下に示します。リモコンは赤外線の点滅と消灯でシリアルの信号を構成します。先頭に信号の開始を表す長い点滅と消灯があり、これをリーダと呼びます。信号の本体は、基準時間と呼ばれる一定時間の点滅のあと消灯の長さで1か0を表します。終了は、結果として、基準時間のあと長く消灯します。

●構造体irform_tのメンバと信号の関係（multi=0の例）

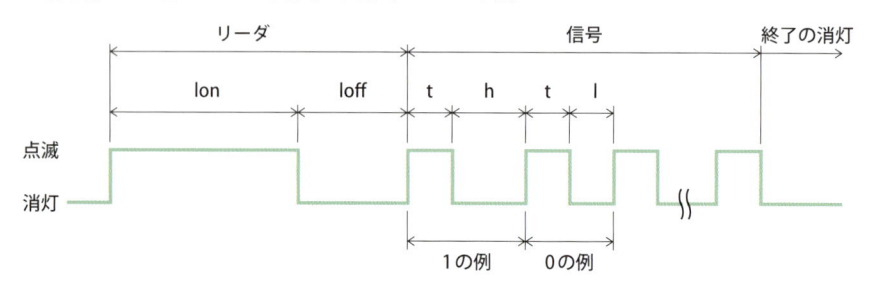

　一部のリモコンは1回のボタン操作で2発の信号を発射します。2発めを受信したらメンバmultiを立てて、下に示すとおり、メンバgapに間隔を記録します。普通のリモコンでもボタンを長く押すと信号がリピートしますが、2発め以降はリーダの消灯時間が半分になります。これを調べてリピートと判別したら2発め以降を無視します。

●構造体irform_tのメンバと信号の関係（multi=1の例）

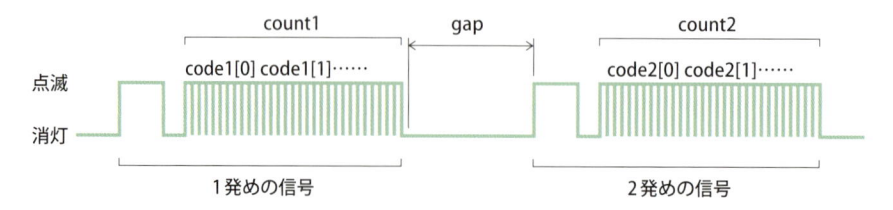

●リモコンハンドラのヘッダremocon.h

```c
// remocon.h

#ifndef REMOCON_H_
#define REMOCON_H_

//信号の形式を定義する構造体 ————①
typedef struct {
  uint32_t lon, loff;  //リーダの点滅時間と消灯時間
  uint32_t t;  //基準時間
  uint32_t h;  //1の消灯時間
  uint32_t l;  //0の消灯時間
  bool multi;  //2発めフラグ
  uint32_t gap;  //信号の1発めと2発めの間隔
  uint8_t count1, count2;  //信号のバイト数
  uint8_t *code1, *code2;  //信号の配列を指すポインタ
} irform_t;

//エラーコード
enum {
  RC_ERR_TIMEOUT = -4,  //1分30秒を経過しても信号を受信しない
  RC_ERR_ILLEGAL,  //信号が未知の形式
  RC_ERR_TOOLONG,  //信号が長すぎる
  RC_ERR_NOTFIT,  //信号のビットがバイトに足りない
  RC_ERR_NORMAL  //正常終了
};

//rc_setup—リモコンハンドラをセットアップする
// 引数：irport—赤外線受光モジュールを接続した論理ピン番号
void rc_setup(uint8_t irport);

//rc_receive—リモコンの信号を解析する
// 引数：ir—信号の形式を定義する構造体
// 戻値：エラーコード
int rc_receive(irform_t *ir);

//rc_transmit—リモコンの信号を再現する
// 引数：ir—信号の形式を定義する構造体
void rc_transmit(irform_t *ir);

//rc_ircmp—リモコンの信号を比較する
// 引数：ir1、ir2—信号の形式を定義する構造体
// 戻値：一致で0、不一致で-1
int rc_ircmp(irform_t *ir1, irform_t *ir2);
```

2—リモコン解析機

```
//解析の基準を定義 ──❷
#define RC_SIGLEN 32      //信号の最大バイト数
#define RC_CLKS_S 24000000 //1秒のクロック数
#define RC_CLKS_MS(ms) (RC_CLKS_S / 1000 * ms)  //m秒のクロック数
#define RC_CLKS_US(us) (RC_CLKS_MS(us) / 1000)  //μ秒のクロック数
#define RC_DTCT RC_CLKS_US(2000)   //リーダの点滅とみなす最低時間
#define RC_TERM RC_CLKS_MS(10)     //信号の終了とみなす時間
#define RC_CONT RC_CLKS_MS(50)     //2発めがあると判断する最短の間隔
#define RC_FORM RC_CLKS_US(6500)   //信号の規格を区別する時間

#endif
```

　信号の点滅と消灯の時間はリモコンによってまちまちです。何の目安もないと解析のしようがありませんから、基準を設けました（記述❷）。この基準の根拠は下に示す家電製品協会（AEHA）フォーマットとNECフォーマットです。統計数字を見ると、日本で使われているリモコンの8割程度が、このふたつのどちらかを採用しています。

　もうひとつ有名な規格にソニーフォーマットがあります。ソニーフォーマットは信号の形式が根本的に異なり、時間を調整するくらいでは対応できないため、取り扱いを諦めました。頑張ってみたのですが、プログラムのサイズが2倍になり、LPC810のメモリにおさまりません。リモコンハンドラはソニーのリモコンを対象外とします。

●代表的な信号の規格

項目	家電製品協会フォーマット	NECフォーマット
点滅の周波数	38kHz	38kHz
基準時間t	0.35m秒～0.5m秒	0.56m秒
リーダの点滅時間	t×8（2.8m秒～4m秒）	t×16（9m秒）
リーダの消灯時間	t×4（1.4m秒～2m秒）	t×8（4.5m秒）
信号の点滅時間	t（0.35m秒～0.5m秒）	t（0.56m秒）
1の信号の消灯時間	t×3（1.05m秒～1.5m秒）	t×3（1.68m秒）
0の信号の消灯時間	t（0.35m秒～0.5m秒）	t（0.56m秒）

　リモコンハンドラのソースremocon.cの記述を右に示します。信号の解析は赤外線の動きを追いながら要所の時間を計測します。解析を始める直前にMRTのチャンネル1をワンショットで動かし（記述❶）、これを時計のかわりにします。もし解析を始める前に残り1秒までカウントダウンしてしまったら時間切れで終了します。

●リモコンハンドラのソース remocon.c

```c
// remocon.c

#include "chip.h"      //LPCOpenのヘッダ
#include "mrt.h"       //MRTハンドラのヘッダ
#include "remocon.h"   //リモコンハンドラのヘッダ

uint8_t rc_irport;     //赤外線受光モジュールを接続した論理ピン番号

//リモコンハンドラをセットアップする関数
void rc_setup(uint8_t irport) {
  rc_irport = irport; //赤外線受光モジュールを接続した論理ピン番号を設定

  //MRTチャンネル1をワンショットにセットアップ
  Chip_MRT_SetMode(LPC_MRT_CH1, MRT_MODE_ONESHOT);

  //SCTをセットアップ
  Chip_SCTPWM_Init(LPC_SCT); //SCTを起動してリセット
  Chip_SCTPWM_SetRate(LPC_SCT, 38000); //周波数を38kHzに設定
  Chip_SCTPWM_SetDutyCycle(LPC_SCT, 1, //index1を指定
    Chip_SCTPWM_PercentageToTicks(LPC_SCT, 50)); //デューティ比50%
  Chip_SCTPWM_SetOutPin(LPC_SCT, 1, 0); //index1はCTOUT0に出力
}

//解析に使うシンボル
#define RC_ROFF LPC_GPIO_PORT->B[0][rc_irport] //消灯
#define RC_RON !RC_ROFF  //点滅
#define RC_COUNT LPC_MRT_CH1->TIMER //MRTチャンネル1の値

//リモコンの信号を解析する関数
int rc_receive(irform_t *ir) {
  uint8_t i, j = 0; //ループカウンタ
  uint32_t lt, lh, ll; //信号の時間の最大値（統計用）
  uint32_t st, sh, sl; //信号の時間の最小値（統計用）
  uint32_t son, soff; //信号の基準時間と消灯時間（1/0判別用）
  uint32_t told; //計測開始時刻
  uint32_t tnew; //計測終了時刻
  uint32_t repeat; //2発めのリーダの消灯時間（リピート判別用）

  lt = lh = ll = 0; //信号の時間の最大値を0に設定
  st = sh = sl = 0xffffffff; //信号の時間の最小値を0xffffffffに設定
  ir->multi = false; //2発めはないと仮定

  //MRTチャンネル1のワンショットを開始 ――①
  Chip_MRT_SetInterval(LPC_MRT_CH1, //MRTチャンネル1を指定
    0x7fffffff | MRT_INTVAL_LOAD); //最大値（1分30秒）を設定してすぐに開始
```

```c
//リーダの点滅時間を計測
told = RC_COUNT;  //計測開始時刻を記録
while ((told - RC_COUNT) < RC_DTCT){  //リーダ待ち　──❷
  if (RC_COUNT < RC_CLKS_S)  //もし残り時間が1秒を切ったら
    return RC_ERR_TIMEOUT;  //時間切れで打ち切る
  if (RC_ROFF)  //もし消灯したら
    told = RC_COUNT;  //次の計測を開始
}
while (RC_RON);  //リーダの点滅が終了するのを待つ
tnew = RC_COUNT;  //現在の時刻を記録
ir->lon = told - tnew;  //リーダの点滅時間を記録
told = tnew;  //次の計測を開始

//リーダの消灯時間を計測
while (RC_ROFF)  //リーダが消灯している限り繰り返す
  if ((told - RC_COUNT) > RC_TERM)  //もし信号が終了したら
    return RC_ERR_ILLEGAL;  //未知の形式なので打ち切る
tnew = RC_COUNT;  //現在の時刻を記録
ir->loff = told - tnew;  //リーダの消灯時間を記録
told = tnew;  //次の計測を開始

//信号の解析
for (i = 0; i < RC_SIGLEN * 8; i++) {  //最大ビット数まで繰り返す

  //基準時間を計測
  while (RC_RON);  //信号の点滅が終了するのを待つ
  tnew = RC_COUNT;  //現在の時刻を記録
  son = told - tnew;  //基準時間を記録　──❸
  told = tnew;  //次の計測を開始

  //統計用の記録　──❹
  if (son > lt)  //もし基準時間が現在の最大値より長ければ
    lt = son;  //最大値を更新
  else  //そうではなくて
  if (son < st)  //もし基準時間が現在の最小値より短ければ
    st = son;  //最小値を更新

  //信号の消灯時間を計測
  while (RC_ROFF)  //信号の消灯が終了するのを待つ
    if ((told - RC_COUNT) > RC_TERM)  //もし信号が終了したら　──❺
      goto EXIT1;  //終了処理へ分岐
  tnew = RC_COUNT;  //現在の時刻を記録
  soff = told - tnew;  //信号の消灯時間を記録　──❻
  told = tnew;  //次の計測を開始
```

解析は先頭でリーダ待ちをします（記述❷）。赤外線が消灯でなければ（これは点滅を意味します）リーダと仮定して時間を計測しますが、もしRC_DTCT（2m秒）未満で消灯になったら自然光と判断してやり直します。RC_DTCTを超えた場合はリーダと判断し、次に消灯したタイミングで時間を記録します。この処理の例を下に示します。

●リーダの点滅を捉える処理の例

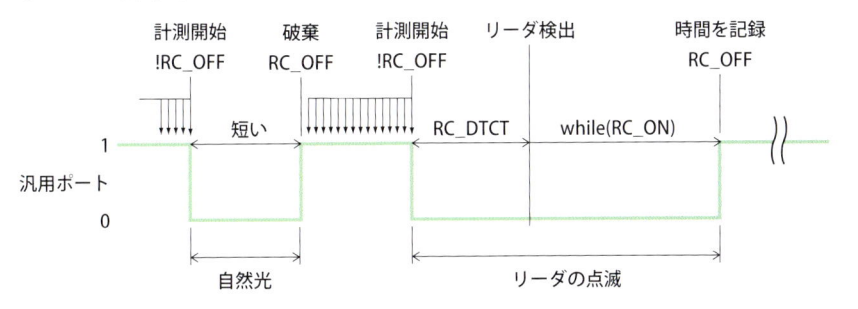

```
             計測開始   破棄    計測開始  リーダ検出        時間を記録
             !RC_OFF  RC_OFF  !RC_OFF                    RC_OFF
                      短い             RC_DTCT  while(RC_ON)
        1 ─┐    ┌─────┐       ┌──────────────────────────┐  ))
   汎用ポート │    │     │       │                          │
        0   └────┘     └───────┘                          └──
             ←─自然光─→         ←────リーダの点滅────→
```

リーダの点滅と消灯を捉えて以降は信号と判断し、下に示す方法でビットを読み取り、あるいは終了を検出します。まず点滅が来て、これが基準時間です（記述❸）。続く消灯は（記述❻）、その時間が基準時間の2倍を超えるかどうかで1/0を判別します。ただし、消灯がRC_TERM（10m秒）を超えた場合は信号の終了とみなします（記述❺）。

●信号を判別する方法

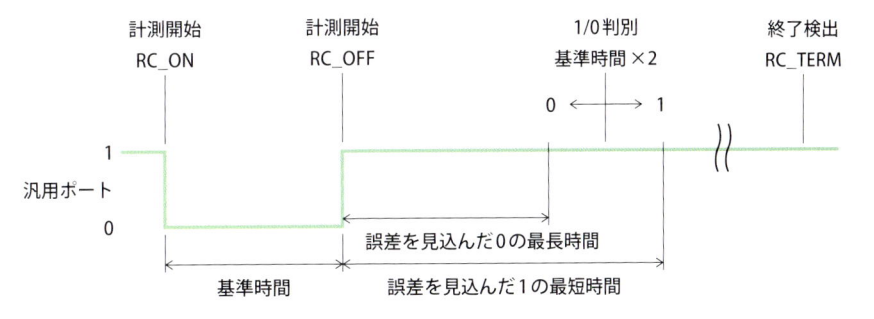

```
             計測開始          計測開始              1/0判別          終了検出
             RC_ON            RC_OFF              基準時間×2         RC_TERM
                                                   0 ←─→ 1
        1 ─┐                  ┌──────────────────────────────── ))
   汎用ポート │                  │
        0   └──────────────────┘
             ←─基準時間─→      ←──誤差を見込んだ0の最長時間──→
                               ←──誤差を見込んだ1の最短時間──→
```

信号の点滅と消灯は、リモコンによっては256回も繰り返されることになり、そのつどビットの値と時間を記憶するメモリの余裕がありません。そこで、ビットの値はバイトに複合します。時間は最大値と最小値だけを記憶しておいて（記述❹）、平均をとります。統計学的には中央値をとるべきですが、その方法でもメモリが足りません。

2─リモコン解析機

```c
   //信号のビットをバイトに複合
   j = i / 8;  //バイト位置を計算
   ir->code1[j] <<= 1;  //ビットを左へシフト
   if (soff > son * 2) {  //もし消灯時間が基準時間×2を超えていたら
     ir->code1[j] |= 1;  //ビットを1にする
     if (soff > lh)  //もし1の消灯時間が現在の最大値より長ければ
       lh = soff;  //最大値を更新
     else  //そうではなくて
     if (soff < sh)  //もし1の消灯時間が現在の最小値より短ければ
       sh = soff;  //最小値を更新
   } else {  //そうではなくて(消灯時間が基準時間×2を超えていなかった場合)
     if (soff > ll)  //もし0の消灯時間が現在の最大値より長ければ
       ll = soff;  //最大値を更新
     else  //そうではなくて
     if (soff < sl)  //もし0の消灯時間が現在の最小値より短ければ
       sl = soff;  //最小値を更新
   }
 }
//繰り返しをまっとうしたら信号が長すぎると判断
 return RC_ERR_TOOLONG;  //信号が長すぎるので打ち切り

EXIT1:  //終了処理
 if (i % 8)  //ビット数を8で割って余りが出たら
   return RC_ERR_NOTFIT;  //ビットがバイトに足りないので打ち切り

 ir->count1 = j + 1;  //1発めの信号のバイト数を記録
 ir->t = (lt + st) / 2;  //基準時間を計算
 ir->h = (lh + sh) / 2;  //1の消灯時間を計算
 ir->l = (ll + sl) / 2;  //0の消灯時間を計算

//2発めがあるかどうかを確認
 while (RC_ROFF)  //信号の消灯が終了するのを待つ
   if ((told - RC_COUNT) > RC_CONT)  //もし2発めがなければ
     return RC_ERR_NORMAL;  //正常終了

//2発めがある場合
 tnew = RC_COUNT;  //現在の時刻を記録
 ir->gap = told - tnew;  //1発めと2発めの間隔を記録
 told = tnew;  //次の計測を開始

//リーダの処理
 while (RC_RON);  //リーダの点滅が終了するのを待つ
 told = RC_COUNT;  //次の計測を開始
 while (RC_ROFF)  //リーダの消灯が終了するのを待つ
   if ((told - RC_COUNT) > RC_TERM)  //もし信号が終了したら
     return RC_ERR_ILLEGAL;  //未知の形式なので打ち切る
```

```
    tnew = RC_COUNT;   //現在の時刻を記録
    repeat = told - tnew;  //2発めのリーダの消灯時間を記録
    told = tnew;  //次の計測を開始

    //2発めが信号かどうかを確認 ———❼
    if ((repeat < ir->loff * 8 / 10) ||   //もしリーダの消灯時間が短いか
    (repeat > ir->loff * 12 / 10))  //リーダの消灯時間が長いなら
      return RC_ERR_NORMAL;  //リピートなので以降を無視して正常終了

    //2発めが信号の場合
    ir->multi = true;  //2発めフラグを立てる

    //信号の解析
    for (i = 0; i < RC_SIGLEN * 8; i++) {   //最大ビット数まで繰り返す
      //基準時間を計測
      while (RC_RON);  //信号の点滅が終了するのを待つ
      tnew = RC_COUNT;  //現在の時刻を記録
      son = told - tnew;  //基準時間を記録
      told = tnew;  //次の計測を開始
      //信号の消灯時間を計測
      while (RC_ROFF)  //信号の消灯が終了するのを待つ
        if ((told - RC_COUNT) > RC_TERM)  //もし信号が終了したら
          goto EXIT2;  //終了処理へ分岐
      tnew = RC_COUNT;  //現在の時刻を記録
      soff = told - tnew;  //信号の消灯時間を記録
      told = tnew;  //次の計測を開始
      //信号のビットをバイトに複合
      j = i / 8;  //バイト位置を計算
      ir->code2[j] <<= 1;  //ビットを左へシフト
      ir->code2[j] |= (son * 2 < soff);  //1/0を判定してビットに設定
    }
    return RC_ERR_TOOLONG;  //信号が長すぎるので打ち切り
EXIT2:  //終了処理
    if (i % 8)  //ビット数を8で割って余りが出たら
      return RC_ERR_NOTFIT;  //ビットがバイトに足りないので打ち切り
    ir->count2 = j + 1;  //2発めの信号のバイト数を記録
    return RC_ERR_NORMAL;  //正常終了
}
```

　信号の2発めが届いた場合、リーダの消灯期間を調べ、1発めに比べて±20%以上の差があったらリピートと判断して解析を終了します（記述❼）。そうでなければ確かに2発めですから、以降の信号を判別して記録します。2発めの処理は基本的に1発めと同じですが、要所の時間は1発めで計測しているため、2発めはもう計測しません。

```c
//赤外線を消灯する関数
inline void rc_tstop(){         ⑧
  Chip_SCTPWM_Stop(LPC_SCT);  //PWMを停止
  LPC_SCT->OUTPUT = 0;  //CTOUT0に0を出力
}

//リモコンの信号を再現する関数
void rc_transmit(irform_t *ir) {
  int i, j;  //ループカウンタ
  uint8_t code;  //信号

  //リーダを発射
  Chip_SCTPWM_Start(LPC_SCT);  //赤外線を点滅
  mrtSleep(ir->lon);  //リーダの点滅時間を作る
  rc_tstop();  //赤外線を消灯
  mrtSleep(ir->loff);  //リーダの消灯時間を作る

  //信号を発射
  for (i = 0; i < ir->count1; i++) {  //信号のバイト数だけ繰り返す
    code = ir->code1[i];  //信号を取得
    for (j = 0; j < 8; j++) {  //ビット数だけ繰り返す
      Chip_SCTPWM_Start(LPC_SCT);  //赤外線を点滅
      mrtSleep(ir->t);  //基準時間を作る
      rc_tstop();  //赤外線を消灯
      mrtSleep(code & 0x80 ? ir->h : ir->l);  //信号の消灯時間を作る
      code <<= 1;  //ビットを左にシフト
    }
  }

  //終了の信号を発射
  Chip_SCTPWM_Start(LPC_SCT);  //赤外線を点滅
  mrtSleep(ir->t);  //基準時間を作る
  rc_tstop();  //赤外線を消灯

  if (!ir->multi)  //もし2発めフラグが立っていなければ
    return;  //終了

  mrtSleep(ir->gap);  //1発めと2発めの間隔を作る

  //2発めのリーダを発射
  Chip_SCTPWM_Start(LPC_SCT);  //赤外線を点滅
  mrtSleep(ir->lon);  //リーダの点滅時間を作る
  rc_tstop();  //赤外線を消灯
  mrtSleep(ir->loff);  //リーダの消灯時間を作る
```

```
//2発めの信号を発射
for (i = 0; i < ir->count2; i++) {  //信号のバイト数だけ繰り返す
  code = ir->code2[i];  //信号を取得
  for (j = 0; j < 8; j++) {  //ビット数だけ繰り返す
    Chip_SCTPWM_Start(LPC_SCT);  //赤外線を点滅
    mrtSleep(ir->t);  //基準時間を作る
    rc_tstop();  //赤外線を消灯
    mrtSleep(code & 0x80 ? ir->h : ir->l);  //信号の消灯時間を作る
    code <<= 1;  //ビットを左にシフト
  }
}

//終了の信号を発射
Chip_SCTPWM_Start(LPC_SCT);  //赤外線を点滅
mrtSleep(ir->t);  //基準時間を作る
rc_tstop();  //赤外線を消灯
}
```

　信号の再現は、解析の結果に基づいて赤外線を点滅、消灯します。あらかじめPWMを38kHzにセットアップしてあり、点滅はこれを開始させます。消灯は2段階の手順を踏むため関数rc_tstopに記述しました（記述❽）。まずPWMを停止しますが、タイミングによっては赤外線LEDが点灯しっぱなしになるので、次に0を出力します。

```
//リモコンの信号を比較する関数
int rc_ircmp(irform_t *ir1, irform_t *ir2) {
  int i;  //ループカウンタ

  if ((ir1->count1 != ir2->count1) ||  //もし信号のバイト数が違うか
      (ir1->multi != ir2->multi))  //2発めフラグが違っていたら
    return -1;  //不一致で終了

  for (i = 0; i < ir1->count1; i++)  //信号のバイト数だけ繰り返す
    if (ir1->code1[i] != ir2->code1[i])  //もし信号が違っていたら
      return -1;  //不一致で終了

  if (!ir1->multi)  //もし2発めフラグが立っていなければ
    return 0;  //一致で終了
```

2―リモコン解析機

```
  if (ir1->count2 != ir2->count2)  //もし信号のバイト数が違っていたら
    return -1;  //不一致で終了

  for (i = 0; i < ir1->count2; i++)  //信号のバイト数だけ繰り返す
    if (ir1->code2[i] != ir2->code2[i])  //もし信号が違っていたら
      return -1;  //不一致で終了

  return 0;  //一致で終了
}
```

　信号の比較は1/0の並びが一致するかどうかを調べます。信号の形式（各部の時間）は調べません。この機能はリモコンを応用した製作物が受信した信号を解析ずみの信号と照合し、リモコンのどのボタンが押されたかを判定するために使います。リモコン解析機はそういう処理を必要としませんから、この機能を使いません。

⊕ リモコン解析機のプログラム

　リモコン解析機のプロジェクトiraProtoを作ります。目標は、リモコンの赤外線を受信して解析し、再現してテストすることです。やや古風な感じになりますが、操作や表示に非同期シリアルの端末を活用します。プロジェクトの構成を下に示します。あらかじめリモコン解析機が必要とする各種のハンドラをコピーしてあります。

●プロジェクトiraProtoの構成

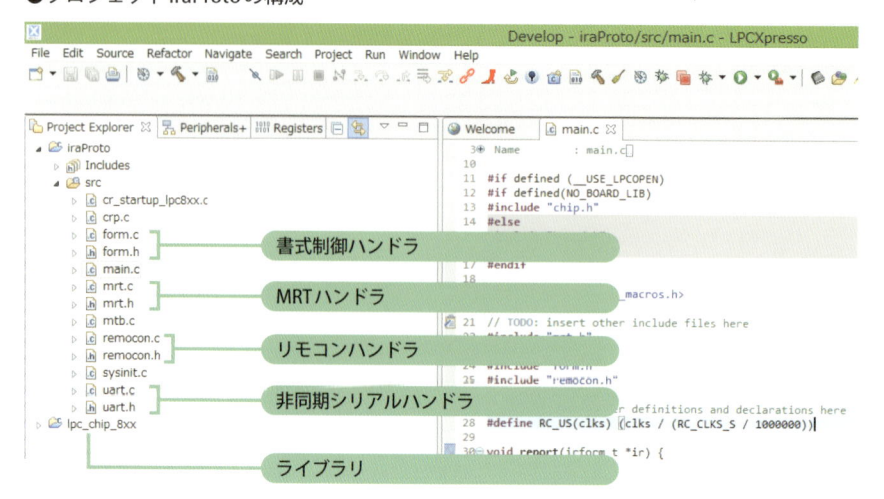

関数mainを含むソースmain.cの記述を下に示します。肝腎な処理をリモコンハンドラのほうに記述したので、こちらはその結果を受け取ってただ力任せに表示するという流れです。LPC810ならではの機能もすでにさんざんご覧いただいたスイッチマトリクスくらいしか使っていませんから、処理の内容はコメントで理解してください。

●プロジェクトiraProtoのソースmain.c

```c
// main.c

#include "chip.h"    //LPCOpenのヘッダ
#include "mrt.h"     //MRTハンドラのヘッダ
#include "uart.h"    //非同期シリアルハンドラのヘッダ
#include "form.h"    //書式制御ハンドラのヘッダ
#include "remocon.h" //リモコンハンドラのヘッダ

//クロック数からμ秒を得るマクロ
#define RC_US(clks) (clks / (RC_CLKS_S / 1000000))

//解析した結果を表示する関数
void report(irform_t *ir) {
  int i;  //ループカウンタ

  //信号の形式を表示
  uartPuts("Format: ");
  uartPuts(ir->lon < RC_FORM ? "IEHA, " : "NEC, ");
  uartPuts(ir->multi ? "multi" : "single");
  uartPuts(" shot.\r\nLeader ON:");
  uartPuts(formItoa(RC_US(ir->lon)));
  uartPuts(", OFF:");
  uartPuts(formItoa(RC_US(ir->loff)));
  uartPuts("\r\nSignal T:");
  uartPuts(formItoa(RC_US(ir->t)));
  uartPuts(", H:");
  uartPuts(formItoa(RC_US(ir->h)));
  uartPuts(", L:");
  uartPuts(formItoa(RC_US(ir->l)));
  uartPuts("\r\n");

  if (ir->multi)  //もし2発めがあるなら
    uartPuts("1st shot ");  //これが1発めであることを表示

  //信号を表示
  uartPuts(formItoa(ir->count1));
  uartPuts(" signals\r\n");
```

2—リモコン解析機

```c
    for (i = 0; i < ir->count1 - 1; i++) {
      uartPuts(formHex(ir->code1[i], 2));
      uartPuts((i + 1) % 8 ? ", " : "\r\n");
    }
    uartPuts(formHex(ir->code1[i], 2));
    uartPuts("\r\n");

    if (!ir->multi) //もし2発めがなければ
      return; //終了

    //2発めの情報を表示
    uartPuts("Gap:");
    uartPuts(formItoa(RC_US(ir->gap)));
    uartPuts("\r\n2nd shot ");
    uartPuts(formItoa(ir->count2));
    uartPuts(" signals\r\n");
    for (i = 0; i < ir->count2 - 1; i++) {
      uartPuts(formHex(ir->code2[i], 2));
      uartPuts((i + 1) % 8 ? ", " : "\r\n");
    }
    uartPuts(formHex(ir->code2[i], 2));
    uartPuts("\r\n");
}

int main(void) {
    uint8_t code1[RC_SIGLEN], code2[RC_SIGLEN]; //信号の配列
    irform_t ir; //信号の形式を定義する構造体
    ir.code1 = code1; //1発めの信号の配列を登録
    ir.code2 = code2; //2発めの信号の配列を登録
    bool analyzed = false; //解析ずみフラグ
    static const char *err_msg[] = { //エラーメッセージ
      "Time out.",
      "Illegal format.",
      "Too long.",
      "Bit lacked."
    };

    SystemCoreClockUpdate(); //システムクロックを登録

    //スイッチマトリクスでピンを設定
    Chip_Clock_EnablePeriphClock(SYSCTL_CLOCK_SWM);
    Chip_SWM_DisableFixedPin(SWM_FIXED_SWCLK); //SWCLK無効
    Chip_SWM_DisableFixedPin(SWM_FIXED_SWDIO); //SWDIO無効
    Chip_SWM_MovablePinAssign(SWM_U0_TXD_O, 4); //TXD
    Chip_SWM_MovablePinAssign(SWM_U0_RXD_I, 0); //RXD
    Chip_SWM_MovablePinAssign(SWM_CTOUT_0_O, 3); //CTOUT0
    Chip_Clock_DisablePeriphClock(SYSCTL_CLOCK_SWM);
```

```c
  uartSetup();   //非同期シリアルをセットアップ
  mrtSetup();   //MRTをセットアップ
  mrtSetupSleep();   //関数mrtWaitを無効にして関数mrtSleepを有効にする
  rc_setup(2);   //リモコンハンドラをセットアップ

  uartPuts("IR remocon analyzer\r\n");   //タイトルを表示

  while (1) {   //つねに繰り返す
    uint8_t c;   //入力された文字
    int ret;   //関数の戻値

    uartPuts("\r\nSelect [A]nalyze, [T]ransmit ");   //指示を表示
    c = uartGetch();   //1文字を入力
    uartPutch(c);   //入力された文字を表示
    uartPuts("\r\n");   //改行

    switch (c) {   //入力された文字によって分岐
    case 'A':   //「A」の場合
    case 'a':   //「a」の場合
      uartPuts("Ready.\r\n");   //解析できる状態にあることを表示
      ret = rc_receive(&ir);   //解析
      if (ret == RC_ERR_NORMAL){   //もし正常終了なら
        analyzed = true;   //解析ずみフラグを立てる
        report(&ir);   //解析した結果を表示
      } else {   //そう(正常終了)でなければ
        analyzed = false;   //解析ずみフラグを降ろす
        uartPuts("Error:");   //見出しを表示
        uartPuts(err_msg[ret + 4]);   //エラーメッセージを表示
        uartPuts("\r\n");   //改行
      }
      break;   //ここで打ち切り
    case 'T':   //「T」の場合
    case 't':   //「t」の場合
      if(!analyzed){   //もしまだ解析していなければ
        uartPuts("Not yet analyzed.\r\n");   //解析を促す
      } else {   //そうでなければ(解析ずみなら)
        rc_transmit(&ir);   //信号を再現
        uartPuts("Transmit done.\r\n");   //再現したことを表示
      }
      break;   //ここで打ち切り
    }
  }
  return 0;   //文法上の整合をとる記述
}
```

●iraProtoのプログラムのサイズ

フラッシュメモリに占めるバイト数

　iraProtoをビルドすると、上に示すとおりプログラムのサイズが4096バイトになります。これでLPC810のフラッシュメモリをきっちり使い切ってしまいました。本来なら解析の結果をEEPROMなどに保存したいのですが、もうそういう処理を書き加える余地がありません。解析の結果を記録したい場合はノートに手書きしてください。

⊕ リモコン解析機のテスト

　iraProtoの実行例を下に示します。解析はパソコンのキーボードで[a]を押してから（表示❶）、赤外線受光モジュールへ向けてリモコンのボタンを押します。解析の結果に基づいて信号を再現するには[t]を押します（表示❷）。家電製品がすぐ近くにあって赤外線LEDがそちらを向いていれば、本物のリモコンと同様に反応するはずです。

●iraProtoの実行例（リモコンはパイオニアのDVDプレーヤ）

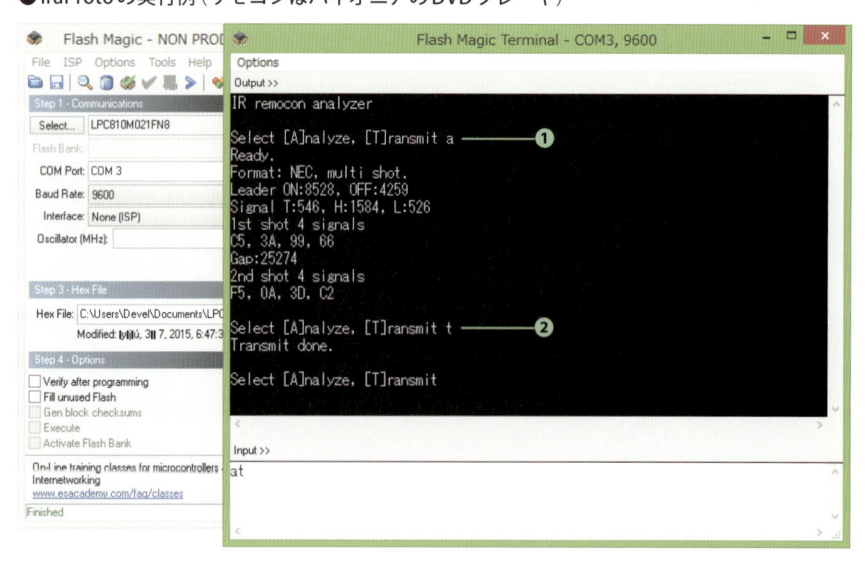

●複雑な信号を解析した例（リモコンはダイキンのエアコン）

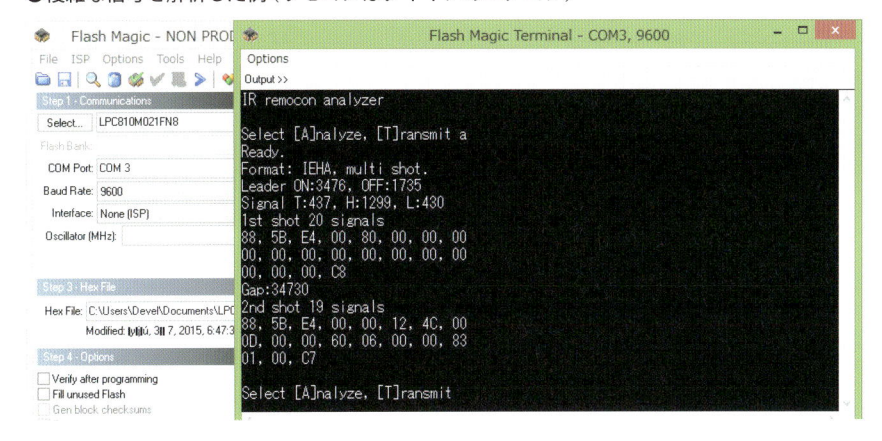

```
IR remocon analyzer

Select [A]nalyze, [T]ransmit a
Ready.
Format: IEHA, multi shot.
Leader ON:3476, OFF:1735
Signal T:437, H:1299, L:430
1st shot 20 signals
88, 5B, E4, 00, 80, 00, 00, 00
00, 00, 00, 00, 00, 00, 00, 00
00, 00, 00, C8
Gap:34730
2nd shot 19 signals
88, 5B, E4, 00, 00, 12, 4C, 00
0D, 00, 00, 60, 06, 00, 00, 83
01, 00, C7

Select [A]nalyze, [T]ransmit
```

　身の回りの家電製品で試した限り、ソニーの製品を除き、全部の解析と再現に成功しました。一般的な傾向として、テレビのリモコンは信号が単純で短く、エアコンは複雑で長いようです。最高に複雑な信号の解析結果を上に示します。1回のボタン操作で信号が2発発射され、1発めと2発めの長さが違い、全体で312ビットもあります。

　解析できた信号は確実に再現します。ただし、書き込み装置が60mAしか出力しないので到達距離が1.5m程度です。試しに、ブレッドボード側の電源を下に示すとおり単三乾電池2本にかえてみたところ、到達距離が測定限界（部屋の両端）まで伸び、赤外線LEDを垂直に立てたまま家電製品が反応しました。これでテストは成功です。

●ブレッドボード側の電源を電池にかえた例

2─リモコン解析機

chapter3
3 リモコンサーボ
PLUS ⊕ ONE――サーボモータの制御

[第3章]
実践応用編
Practical Application

⊕ リモコンサーボの概要

　前項ではリモコンを解析してLPC810で家電製品を動かしました。逆に、家電製品のリモコンでLPC810へ指示を出すこともできます。そういう使いかたをして面白いのは模型ですが、電子工作の本が生半可な技術で模型を作ったら模型の本に叱られます。ここでは、模型でよく利用されるサーボモータを潔くありのままの姿で動かします。

　製作例を下に示します。LPC810はテレビのリモコンの［←］、［決定］、［→］を記憶しています。ここへサーボモータをつなぐと、［←］で左へ少し、［→］で右へ少し、［決定］で中央へ回転します。電源電圧は原則5Vですが単三乾電池3本で動きます。リモコンでサーボモータを動かす製作物なので、安直ですが、リモコンサーボと呼びます。

●リモコンサーボの製作例

製作例の外観を下に示します。LPC810の右に赤外線受光モジュールがあってリモコンの信号を受信します。サーボモータは左の3ピン1列ピンヘッダにつなぎます。左上のターミナルブロックは5Vの電源を入力するところです。その電圧はサーボモータへ直接掛かり、また3.3Vの3端子レギュレータを経由してLPC810へ掛かります。

●製作例の外観

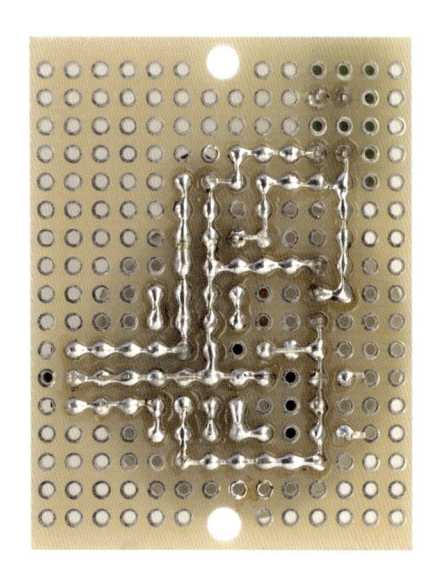

　サーボモータの動かしかたはどの製品でも同じです。ケーブルの端子配列は全部が同じではありませんが、ほぼ同じです。リモコンサーボは端子配列を大勢に合わせてあり、ほとんどのサーボモータを動かすことができます。実例では下に示すTower ProのSG90を動かします。価格が安く、とりあえず動かしてみるのに最適です。

●SG90の外観（ほかに付属品があります）

3―リモコンサーボ

● サーボモータの信号と回転角

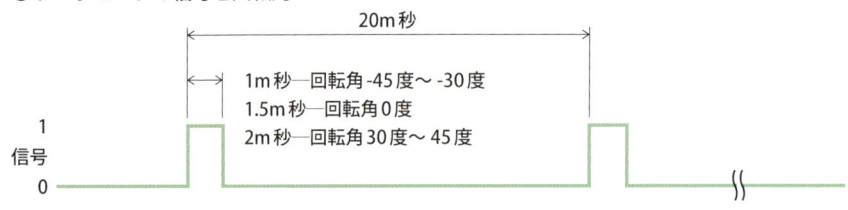

```
         20m秒
    1m秒─回転角-45度〜-30度
    1.5m秒─回転角0度
  1  2m秒─回転角30度〜45度
信号
  0
```

　サーボモータの信号と回転角の関係を上に示します。回転角は上向きのパルスの幅で決まります。通常、1.5m秒が中点、±0.5m秒が安全最大角です。これを毎秒50回の頻度で出力します。信号はよくPWMと説明されますが、正確さを欠きます。LPC810でいうと、SCTでPWMを出力するよりMRTでパルスを作るほうが理屈に忠実です。

⊕ リモコンサーボの設計と製作

　リモコンサーボの回路を下に示します。サーボモータは、通常、電源電圧が5Vです。LPC810は3.3Vで動かしますが、パルスは5Vでなければなりません。ピンをオープンドレインに設定し、内部のプルアップを取り消し、外部で5Vへプルアップします。リモコンに関係する回路は、単純に赤外線受光モジュールをつないであるだけです。

● リモコンサーボの回路

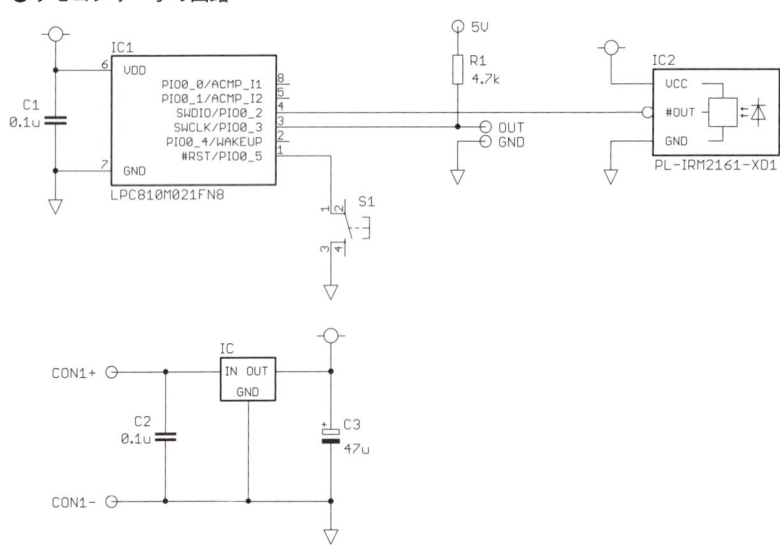

●配線図と部品表

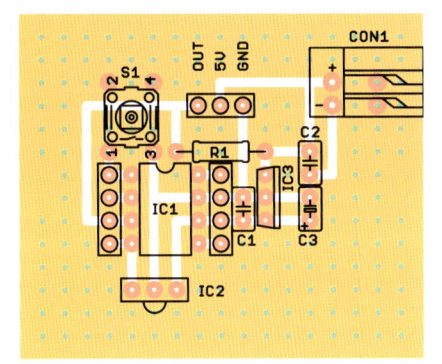

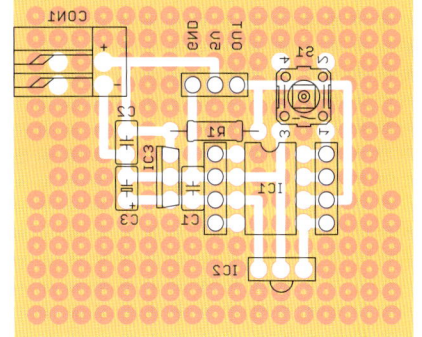

◆部品面 / **◆ハンダ面**

部品番号	仕様	数量	備考
IC1	LPC810M021FN8	1	マイコン
IC2	PL-IRM2161-XD1	1	赤外線受光モジュール
IC3	TA48M033F（東芝）	1	出力3.3V低損失3端子レギュレータ
R1	4.7kΩ	1	1/4Wカーボン抵抗
C1、C2	0.1μF	2	積層セラミックコンデンサ
C3	47μF	1	電解コンデンサ
S1	タクトスイッチ	1	製作例はDTS-6（Cosland）の黒
CON1	ターミナルブロック	1	製作例はTB401a-1-2-E（Alphaplus）
—	DIP8ピンICソケット	1	製作例は2227-8-3（Neltron）
—	4ピン1列ピンソケット	2	42ピン1列ピンソケットをカットして使用
—	3ピン1列ピンヘッダ	1	42ピン1列ピンヘッダをカットして使用
—	ユニバーサル基板	1	製作例はDタイプ（秋月電子通商）

　配線図と部品表を上に示します。3端子レギュレータはLPC810に電源を供給します。低損失の3端子レギュレータを使うと最低3.95Vで動き、電源に単三乾電池3本を使うことができます。コンデンサC2とC3は、もし3端子レギュレータとセットで販売されていたら、容量が少しくらい違っていてもいいので、それを使ってください。

⊕ リモコンサーボのプログラム

　リモコンサーボのプロジェクトirr810を作ります。目標は、リモコンの赤外線を受信して押されたボタンを判定し、サーボモータを左右に回転させたり中点へ戻したりすることです。プロジェクトの構成を下に示します。MRTハンドラはサーボモータのパルスを作ります。リモコンハンドラはリモコンの受信とボタンの判定に使います。

●プロジェクトirr810の構成

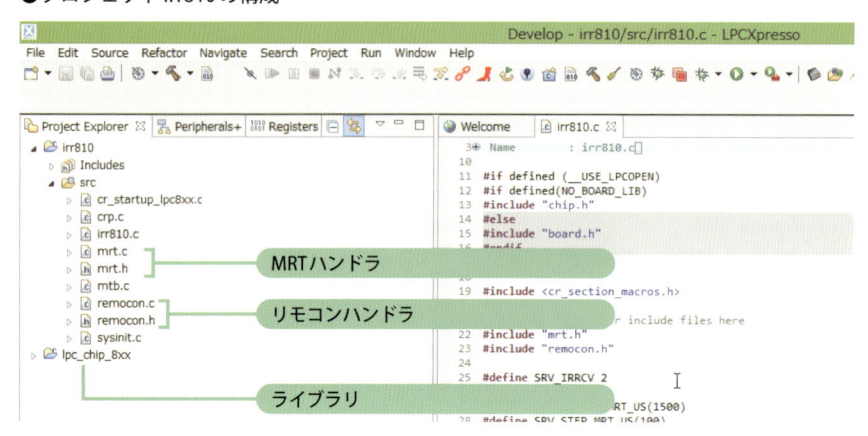

（スクリーンショット：LPCXpressoのProject Explorerで、irr810プロジェクト内にcr_startup_lpc8xx.c, crp.c, irr810.c, mrt.c, mrt.h, mtb.c, remocon.c, remocon.h, sysinit.cが表示されており、mrt.c/mrt.hは「MRTハンドラ」、remocon.c/remocon.hは「リモコンハンドラ」、lpc_chip_8xxは「ライブラリ」と注釈されている）

　関数mainを含むソースirr810.cの記述を下に示します。リモコンのボタンは解析ずみの信号（記述❶）と比較して判定します。お手元のリモコンを解析し、この部分を書き換えてください。このままだとシャープのテレビAQUOSのリモコンに反応します。汎用リモコンをお持ちなら、AQUOSに設定してこのままテストすることができます。

●プロジェクトirr810のソースirr810.c

```
// irr810.c

#include "chip.h"     //LPCOpenのヘッダ
#include "mrt.h"      //MRTハンドラのヘッダ
#include "remocon.h"  //リモコンハンドラのヘッダ

#define SRV_CENTER MRT_US(1500)   //中点のパルス幅
#define SRV_STEP   MRT_US(100)    //1回に増減するパルス幅

volatile uint32_t pulseWidth;  //パルス幅
```

[第3章] 実践応用編

```
//MRTのワンショットで呼び出される関数
void pulseStop() {
  Chip_GPIO_SetPinOutLow(LPC_GPIO_PORT, 0, 3);  //パルスを終了
}

//MRTのリピートで定期的に呼び出される関数
void pulseStart() {
  Chip_GPIO_SetPinOutHigh(LPC_GPIO_PORT, 0, 3);  //パルスを開始
  mrtOneshot(pulseWidth, pulseStop);  //遅延でパルスを終了
}

int main(void) {
  irform_t ir1;  //信号の形式を定義する構造体
  uint8_t code1[RC_SIGLEN], code2[RC_SIGLEN];  //信号の配列
  ir1.code1 = code1;  //1発めの信号の配列を登録
  ir1.code2 = code2;  //2発めの信号の配列を登録

  irform_t ir2;  //信号の形式を定義する構造体
  static uint8_t data[3][6] = {  //信号の配列 ──①
    {0x55, 0x5a, 0xf1, 0x48, 0x1b, 0x8f},  //右回転を指示するボタン
    {0x55, 0x5a, 0xf1, 0x48, 0x4a, 0x8b},  //中点復帰を指示するボタン
    {0x55, 0x5a, 0xf1, 0x48, 0xeb, 0x80}   //左回転を指示するボタン
  };
  ir2.count1 = 6;  //1発めの信号の数は6
  ir2.multi = false;  //2発めはない

  SystemCoreClockUpdate();  //システムクロックを登録

  //スイッチマトリクスでピンを設定
  Chip_Clock_EnablePeriphClock(SYSCTL_CLOCK_SWM);
  Chip_SWM_DisableFixedPin(SWM_FIXED_SWCLK);  //SWCLK無効
  Chip_SWM_DisableFixedPin(SWM_FIXED_SWDIO);  //SWDIO無効
  Chip_Clock_DisablePeriphClock(SYSCTL_CLOCK_SWM);

  //論理3番ピンをオープンドレインに設定
  Chip_Clock_EnablePeriphClock(SYSCTL_CLOCK_IOCON);
  Chip_IOCON_PinSetMode(LPC_IOCON, IOCON_PIO3, PIN_MODE_INACTIVE);
  Chip_IOCON_PinEnableOpenDrainMode(LPC_IOCON, IOCON_PIO3);
  Chip_Clock_DisablePeriphClock(SYSCTL_CLOCK_IOCON);

  //汎用ポートをセットアップ
  Chip_GPIO_SetPinDIROutput(LPC_GPIO_PORT, 0, 3);  //出力に設定

  rc_setup(2);  //リモコンハンドラをセットアップ
  mrtSetup();  //MRTをセットアップ
  mrtSetupSleep();  //関数mrtWaitを無効にして関数mrtSleepを有効にする
```

```
//デモの動作 ————②
pulseWidth =  MRT_US(2000);  //左の安全最大角へ回転
mrtRepeat(MRT_MS(20), pulseStart);  //MRTのリピートを開始
mrtSleep(MRT_MS(1000));  //1秒停止
pulseWidth = MRT_US(1000);  //右の安全最大角へ回転
mrtSleep(MRT_MS(1000));  //1秒停止
pulseWidth = SRV_CENTER;  //中点へ戻す

while (1) {  //つねに繰り返す
  int i;  //ループカウンタ

  //リモコンの受信に成功するまで繰り返す
  while(rc_receive(&ir1));  ————③

  for(i = 0; i < 3; i++){  //ボタンの数だけ繰り返す
    ir2.code1 = data[i];  //解析ずみ信号を設定

    if(rc_ircmp(&ir1, &ir2) == 0){  //もし受信した信号と一致したら
      switch(i){  //ボタンによって分岐 ————④
      case 0:  //0の場合
        pulseWidth += SRV_STEP;  //右へ1段階回転
        break;  //ここで打ち切り
      case 1:  //1の場合
        pulseWidth = SRV_CENTER;  //中点へ戻す
        break;  //ここで打ち切り
      case 2:  //2の場合
        pulseWidth -= SRV_STEP;  //左へ1段階回転
        break;  //ここで打ち切り
      }
      break;  //ここで打ち切り
    }
  }
}
return 0;  //文法上の整合をとる記述
}
```

　起動するとまずサーボモータを左に振り、右に振り、中央で止めます（記述❷）。これは安全最大角の確認を兼ねたデモです。そのあと永久ループに入ります。ここで、リモコンの信号を受信し（記述❸）、ボタンを判定してサーボモータを動かします（記述❹）。信号の受信は1分30秒で時間切れになるため、成功するまで繰り返す必要があります。

⊕ リモコンサーボのテスト

　リモコンサーボでirr810を実行し、リモコン操作に反応してサーボモータが回転角をかえることを確認しました。代表的な信号の波形を下に示します。irr810はパルス幅を制限しておらず、どこまでいけるか試すことができます。SG90は安全最大角を大きく超えて動作し、パルス幅5m秒で回転角が-90度、25m秒で90度となりました。

●オシロスコープで観測した波形

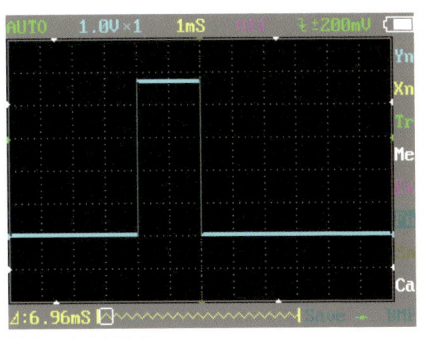

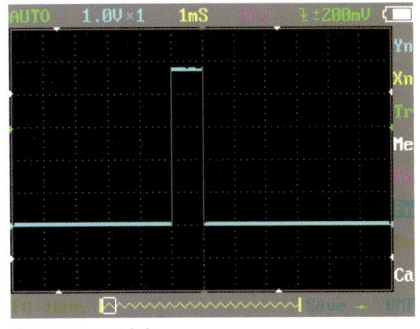

⬆左の安全最大角　　　　　　　　　⬆右の安全最大角

　リモコンの信号は少なくとも7mまで届きます。それ以上だともう届いているのかどうかよく見えません。近い距離なら鏡に反射させて動かすことができます。また、下に示すとおり、透明な物体が遮っても大丈夫です。リモコンサーボを屋外に置いてアクリルケースで守れば雨の日に室内からのリモコン操作でもちゃんと動きます。

●アクリルケースが遮った状態で動かした例

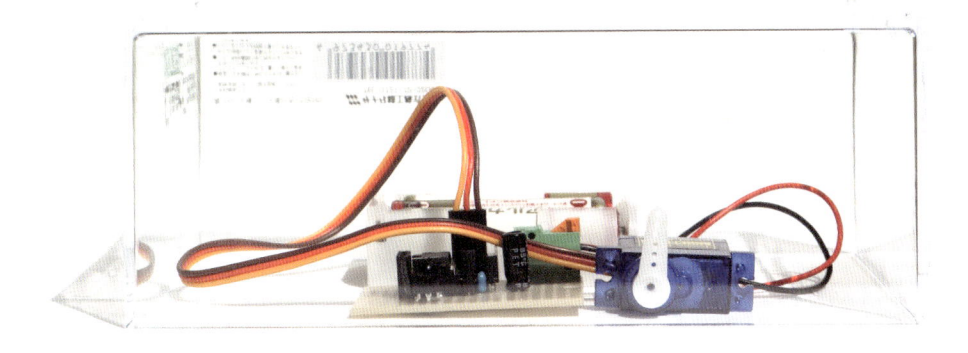

3―リモコンサーボ

chapter3 4 傾き検出器
PLUS ⊕ ONE ── ADXL345 ハンドラの制作

[第3章]
実践応用編
Practical Application

⊕ 傾き検出器の概要

　スマホを横にしたとき表示も横になるのは内部の加速度センサが傾きを検出するからです。加速度センサはぶんぶん振り回さない限り重力加速度を測定する事実上の傾き検出器です。現在、ゲーム機などへ活躍の場を広げていますが、まだ日の目を見ない応用がたくさんありそうです。まずは単体で動作させ、感度や精度を調べてみます。

　題材はアナログデバイセスのADXL345です。手作業だと絶対にハンダ付けできないパッケージなので、関連の部品とともにピッチ変換基板に取り付けた慈渓博瑞の加速度センサモジュールを使います。製作例を下に示します。加速度センサモジュールをブレッドボードに乗せ、書き込み装置に取り付けたままのLPC810で制御します。

● 傾き検出器の製作例

● ADXL345（写真は加速度センサモジュール）の外観と主要な仕様

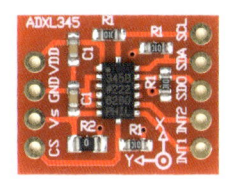

項目	仕様
測定範囲	X軸、Y軸、Z軸とも最大±16g
測定精度	10ビットまたは13ビット、分解能3.9mg
インタフェース	I²C/SPI、400kビット/秒、I²Cのアドレスは0x1cまたは0x1d
電源電圧	2V～3.6V
消費電流	測定時最小23μA、スタンバイ時0.1μA

　ADXL345の外観と主要な仕様を上に示します。X軸、Y軸、Z軸を同時に測定し、それぞれ最大±16g、最長13ビットの符号付き整数で表現します。インタフェースはI²CまたはSPIです。加速度センサモジュールの場合、買ったままの状態で使うと（付属のピンヘッダは取り付けてください）、インタフェースがI²Cになります。

⊕ 傾き検出器の設計と製作

　傾き検出器の回路を下に示します。加速度センサモジュールは内部の配線によりインタフェースがI²C、アドレスが0x1dとなり、信号線もプルアップされます。LPC810は、論理2番ピンをSDA、論理3番ピンをSCLに割りあてて加速度センサモジュールとつなぎます。これで配線の変更なしにプログラムの書き換えと再実行ができます。

● 傾き検出器の回路

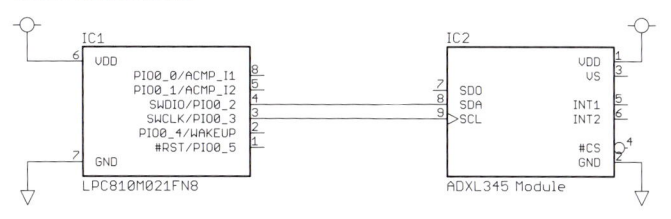

●配線図と部品表（ブレッドボード側）

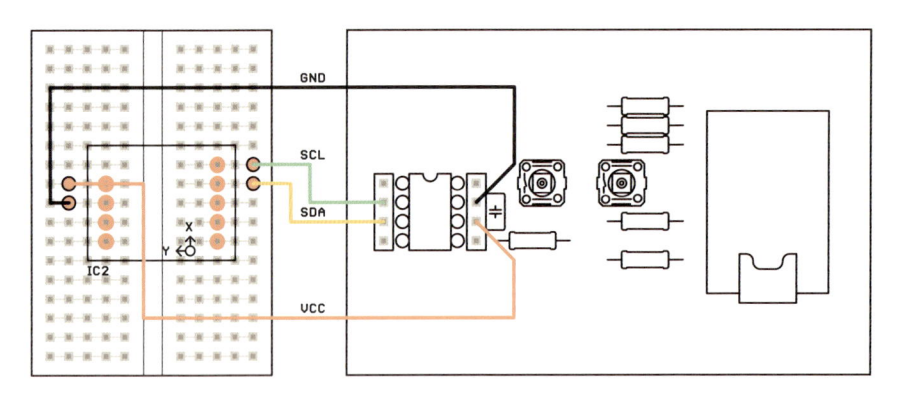

部品番号	仕様	数量	備考
IC2	ADXL345	1	加速度センサモジュール
—	BB-601（WANJIE）	1	ブレッドボード

　配線図と部品表を上に示します。加速度センサモジュールは基板にX軸とY軸の向きがシルク印刷されています。その向きを配線図と一致させてください。基板の裏側のソルダパッドはすべてオープン（買ったままの状態）です。製作に細ピンヘッダを使いますが、加速度センサモジュールに付属しているため、部品表に記載していません。

⊕ ADXL345の内部構造

　ADXL345は内部に30本のレジスタをもち、その読み書きに応じて動作します。下に示すとおり、マスタがアドレスの直後に書き込んだ値はレジスタ番号とみなされ、続く読み書きの対象となります。また、そのまま読み書きを続けるとレジスタ番号が自動的に増加します。したがって、並んだレジスタは連続的に読み書きができます。

●特定のレジスタを読み書きする手順

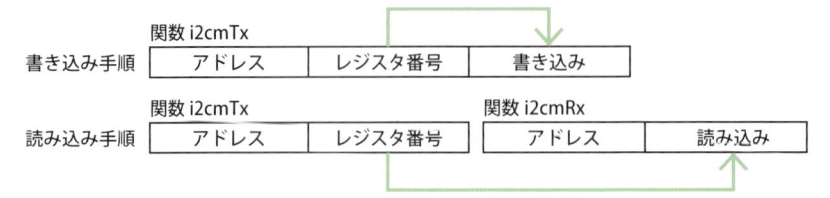

218　　　　　　　　　　　　　　　　　　　　　　　　　　　［第3章］実践応用編

測定の動作に関係するレジスタは下に示す3本です。レジスタ番号0x2cのレジスタは、測定頻度を設定します。通常は初期値(0x0a)のままとします。レジスタ番号0x2dのレジスタは、0x80を書き込むと測定を開始し、0でスリープします。レジスタ番号0x31のレジスタは、0x0bを書き込んだとき最大の測定範囲と最高の精度になります。

● 測定の動作に関係するレジスタ

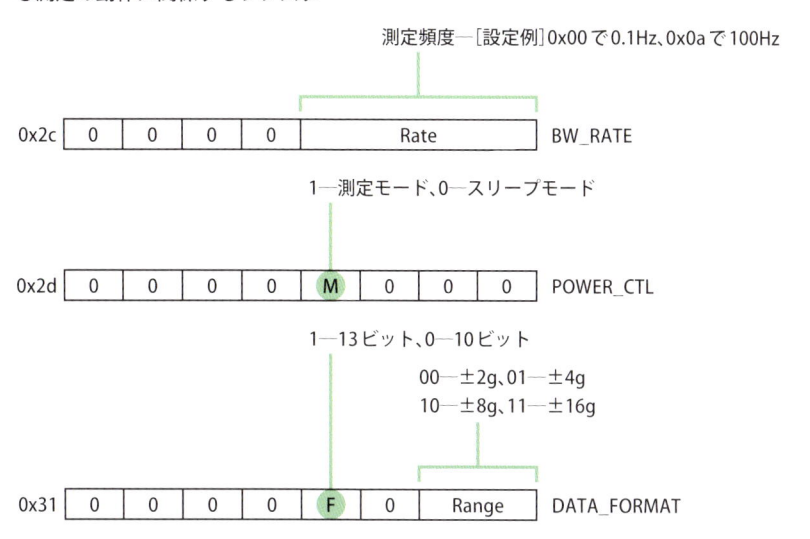

測定頻度―［設定例］0x00で0.1Hz、0x0aで100Hz

| 0x2c | 0 | 0 | 0 | 0 | Rate | BW_RATE |

1―測定モード、0―スリープモード

| 0x2d | 0 | 0 | 0 | 0 | M | 0 | 0 | 0 | POWER_CTL |

1―13ビット、0―10ビット

00―±2g、01―±4g
10―±8g、11―±16g

| 0x31 | 0 | 0 | 0 | 0 | F | 0 | Range | DATA_FORMAT |

測定結果は下に示す6本のレジスタが保持します。X軸、Y軸、Z軸とも2バイトの符号付き整数で、下位バイト、上位バイトの順に並んでいます。読み出し中に次の測定結果が書き込まれることを防ぐため、この6本は連続的に読み出す必要があります。そのあと2本ずつつないで、X軸、Y軸、Z軸の2バイトの符号付き整数を復元します。

● 測定結果を保持するレジスタ

0x32	X軸の測定結果の下位バイト	DATAX0
0x33	X軸の測定結果の上位バイト	DATAX1
0x34	Y軸の測定結果の下位バイト	DATAY0
0x35	Y軸の測定結果の上位バイト	DATAY1
0x36	Z軸の測定結果の下位バイト	DATAZ0
0x37	Z軸の測定結果の上位バイト	DATAZ1

4―傾き検出器

まだ紹介していない残り21本のレジスタは、なければないでどうにかなる機能を設定します。たとえば、電力制御はやらなくても消費電流が140μAです。割り込みは、やるとLPC810のピンを余計に使います。FIFOは加速度の変化を超高頻度で記録してあとから読み出す機能ですから、リアルタイムで傾きを捉える使いかたに向きません。

⊕ ADXL345の制御

傾き検出器のプログラムのうちADXL345を制御する部分は今後の製作物に流用できると便利なのでADXL345ハンドラに切り分けます。そのヘッダadxl345.hの記述を下に示します。関数aclSetupでセットアップし、関数aclReadAxisで加速度を取得する想定です。必要なら、関数aclWriteと関数aclReadを使って全部の制御ができます。

● ADXL345ハンドラのヘッダadxl345.h

```
// adxl345.h

#define ACL_ADRS (0x1d << 1)   //ADXL345のアドレス

//aclWrite―レジスタへデータを書き込む
// 引数: reg―レジスタ、data―データ
void aclWrite(uint8_t reg, uint8_t data);

//aclRead―レジスタからデータを読み込む
// 引数: reg―レジスタ
// 戻値: データ
uint8_t aclRead(uint8_t reg);

//aclSetup―ADXL345をセットアップする
void aclSetup(void);

//aclReadAxis―X軸、Y軸、Z軸の加速度を取得する
// 引数: x, y, z―X軸、Y軸、Z軸の加速度を保持する変数
void aclReadAxis(int16_t *x, int16_t *y, int16_t *z);

#endif
```

ソースadxl345.cの記述を右に示します。関数aclSetupはADXL345を最大の測定範囲と最高の精度に設定して測定を開始します（記述❶）。これで各軸とも±16gまで測定し、±4095までの値で知らせます。傾きは±1gなので、-255〜255の値をとります。傾きに限ると測定範囲の設定が広すぎますが、狭めても利点がありません。

● ADXL345ハンドラのソース adxl345.c

```c
// adxl345.c

#include "chip.h"        //LPCOpenのヘッダ
#include "i2cm.h"        //I2Cマスタハンドラのヘッダ
#include "adxl345.h"     //ADXL345ハンドラのヘッダ

//レジスタへデータを書き込む関数
void aclWrite(uint8_t reg, uint8_t data){
  uint8_t buf[3];  //書き込み用バッファ

  buf[0] = ACL_ADRS;   //アドレス
  buf[1] = reg;        //レジスタ番号
  buf[2] = data;       //データ
  i2cmTx(buf, 3);      //3バイトを書き込む
}

//レジスタからデータを読み込む関数
uint8_t aclRead(uint8_t reg){
  uint8_t buf[3];  //読み書き用バッファ

  buf[0] = ACL_ADRS;   //アドレス
  buf[1] = reg;        //レジスタ番号
  i2cmTx(buf, 2);      //2バイトを書き込む
  i2cmRx(buf, 1);      //アドレス+1バイトを読み込む
  return buf[1];       //データを持ち帰る
}

//ADXL345をセットアップする関数
void aclSetup(){
  aclWrite(0x31, 0x0b);  //最大の測定範囲と最高の精度に設定 ──①
  aclWrite(0x2d, 0x08);  //測定を開始
}

//X軸、Y軸、Z軸の加速度を取得する関数
void aclReadAxis(int16_t *x, int16_t *y, int16_t *z){
  uint8_t buf[7];

  buf[0] = ACL_ADRS;   //アドレス
  buf[1] = 0x32;       //レジスタ番号
  i2cmTx(buf, 2);      //2バイトを書き込む
  i2cmRx(buf, 7);      //アドレス+6バイトを読み込む
  *x = buf[1] | ((uint16_t)buf[2] << 8);  //X軸の加速度
  *y = buf[3] | ((uint16_t)buf[4] << 8);  //Y軸の加速度
  *z = buf[5] | ((uint16_t)buf[6] << 8);  //Z軸の加速度
}
```

関数aclReadAxisはX軸、Y軸、Z軸の加速度を読み出し、それぞれ、2バイトの符号付き整数に復元します。共用体で復元できるように測定結果のレジスタが下位バイト、上位バイトの順で並んでいますが、LPC810のROMにあるI^2Cの制御機能が配列の先頭にアドレスを入れてこの配慮を台無しにします。止むなく無粋な計算をしています。

⊕ 傾き検出器のプログラム

　傾き検出器のプロジェクトaclProtoを作ります。目標はADXL345から毎秒1回、加速度を読み出してパソコンの端末に表示することです。ADXL345の傾きは手でかえて表示の変化を見ます。プロジェクトの構成を下に示します。書き込み装置のハードウェアを動かす各種のハンドラに加え、ADXL345ハンドラをコピーしてあります。

●プロジェクトaclProtoの構成

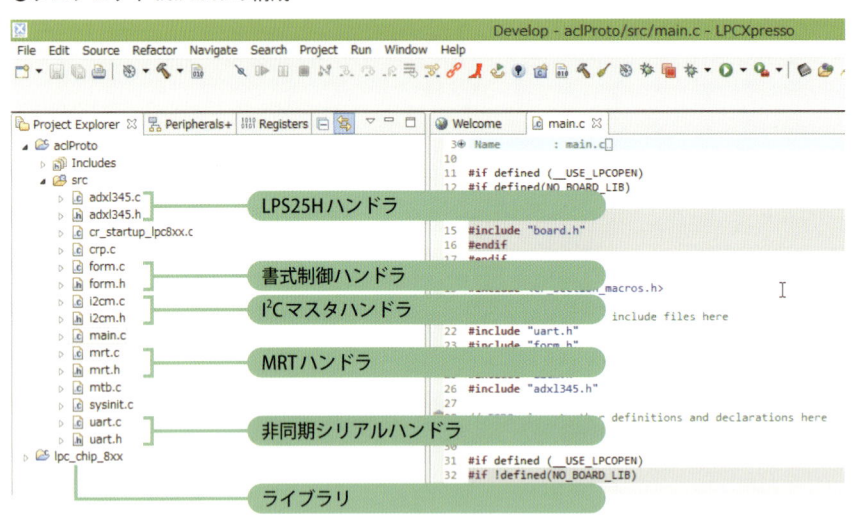

　関数mainを含むソースmaincの記述を右に示します。加速度の読み出しと表示は、一連の処理の最後にある永久ループの中で繰り返します。その前にひとつ、加速度ではないデータを取り扱う例があります（記述❶）。レジスタ番号0のレジスタはIDを保持しており、これを読み出すと、ADXL345の場合は0xe5（8進数の0345）になります。

●プロジェクト aclProto のソース main.c

```c
// main.c

#include "chip.h"       //LPCOpenのヘッダ
#include "uart.h"       //非同期シリアルハンドラのヘッダ
#include "form.h"       //書式制御ハンドラのヘッダ
#include "mrt.h"        //MRTハンドラのヘッダ
#include "i2cm.h"       //I²Cマスタハンドラのヘッダ
#include "adxl345.h"    //ADXL345ハンドラのヘッダ

int main(void) {
  SystemCoreClockUpdate();  //システムクロックを登録

  //スイッチマトリクスでピンを設定
  Chip_Clock_EnablePeriphClock(SYSCTL_CLOCK_SWM);
  Chip_SWM_DisableFixedPin(SWM_FIXED_SWCLK); //SWCLK無効
  Chip_SWM_DisableFixedPin(SWM_FIXED_SWDIO); //SWDIO無効
  Chip_SWM_MovablePinAssign(SWM_I2C_SDA_IO, 2); //SDA
  Chip_SWM_MovablePinAssign(SWM_I2C_SCL_IO, 3); //SCL
  Chip_SWM_MovablePinAssign(SWM_U0_TXD_O, 4); //TXD
  Chip_SWM_MovablePinAssign(SWM_U0_RXD_I, 0); //RXD
  Chip_Clock_DisablePeriphClock(SYSCTL_CLOCK_SWM);

  i2cmSetup(); //I²Cマスタをセットアップ
  aclSetup();  //ADXL345をセットアップ
  uartSetup(); //非同期シリアルをセットアップ
  mrtSetup();  //MRTをセットアップ

  uartPuts("ADXL345 ID:"); //タイトルを表示
  uartPuts(formHex(aclRead(0), 2)); //IDを表示 ───①
  uartPuts("\r\n"); //改行

  while(1){ //つねに繰り返す
    int16_t x, y, z; //加速度

    aclReadAxis(&x, &y, &z); //加速度を読み出す
    uartPuts("X:"); //ラベルを表示
    uartPuts(formDec(x, 4, 0)); //X軸の加速度を表示
    uartPuts(", Y:"); //ラベルを表示
    uartPuts(formDec(y, 4, 0)); //Y軸の加速度を表示
    uartPuts(", Z:"); //ラベルを表示
    uartPuts(formDec(z, 4, 0)); //Z軸の加速度を表示
    uartPuts("\r\n"); //改行
    mrtWait(MRT_MS(1000)); //1秒停止
  }
  return 0 ; //文法上の整合をとる記述
}
```

4─傾き検出器

⊕ 傾き検出器のテスト

　aclProtoの実行例を下に示します。最初にIDを表示し、以降、X軸、Y軸、Z軸の傾きを表示し続けます。ADXL345は見たところ水平な机の上に置いてあるのですが、実際は少し傾いていたようです。たいへん感度が高く、手に持ってぴったり水平に保つことは困難です。傾き検出器は、それに挑戦するゲーム機だといっても通用しそうです。

●aclProtoの実行例

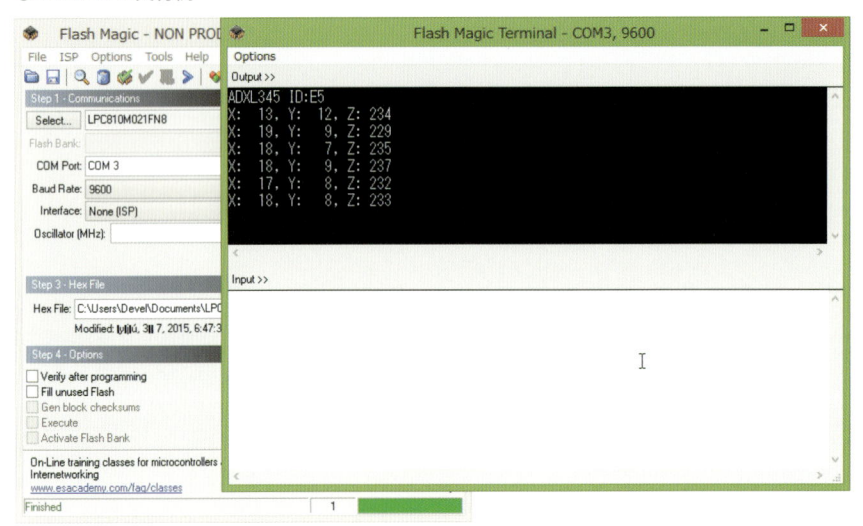

　ADXL345をぴったり水平にすると、X軸とY軸の値が0になります。Z軸は、普通の状態で255、ADXL345を裏返したとき-255です。ADXL345を万力でしっかり固定しても、各軸の値に±2くらいのブレが見られます。姿勢制御などに応用する場合、多少のアソビを見込む必要がありそうです。傾き検出器は期待どおり動作しました。

NOTE [column]

ブレッドボードは刹那の芸術

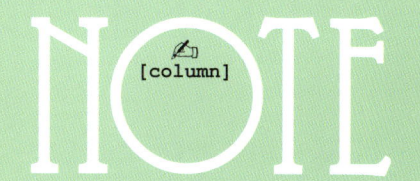

　電子工作にブレッドボードを使うスタイルは、記憶でいうと、Arduinoとともにヨーロッパからやってきました。それまでブレッドボードは何かの実験で間に合わせに使う道具という位置付けでした。確かに小さな回路はブレッドボードに組み立てればすぐ完成しますから、本書も新しい風に乗り、多くの製作例でブレッドボードを使っています。しかし、ボクはずっとユニバーサル基板でやってきたので、正直まだ戸惑いがあります。

　ブレッドボードとユニバーサル基板は組み立ての流儀にいくつかの根本的な違いがあります。たとえば、ユニバーサル基板は部品を整然と並べますが、ブレッドボードでそれをやると余計なジャンパを使います。ブレッドボードは部品が斜めを向こうが脚を曲げる位置が不揃いになろうが、狙った穴へ直接挿すほうを優先します。ボクの身に染み付いた感覚は、抵抗を斜めに挿すことに抵抗を示し、ブレッドボードでついユニバーサル基板のような組み立てかたをしてしまいます。

　いちばん困るのが、いずれバラすという前提で組み立てなければならないことです。ボクはこれまでどんなに小さな回路でも丹精込めて組み立ててきました。

↑バラさずに保管してある製作物

電子工作に取り組む姿勢をどうこういうつもりはありません。熱中できる時間がとても楽しいという話です。どうせバラすのだからそこまで頑張らなくていいといわれたら楽しみかたがわかりません。

　ありがたいことに最近は小型で安価なブレッドボードが登場し、いずれバラすという前提は、必ずしもそうではなくなりました。モノによってはユニバーサル基板より安く、組み立てた状態でとっておけるからです。とっておけるとわかったら、案外、とっておかないものです。ボクの感覚がいよいよブレッドボードに慣れてきたのでしょうか。あるいは、氷の彫刻のような、刹那の芸術を理解できる領域に達したのかも知れません。

4—傾き検出器

chapter3 5 水平維持装置
PLUS ⊕ ONE ── 直流モータとモータドライバ

[第3章]
実践応用編
Practical Application

⊕ 水平維持装置の概要

　機械系の製作物が人にできない動作をすると感動もひとしおです。前項で製作した傾き検出器は手に持ってぴったり水平に保つことが困難でした。それを水平にして滅多なことでは傾けない、水平維持装置を作ります。もう少し頑張れば直立歩行ロボットやドローンになると思いますが、そこまではやらず、ただの関節に全力を注ぎます。

　製作例を下に示します。ユニバーサル基板に乗っているのはLPC810とADXL345、そして2個のモータドライバです。この下にX軸とY軸を受け持つ直流モータがあり、模型（ロボット）の世界でいう関節を構成しています。LPC810はADXL345から傾きの情報を取得し、モータドライバへ信号を送り、関節を動かして水平を保ちます。

●製作例の外観（電子系）

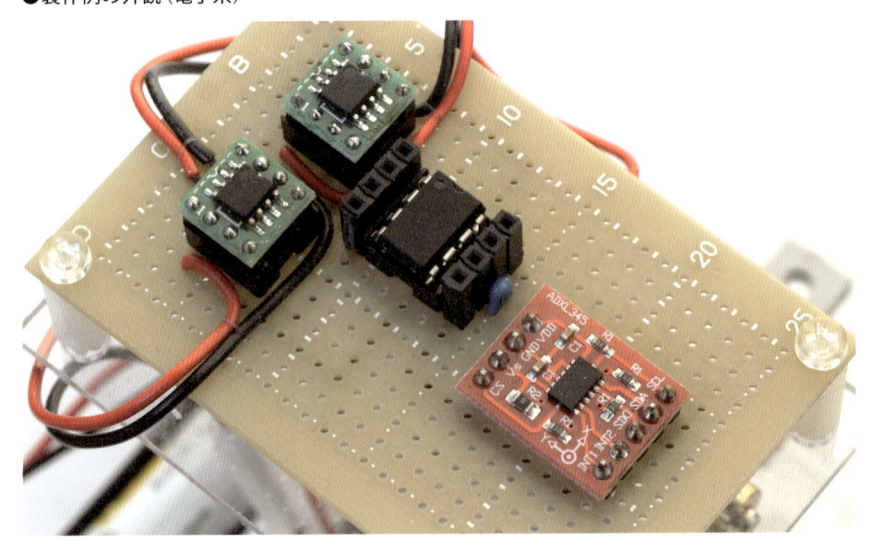

●製作例の外観（機械系）

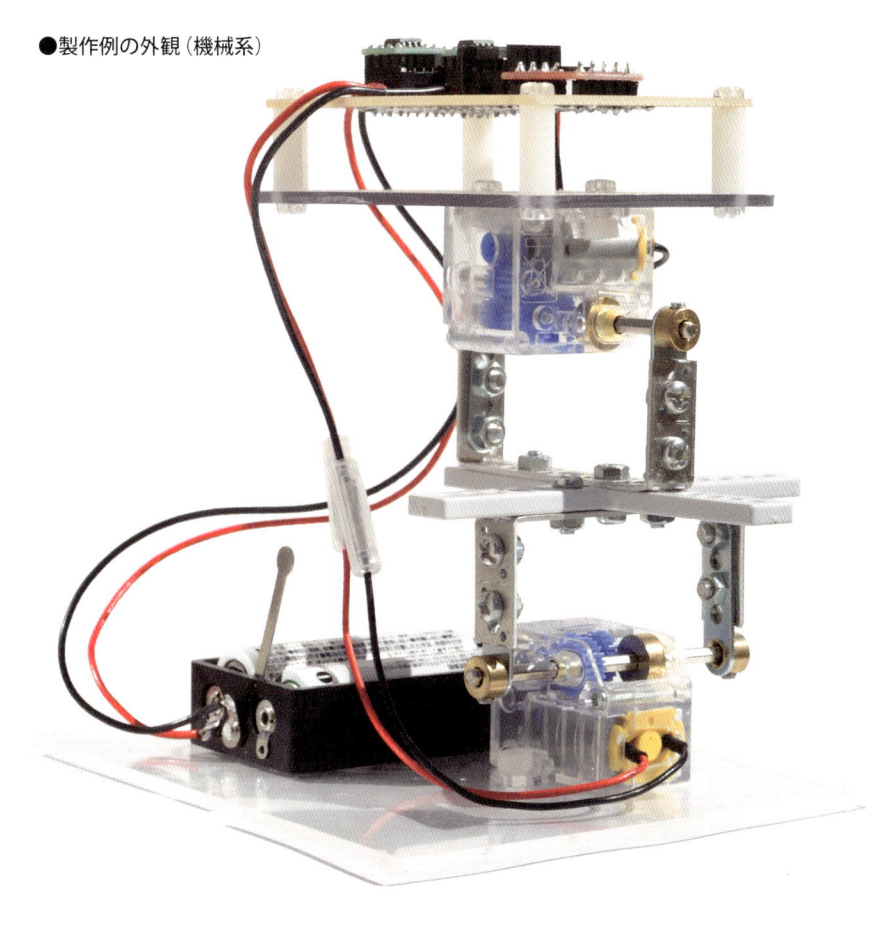

　製作例の構造を上に示します。ふたつの直流モータが90度ひねった位置関係で向き合っていて、上がX軸、下がY軸を受け持ちます。電源は単三乾電池2本です。電源と直流モータの間にモータドライバが入り、正転、逆転、空転（自然停止）と回転速度の調整をします。水平に近付いたら回転速度を落とし、より丁寧に動かします。

⊕ 水平維持装置の設計

　電子系と機械系は電気に対する感覚が違います。電子系の主流は電源電圧3.3Vの省エネ志向ですが、サーボモータは5V、直流モータは電力を盛大に消費します。ここは機械系に歩み寄ってもらいます。電源電圧は3V前後、回路は無理のない範囲でなるべく大きな負荷に対応し、出来上がった特性を見て、適合する直流モータを探します。

電源電圧の関係でサーボモータではなく直流モータのほうを選んだので、モータドライバを使って回転を木目細かく制御します。製作例のモータドライバはロームのBD6211です。外観と主要な仕様を下に示します。3.3Vで動作し、1Aの負荷に耐え、一般的な制御のほか回転速度の調整ができます。水平維持装置にちょうどいい製品です。

●BD6211の外観と主要な仕様

項目	仕様
駆動方式	Hフルブリッジドライバ×1回路
制御機能	正転、逆転、空転、ブレーキ、PWMによる回転速度調整
スイッチング特性	標準オン抵抗1Ω、許容損失0.687W
回転速度制御	PWM（20kHz～100kHz）またはVref電圧（1.5V～5.5V）
電源電圧	推奨3.0V～5.5V、絶対最大定格7V
出力電流	最大1A

BD6211はピンの間隔が狭く、そのままではユニバーサル基板に取り付けられません。下に示すとおり、秋月電子通商のピッチ変換基板AE-SOP8-DIP8に取り付けて使います。向きは、BD6211のインデックスをピッチ変換基板にシルク印刷されたインデクス（実線の凹み）と一致させます。両端のピンヘッダは、細ピンヘッダを推奨します。

●AE-SOP8-DIP8とこれにBD6211を取り付けた状態

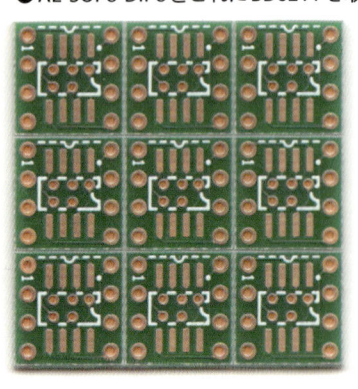

モータドライバの出力が1Aなので、それ以下で動く直流モータを選びます。最大が1Aだと適正負荷時は300mA前後です。この条件を満たすのはタミヤのミニモーターくらいしかありません。製作例ではミニモーターとギヤボックスを組み合わせたミニモーター低速ギヤボックス（4速）を使いました。外観と主要な仕様を下に示します。

●ミニモーター低速ギヤボックス（4速）の外観と主要な仕様

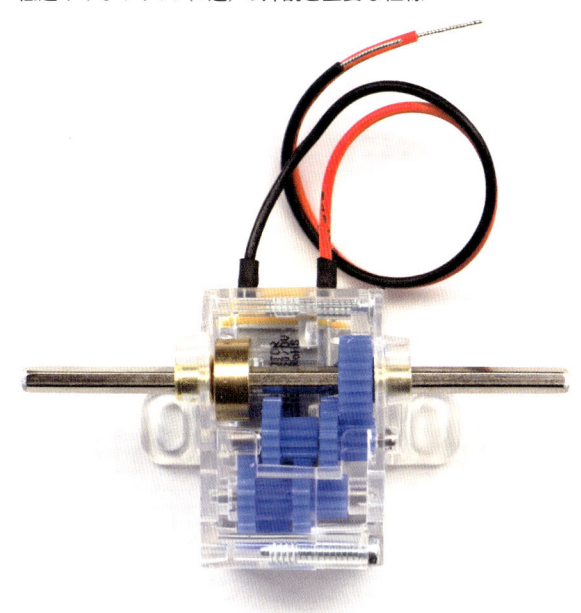

項目	仕様			
駆動用モータ	ミニモーター（カーボンブラシ小型直流モータ）			
適正電圧	3.0V			
消費電流	適正負荷時280mA			
ギヤ比	71.4:1	149.9:1	314.9:1	661.2:1
回転数	88rpm	42rpm	20rpm	9rpm
トルク	236gf・cm	470gf・cm	866gf・cm	1455gf・cm

　ミニモーター低速ギヤボックス（4速）は組み立てにあたり4種類のギヤ比を選べます。製作例はいちばん低速でもっとも強力に動くギヤ比661.2:1としました。ミニモーターは模型でも船のスクリューなど負荷の軽いところで使われる非力な直流モータですが、ギヤで実質的なトルクが上がり、関節をラクラクと動かします。

5―水平維持装置

水平維持装置の回路を下に示します。BD6211は、Vrefを電源につないだ場合、FINで正転、RINで逆転のPWMを受け取ります。これを電力増幅して直流モータへ送り、デューティ比に応じた速度で回転させます。LPC810は論理2番ピン〜論理5番ピンにPWMを出力し、BD6211を介して、X軸とY軸の正転、逆転、空転、速度を制御します。

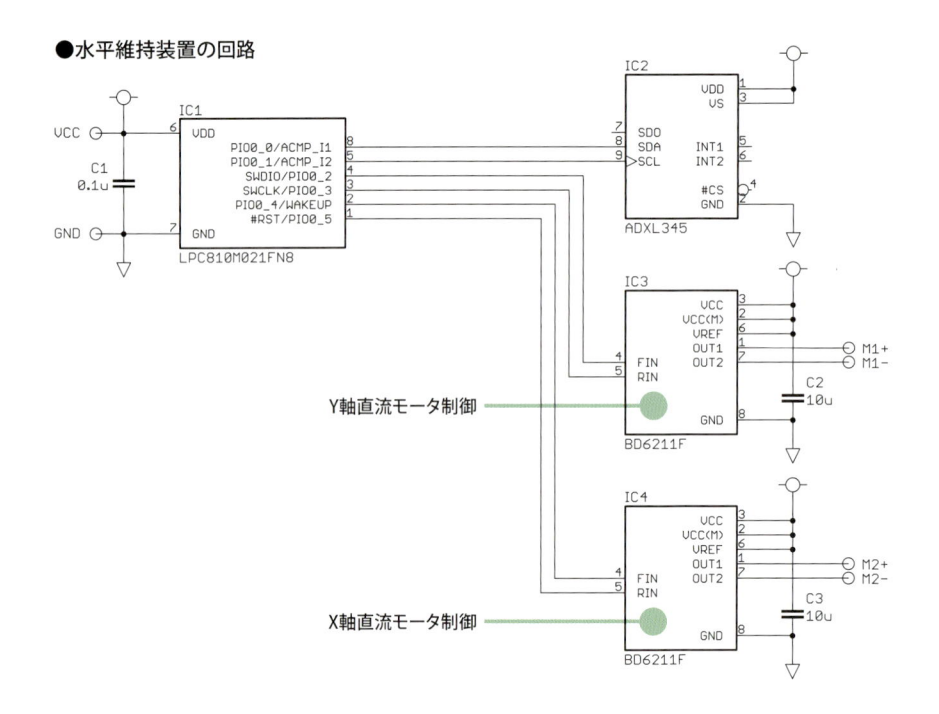

●水平維持装置の回路

直流モータは、いわば回るインダクタ（コイル）です。インダクタにPWMを出力する構造は別項の昇圧型電源と瓜二つですから、直流モータが発電機になって高圧の逆起電圧を発生します。ほうっておくと回路を壊しかねないので、モータドライバがそれを内部で潰します。機械系は見た目の動作と同様に電気的な処理も豪快です。

⊕ 水平維持装置の製作

電子系の配線図と部品表を右に示します。BD6211は所定のピッチ変換基板に所定の向きで取り付けてあるものとします。製作例はピッチ変換基板の両端が細ピンヘッダなので、ICソケットを介してユニバーサル基板へ取り付けました。普通のピンヘッダだとICソケットに挿さりませんが、直接ハンダ付けしても何ら実害がありません。

●配線図と部品表（電子系）

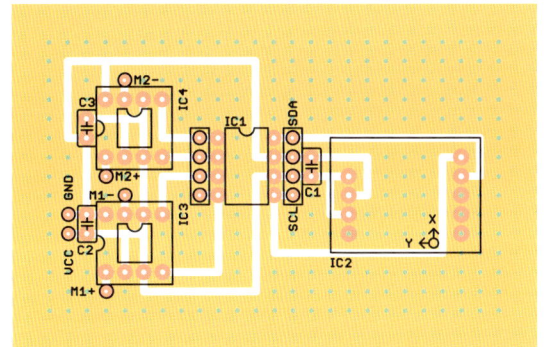

⮕部品面

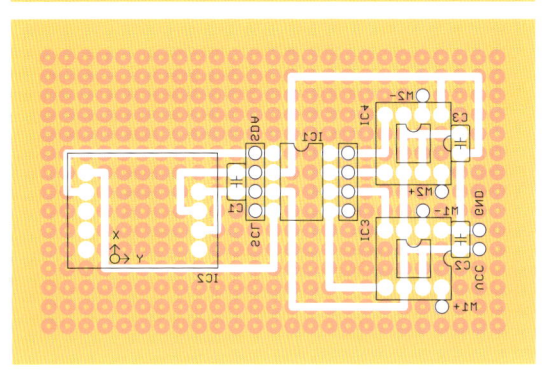

⮕ハンダ面

部品番号	仕様	数量	備考
IC1	LPC810M021FN8	1	マイコン
IC2	ADXL345	1	3軸加速度センサモジュール
IC3、IC4	BD6211F	2	モータドライバ
C1	0.1μF	1	積層セラミックコンデンサ
C2、C3	10μF	2	積層セラミックコンデンサ
S1	タクトスイッチ	1	製作例はDTS-6（Cosland）の黒
—	DIP8ピンICソケット	3	製作例は2227-8-3（Neltron）
—	AE-SOP8-DIP8	2	ピッチ変換基板
—	PHA-1x4SG（Useconn）	4	4ピン1列細ピンヘッダ
—	4ピン1列ピンソケット	2	42ピン1列ピンソケットをカットして使用
—	ユニバーサル基板	1	製作例はCタイプ（秋月電子通商）

5─水平維持装置

機械系の部品表を下に示します。原則にしたがい製作例の部品を記載しましたが、セットで買って一部しか使っていないものがあり、このとおり揃えると大量の部品が余ります。申し訳ないのですが、機械系は、製作例がよいお手本になるとは限りません。写真で構造を理解し、各自の判断で適切な部品を選び、合理的に製作してください。

●部品表（機械系）

部品名	数量	備考
ミニモーター低速ギヤボックス（4速）	2	タミヤ楽しい工作シリーズ
クロスユニバーサルアームセット	1	タミヤ楽しい工作シリーズ
3mmシャフトセット	2	タミヤ楽しい工作シリーズ
ユニバーサル金具4本セット	1	タミヤ楽しい工作シリーズ
単三乾電池2本用スイッチ付き電池ボックス	1	製品名など詳細不明
連結端子	2	製品名など詳細不明
アクリル板、ネジ類など	—	

　X軸（上）の直流モータはモータドライバのIC4とつなぎ、Y軸（下）はIC3とつなぎます。間違えると関節を脱臼します。ふたつの直流モータは90度ひねって向き合わせ、クロスユニバーサルアームで連結します。このとき、下に示すとおり、穴ひとつ重心をズラしてください。これでギヤのアソビが埋まり、水平付近の動きが安定します。

●クロスユニバーサルアームを使った連結部分

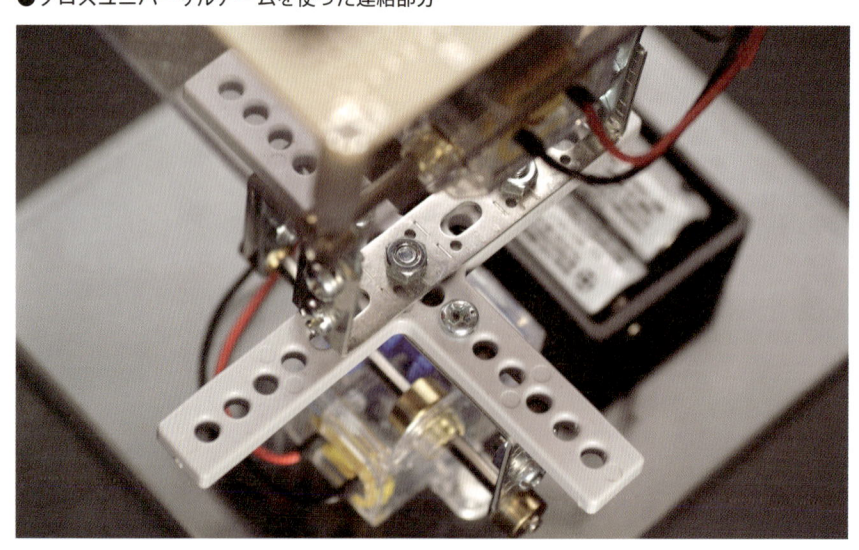

●スイッチ付きの電池ボックス

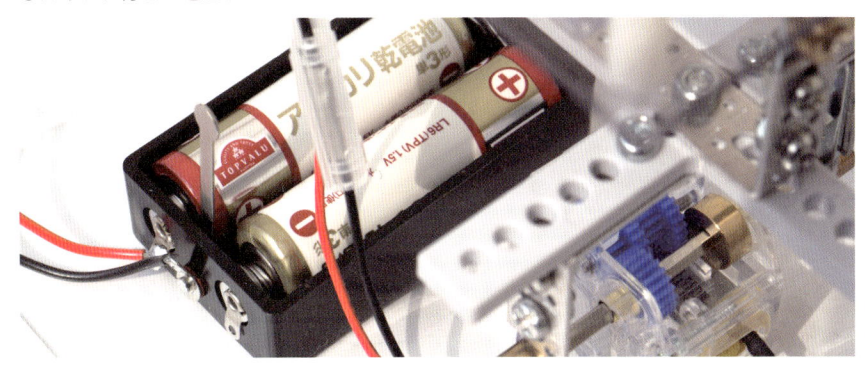

　水平維持装置は試作の段階で幾度となく想定外の動きをして自滅の危機を招きました。本書の製作物は電源スイッチを取り付けない方針で統一していますが、水平維持装置に限っては必要だろうと判断しました。取り付け場所を確保していなかったので、上に示すとおり、電池ボックスをスイッチ付きに取り替えて対処しています。

⊕ 水平維持装置のプログラム

　水平維持装置のプロジェクトacl810を作ります。目標はユニバーサル基板の傾きを速やかに修正し、いつも水平に保つことです。大きな傾きは全速力で戻し、水平付近はゆっくり動かすことにします。プロジェクトの構成を下に示します。ADXL345ハンドラとI^2Cマスタハンドラで傾きを取得し、MRTハンドラで修正の頻度を決定します。

●プロジェクトacl810の構成

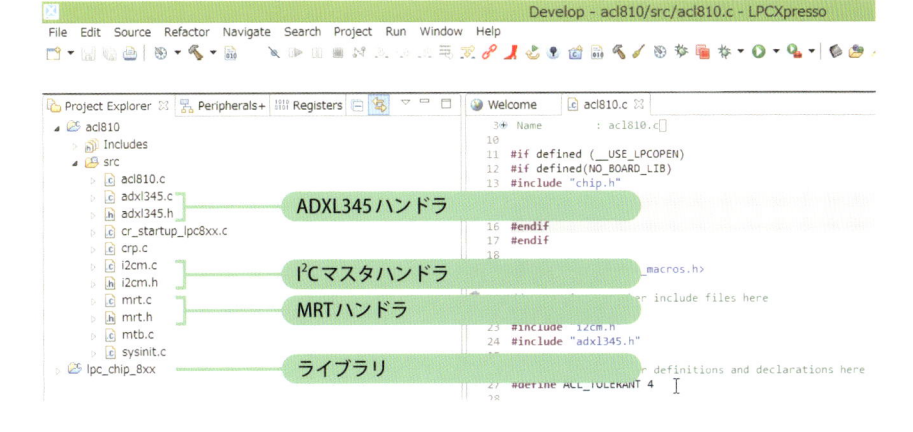

5―水平維持装置

関数mainを含むソースacl810.cの記述を下に示します。勘どころは関数setRpmが直流モータの回転速度を調整するくだりです（記述❶）。水平は停止、大きく傾いたら全力、中間はデューティ比を35%から10%ずつ調整します。35%未満だと動きません。また、連続的にかえると直流モータがテルミンのように鳴って不審な動きをします。

●プロジェクトacl810のソースacl810.c

```
// acl810.c

#include "chip.h"       //LPCOpenのヘッダ
#include "mrt.h"        //MRTハンドラのヘッダ
#include "i2cm.h"       //I²Cマスタハンドラのヘッダ
#include "adxl345.h"    //ADXL345ハンドラのヘッダ

#define ACL_TOLERANT 4  //水平許容誤差

//デューティ比を設定する関数
inline void pwmDutySetup(uint8_t index, uint8_t duty){
  Chip_SCTPWM_SetDutyCycle(LPC_SCT, index, //インデックスを指定
  Chip_SCTPWM_PercentageToTicks(LPC_SCT,duty));//デューティ比を設定
}

//直流モータの回転方向と回転速度を設定する関数
void setRpm(int motor, int slope){
  int index = (motor & 1) * 2 + 1; //正転のインデックスを計算

  //回転方向を設定
  if(slope < 0){   //もし傾きが負の値だったら
    pwmDutySetup(index, 0);  //正転を停止
    slope *= -1;  //傾きの絶対値をとる
    index++;  //逆転のインデックスに変更
  } else  //そう（傾きが負の値）でなければ
    pwmDutySetup(index + 1, 0);  //逆転を停止

  //回転速度を設定────❶
  if(slope < ACL_TOLERANT){  //もし水平だったら
    pwmDutySetup(index, 0);  //回転を停止
  } else  //そうではなくて
  if(slope >= 224){  //もし大きく傾いていたら
    pwmDutySetup(index, 100);  //全力で回転
  } else {  //そうでなければ（普通の傾き）
    uint8_t duty = (slope / 32) * 10 + 35;  //デューティ比を計算
    pwmDutySetup(index, duty);  //デューティ比を設定
  }
}
```

```c
int main(void) {
  SystemCoreClockUpdate();  //システムクロックを登録

  //スイッチマトリクスでピンを設定
  Chip_Clock_EnablePeriphClock(SYSCTL_CLOCK_SWM);
  Chip_SWM_DisableFixedPin(SWM_FIXED_SWCLK);   //SWCLK無効
  Chip_SWM_DisableFixedPin(SWM_FIXED_SWDIO);   //SWDIO無効
  Chip_SWM_DisableFixedPin(SWM_FIXED_RST);     //RST無効
  Chip_SWM_MovablePinAssign(SWM_I2C_SDA_IO, 0);   //SDA
  Chip_SWM_MovablePinAssign(SWM_I2C_SCL_IO, 1);   //SCL
  Chip_SWM_MovablePinAssign(SWM_CTOUT_0_O, 5);    //CTOUT0
  Chip_SWM_MovablePinAssign(SWM_CTOUT_1_O, 4);    //CTOUT1
  Chip_SWM_MovablePinAssign(SWM_CTOUT_2_O, 2);    //CTOUT2
  Chip_SWM_MovablePinAssign(SWM_CTOUT_3_O, 3);    //CTOUT3
  Chip_Clock_DisablePeriphClock(SYSCTL_CLOCK_SWM);

  i2cmSetup();   //I²Cマスタをセットアップ
  aclSetup();    //ADXL345をセットアップ
  mrtSetup();    //MRTをセットアップ

  //SCTをセットアップ
  Chip_SCTPWM_Init(LPC_SCT);   //SCTを起動してリセット
  Chip_SCTPWM_SetRate(LPC_SCT, 20000);   //周波数を20kHzに設定
  Chip_SCTPWM_SetDutyCycle(LPC_SCT, 1, 0);//index1はデューティ比0%
  Chip_SCTPWM_SetOutPin(LPC_SCT, 1, 0);   //index1はCTOUT0に出力
  Chip_SCTPWM_SetDutyCycle(LPC_SCT, 2, 0);//index2はデューティ比0%
  Chip_SCTPWM_SetOutPin(LPC_SCT, 2, 1);   //index2はCTOUT1に出力
  Chip_SCTPWM_SetDutyCycle(LPC_SCT, 3, 0);//index3はデューティ比0%
  Chip_SCTPWM_SetOutPin(LPC_SCT, 3, 2);   //index3はCTOUT2に出力
  Chip_SCTPWM_SetDutyCycle(LPC_SCT, 4, 0);//index4はデューティ比0%
  Chip_SCTPWM_SetOutPin(LPC_SCT, 4, 3);   //index4はCTOUT3に出力
  Chip_SCTPWM_Start(LPC_SCT);   //PWMを開始

  while(1){   //つねに繰り返す
    int16_t x, y, z;   //加速度

    aclReadAxis(&x, &y, &z);   //加速度を読み出す
    setRpm(0, x);   //直流モータ0の回転方向と回転速度を設定
    setRpm(1, y);   //直流モータ1の回転方向と回転速度を設定
    mrtWait(MRT_MS(200));   //200m秒停止
  }
  return 0 ;   //文法上の整合をとる記述
}
```

⊕ 水平維持装置のテスト

　acl810の実行例を下に示します。背景は建物の壁で、水平の溝があります。水平維持装置は底板を思い切り傾けているにもかかわらずユニバーサル基板が水平を保っています。ほぼ期待どおりの動作ですが、ひとつ誤算がありました。ギヤのアソビが想像した以上に大きく、まれにカクンと動いて、それまでの調整の過程を台無しにします。

● acl810の実行例

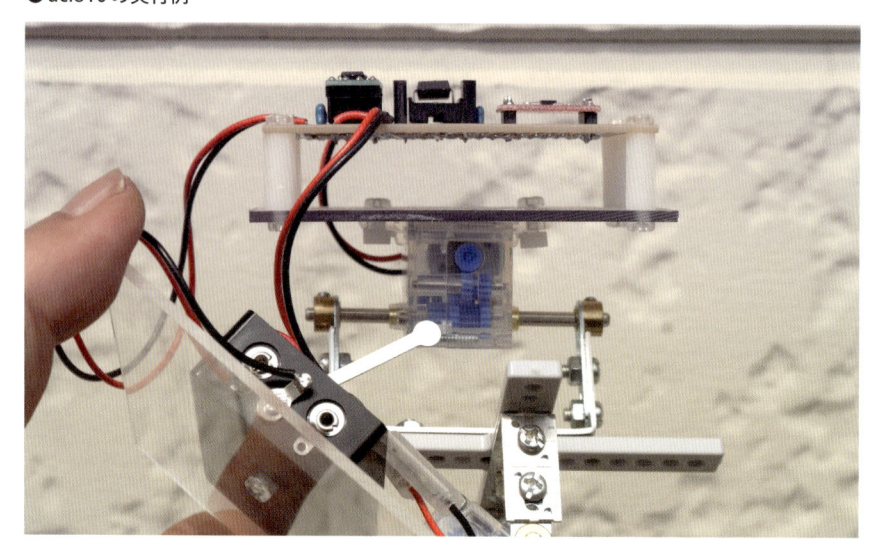

　常識的な傾けかたをする限り迅速に追随してつねにだいたい水平を保ちます。そのだいたい水平からぴったり水平になって停止するまで1分ほど掛かります。もう少し早く安定してくれたら理想的ですが、この間の動作もまたなかなかの見ものです。傾きを少し直しては水平を探るやりかたが人間とそっくりで、不気味に愉快です。

chapter4

［第4章］
無理難題編

Mission Impossible

妥当な範囲でギリギリの無理をする

第4章 無理難題編

　LPC810の取り扱いに慣れると自信が行き過ぎて、とかく背伸びした使いかたをしがちです。マイコンの選択肢はたくさんあるので、やればできるとしても相当に無理をすることになるのなら潔くほかのマイコンに任せるべきです。最悪の使いかたは弱点をあの手この手でごまかしながら動かすことです。これはもう趣味の領域を超えて悪趣味です。しかし、趣味と悪趣味の境界で判断に迷う事例があることは確かです。

　ここでは、LPC810にとって少しだけ無理のある製作物をとおし、ギリギリで妥当と考えられるセンを示します。ピン数を必要とする事例は外部にシフトレジスタを1本だけ使って3桁の7セグメントLEDを点灯します。猛烈な速度が求められる事例は関数をアセンブリ言語で書いて対処します。また、ギリギリのセンをやや超えるかも知れませんが、AD変換器を構成して本来はできない電圧の読み取りをやってみます。

　LPC810で頑張るか、ほかのマイコンに任せるか、判断に迷うあたりの応用なので、何となく「LPC810でやることにしました」では納得が得られません。決め手として、無理をした製作物には無理をしたなりの利点をもたせてあります。たとえば、AD変換器は3.194Vを3194に変換するようになっていて計算なしに単位mVの電圧が得られます。もしAD変換器をもつほかのマイコンに任せたらこういうことはできません。

　あとふたつLPC810が無理をしない製作物があって、周辺の厄介ごとを解決します。ひとつは昇圧型電源で、LPC810を3V付近の電圧で動かしつつ、外付け回路により高い電圧を供給します。もうひとつは、その高い電圧の使いみちを示すことにもつながる微小電圧出力機です。電源電圧3.3Vだと絶対に無理な0V〜3.3Vをきっちり出力し、これにより、AD変換器の電圧-AD変換値特性を丁寧に測定することができます。

　LPC810のメモリ不足を外付けのEEPROMで解消する力作も完成したのですが、無闇に複雑で、どう見ても背伸びしすぎです。EEPROMが必要ならマイクロチップのPIC、処理に大きなメモリがいるならLinuxで動くマイコンボードを選ぶのが合理的です。これを紙面で紹介しておいてほかのマイコンに任せるべき事例だといったら悪趣味そのものですから、掲載を見送り、現在、机の上でメモ用紙の押さえをしています。

妥当な範囲でギリギリの無理をする 239

chapter4 1 数値表示装置

PLUS ⊕ ONE──ピン数の不足を克服する

[第4章]
無理難題編
Mission Impossible

⊕ 数値表示装置の概要

　マイコンを使った電子工作はLEDの点滅に始まり7セグメントLEDの点滅に行き着きます。7セグメントLEDは表示の構造が誰の目にも明らかな一方、1桁あたり8本ものLEDを点滅させる必要があって電子工作のウデが試されます。そういう話には乗るタチなので、ピンが8本しかないLPC810につなぎ、数値表示装置を作ってみました。

　製作例が動作している様子を下に示します。数字3桁を表示するために全部で24本のLEDを点滅させます。LEDをひとつひとつピンに接続したらあまりにも芸がないので、たとえピンが100本あるマイコンでも、1桁ずつ表示して残像を見せるダイナミック点灯です。数値表示装置は、それに加えてシリアル-パラレル変換を使います。

●製作例が動作している様子

●製作例の外観

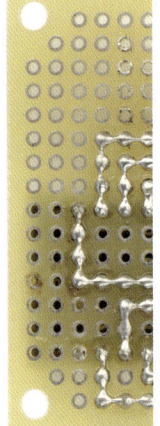

　製作例の外観を上に示します。上端のICがシリアル-パラレル変換を行い、同時に電力増幅をするシフトレジスタです。たいていのマイコンは電力増幅を必要とするので（PICやArduinoは例外です）、シフトレジスタがあってもなくてもICの数は同じです。ですから、外部に余計なICを付けて力任せに動かしたという批判はあたりません。
　LEDそのものを減らす妙案は今のところないので、ヘタをすると膨大な配線に悩まされます。製作例はダイナミック点灯用に配線ずみの7セグメントLED、パラライトのC-533SRを使いました。外観と主要な仕様を下に示します。数字が縦長の3桁ですから、狭いスペースに取り付けられます。輝度が高く、小さな電流で明るく光ります。

●C-533SRの外観と主要な仕様

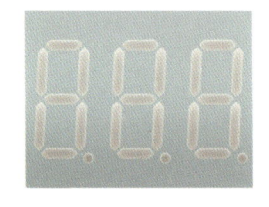

項目	仕様
内部接続	カソードコモン、ダイナミック点灯用に接続ずみ
順方向電流（I_F）	連続20mA、パルス100mA
順方向電圧降下（V_F）	標準1.8V
表示能力	輝度21mcd（I_F=10mA）、波長643nm（赤）

1—数値表示装置

⊕ 数値表示装置の設計と製作

　数値表示装置の回路を下に示します。LPC810はSPIを利用してシリアルのデータとクロックとラッチを出力します。この信号は74HC595が8ビットのパラレルに変換します。そのうちの4ビットで7セグメントLEDドライバ74HC4511が数字を表示し、1ビットは小数点を直接表示し、3ビットでダイナミック点灯の表示桁を切り替えます。

●数値表示装置の回路

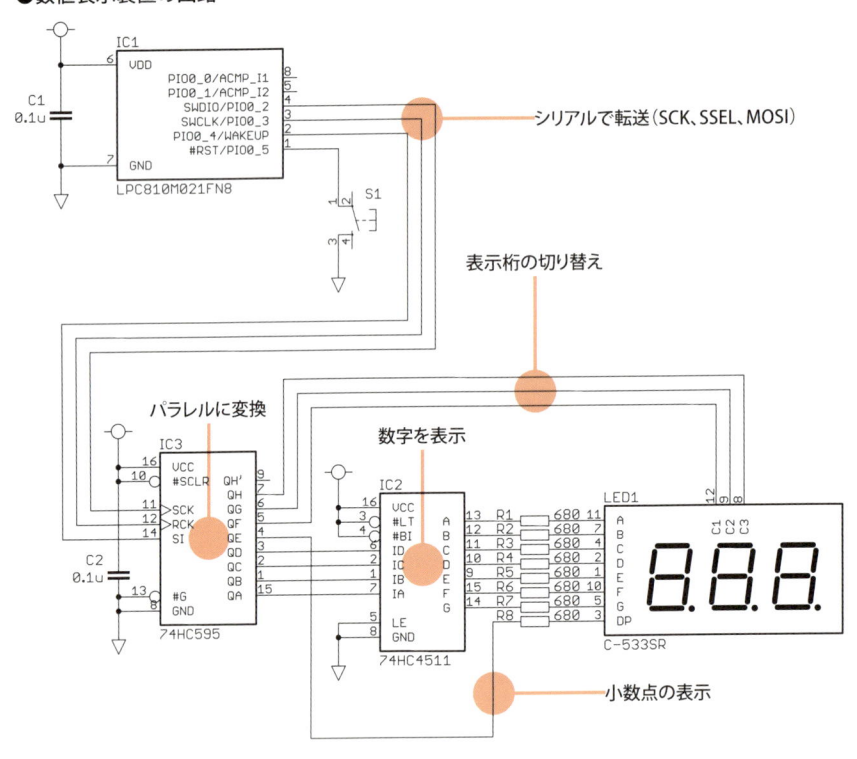

　配線図と部品表を右に示します。配線が複雑すぎて、6本の電線と1本のジャンパ線を使いました。あとは部品を挿したあと脚を曲げてつなぎます。ユニバーサル基板は同じサイズのほかの製品より穴が多いタイプです。なお、部品表にありませんが、7セグメントLEDに半透明のアクリル板を乗せると見やすさが格段に向上します。

●配線図と部品表

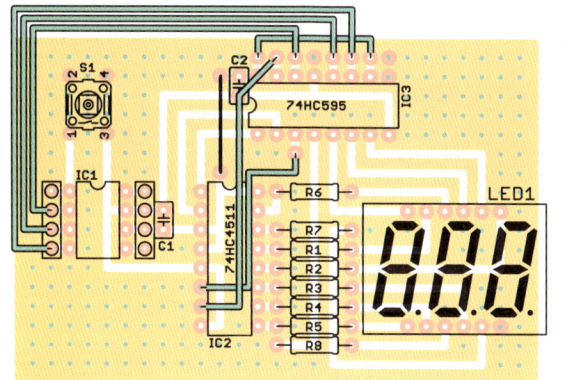

⇐部品面

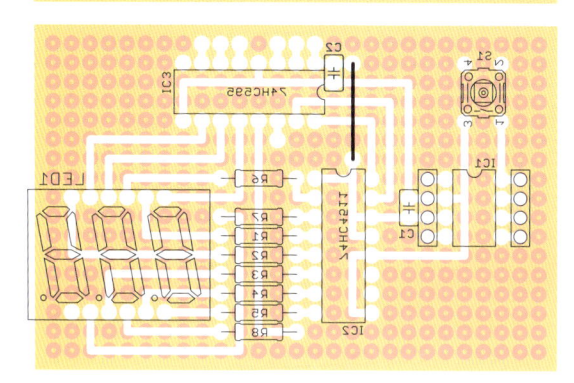

⇐ハンダ面

部品番号	仕様	数量	備考
IC1	LPC810M021FN8	1	マイコン
IC2	74HC4511	1	7セグメントLEDドライバ
IC3	74HC595	1	シフトレジスタ
LED1	C-533SR	1	3桁7セグメントLED
R1〜R8	680Ω	8	1/4Wカーボン抵抗
C1、C2	0.1μF	2	積層セラミックコンデンサ
S1	タクトスイッチ	1	製作例はDTS-6 (Cosland) の黒
―	DIP16ピンICソケット	2	製作例は2227-16-3 (Neltron)
―	DIP8ピンICソケット	1	製作例は2227-8-3 (Neltron)
―	4ピン1列ピンソケット	2	42ピン1列ピンソケットをカットして使用
―	ユニバーサル基板	1	製作例はPICOK400A94V-O (秋月電子通商)

1―数値表示装置

243

⊕ 数値表示装置のプログラム

　数値表示装置は下に示す制御で7セグメントLEDの1桁を表示します。桁選択、小数点、数字のデータはどんな回路でも必要です。シフトレジスタがあることで余計に必要な信号はクロックとラッチです。クロックは立ち上がりで1ビットを転送します。ラッチは立ち上がりで出力を更新します。これらは、偶然、SPIの信号と一致します。

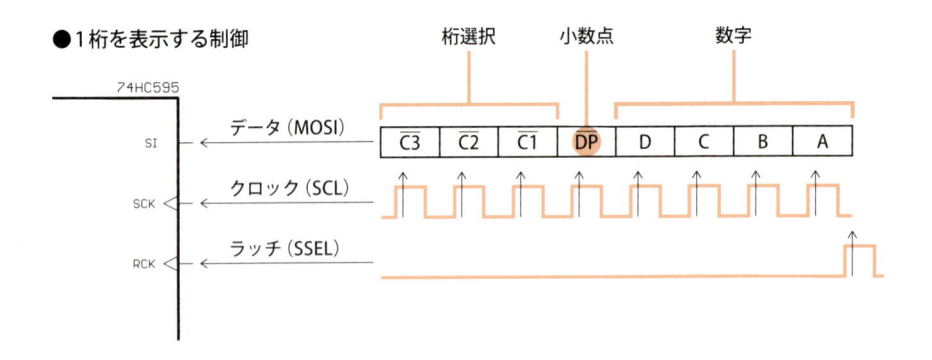

●1桁を表示する制御

　7セグメントLEDをダイナミック点灯する場合、全桁の表示を毎秒60回の頻度で更新します。数値表示装置は3桁なので、1桁あたり1/180秒で次へ移動します。全桁の明るさを揃えるため時間は正確でなければなりません。1桁を表示して次へ移動する処理はMRTのリピートによる割り込みで実行します。この仕組みを下に示します。

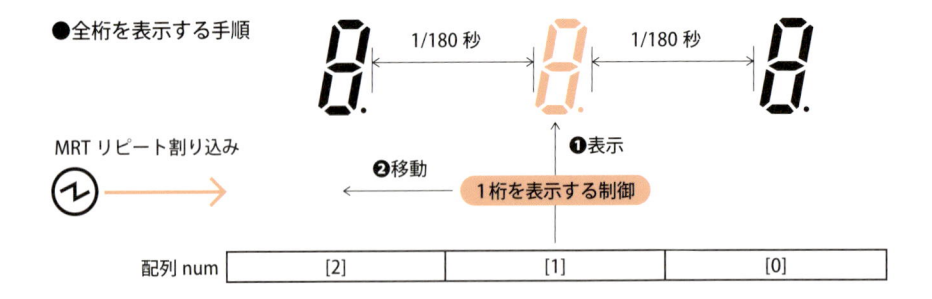

●全桁を表示する手順

　7セグメントLEDの取り扱いがすべて割り込みで実行されるため、本編のプログラムはただ配列に数値を書き込むだけで数字を表示することができます。具体例として、プロジェクトkitchinTimerのソースmain.cを右に示します。このプログラムは数値表示装置に3分(3.00)を表示し、1秒ずつ減らして0秒に達したら停止します。

関数updateは1/180秒ごとに呼び出されて1桁の表示をします（記述❶）。シフトレジスタへ転送する処理はSPIにお任せでうまくやってくれます。関数countdownは1秒ごとに呼び出されて数字を更新します（記述❷）。秒単位の時間を各桁の数値に換算するため多少の計算が必要ですが、更新はただ数値を配列に書き込むだけです。

●プロジェクトkitchinTimerのソースmain.c

```c
// main.c

#include "chip.h"  //LPCOpenのヘッダ

uint8_t num[3];  //各桁に表示する数値（0x0aで非表示）
uint8_t dot;  //小数点を表示する桁（3で非表示）
SPI_DATA_SETUP_T sup;  //SPIの通信形式
uint16_t sig;  //SPIで転送する信号

//1桁を表示する関数――❶
void update(){
  static uint8_t seg;  //表示中の桁
  static const uint8_t sel[] = {  //桁選択用定数
      0b01100000, 0b10100000, 0b11000000
  };

  //SPIで転送する信号を作成
  sig = sel[seg] | ((seg == dot) << 4) | (num[seg] & 0xf);
  Chip_SPI_WriteFrames_Blocking(LPC_SPI0, &sup);  //SPIで転送
  seg++;  //桁を移動
  if(seg >= 3)  //もし3桁を超えて移動したら
    seg = 0;  //先頭の桁へ戻す
}

//時間の表示を1秒減らす関数――❷
void countdown(){
  static uint8_t time = 180;  //時間（秒）

  num[2] = time / 60;  //100の位の数値を設定（分）
  num[1] = (time % 60) / 10;  //10の位の数値を設定（秒の10の位）
  num[0] = (time % 60) % 10;  //1の位の数値を設定（秒の1の位）
  if(time <= 0){  //もし時間が0になったら
    Chip_MRT_SetDisabled(LPC_MRT_CH(1));  //リピートを終了
  } else {  //そうでなければ
    time--;  //1秒減らす
  }
}
```

```
//MRT割り込み関数
void MRT_IRQHandler(void){
  uint32_t intf;  //割り込みフラグ

  intf = Chip_MRT_GetIntPending();   //割り込みフラグを取得
  Chip_MRT_ClearIntPending(intf);    //割り込みフラグをクリア

  if(intf & MRT0_INTFLAG)  //もしチャンネル0が割り込んだら
    update();  //関数updateを呼び出す（1桁を表示する）

  if(intf & MRT0_INTFLAG)  //もしチャンネル1が割り込んだら
    countdown();  //関数countdownを呼び出す（時間の表示を1秒減らす）
}

int main(void) {
  SystemCoreClockUpdate();  //システムクロックを登録

  //スイッチマトリクスでピンを設定
  Chip_Clock_EnablePeriphClock(SYSCTL_CLOCK_SWM);
  Chip_SWM_DisableFixedPin(SWM_FIXED_SWCLK);  //SWCLK無効
  Chip_SWM_DisableFixedPin(SWM_FIXED_SWDIO);  //SWDIO無効
  Chip_SWM_MovablePinAssign(SWM_SPI0_SCK_IO, 2);   //SCK
  Chip_SWM_MovablePinAssign(SWM_SPI0_MOSI_IO, 4);  //MOSI
  Chip_SWM_MovablePinAssign(SWM_SPI0_SSEL_IO, 3);  //SSEL
  Chip_Clock_DisablePeriphClock(SYSCTL_CLOCK_SWM);

  //SPIをセットアップ ──❹
  Chip_SPI_Init(LPC_SPI0);  //SPIを初期化して起動
  Chip_SPI_ConfigureSPI(LPC_SPI0,SPI_MODE_MASTER);//マスタに設定
  Chip_SPI_Enable(LPC_SPI0);  //SPIの動作を開始

  sup.Length = 1;  //1回につき1個のデータを転送
  sup.pTx = &sig;  //転送するデータ
  sup.TxCnt = 0;  //全データを転送
  sup.DataSize = 8;  //データは8ビット

  num[2] = 3;  //100の位に3を表示
  num[1] = 0;  //10の位に0を表示
  num[0] = 0;  //1の位に0を表示
  dot = 2;  //100の位に小数点を表示

  //MRTをセットアップ
  Chip_MRT_Init();  //MRTを初期化して起動
  Chip_MRT_SetMode(LPC_MRT_CH(0), MRT_MODE_REPEAT);  //リピート
  Chip_MRT_SetInterval(LPC_MRT_CH(0),  //期間を1/180秒に設定 ──❺
    (SystemCoreClock / (60 * 3)) | MRT_INTVAL_LOAD);
```

```
    Chip_MRT_SetEnabled(LPC_MRT_CH(0));   //動作を開始
    Chip_MRT_SetMode(LPC_MRT_CH(1), MRT_MODE_REPEAT);   //リピート
    Chip_MRT_SetInterval(LPC_MRT_CH(1),   //期間を1秒に設定 ──❻
      SystemCoreClock | MRT_INTVAL_LOAD);
    Chip_MRT_SetEnabled(LPC_MRT_CH(1));   //動作を開始
    NVIC_EnableIRQ(MRT_IRQn);   //MRTの割り込みを許可

    while(1)   //つねに繰り返す
      __WFI();   //割り込みが発生するまでスリープ
    return 0 ;   //文法上の整合をとる記述
}
```

　SPIは4本のピンを使う通信方式ですが、受信する必要がないのでMISOを省略しました（記述❸）。あとは、ごく普通の設定です（記述❹）。MRTはチャンネル0に1/180秒ごとの割り込み（記述❺）、チャンネル1に1秒ごとの割り込み（記述❻）を設定します。この割り込みを許可した1秒後に、7セグメントLEDの表示が動き出します。

　単三乾電池2本で動作させた様子を下に示します。表示が「3.00」で始まり、「0.00」で終わります。リセットスイッチを押すと同じようにまた3分を数えます。ですから、あえてこの製作物の使いみちをいうならキッチンタイマです。本当はただLPC810に7セグメントLEDをつなぎたかっただけなので、その目標は見事に達成されました。

●プロジェクトkitchinTimerの実行例

chapter4

2 昇圧型電源
PLUS ⊕ ONE──電圧の不足を克服する

[第4章]
無理難題編
Mission Impossible

⊕ 昇圧型電源の概要

　電子回路は電源電圧が高ければ高いほど設計がラクになります。LPC810の3.3Vは、外付け回路にとって絶望的に低い電圧です。何が辛いか例をあげたらキリがないのですが、ひとつだけいうとカラーLEDを点灯できません。そこで、LPC810を3V付近の電圧で動かしつつ外付け回路にはより高い電圧を供給できる、昇圧型電源を作ります。

　昇圧型電源が動作している様子を下に示します。出力電圧は抵抗1本の値で決まり、最低5V、最高24Vです。電流はプログラムの書きかたなどで決まり、実力は最大2Aですが、おおもとの電源が2Aに耐えなければならないため現実的ではありません。製作例は、たいがいの電子回路にとって十分な200mAを目指し、各部の定数を調整します。

●昇圧型電源で5Vを出力した例

製作例の外観を下に示します。「470」とマーキングされた部品が発電機の役割を果たすインダクタ（コイル）です。これをLPC810のPWMでスイッチングしてデューティ比に応じた電圧を得るというのが大筋の動作原理です。負荷の掛かり具合をプログラムで調べられますから、危険な状況に陥ったらLEDを点灯して警告します。

●製作例の外観

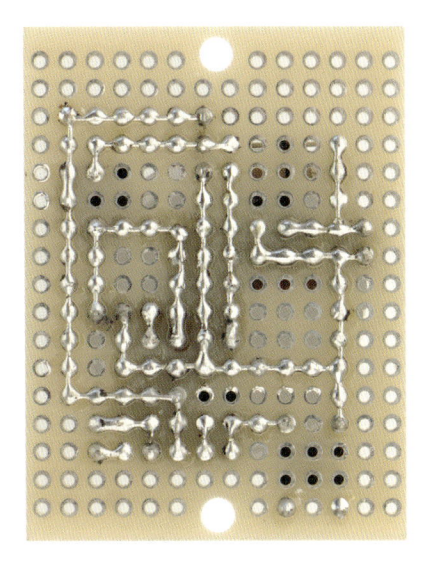

昇圧型電源に取り付けたLPC810のピンの役割を下に示します。プログラムを書き込んだLPC810は電源用ICの一種とみなすことができます。本物の電源用ICでなくてLPC810を使う利点はたくさんあります。動作の状況を把握できて、素早く適切な安全対策を講じられます。製作費が少し安く上がります。永久に製造終了となりません。

●LPC810のピンの役割

外部リセット入力—論理❺番ピン　　論理❽番ピン—比較入力（ACMP1）
無接続—論理❹番ピン　　GND
スイッチング出力（CTOUT0）—論理❸番ピン　　電源
警告信号出力—論理❷番ピン　　論理❶番ピン—無接続

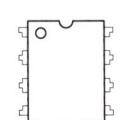

2—昇圧型電源

⊕ 昇圧型電源の設計と製作

　昇圧型電源の回路を下に示します。スイッチマトリクスで論理0番ピンをコンパレータ入力、論理3番ピンをPWM出力に設定する想定です。コンパレータは入力を内部の定電圧源と比較します。PWM出力のピンは大きな電流を取り扱えますが、インダクタを直接スイッチングすることは無理なので、FETをかませてあります。

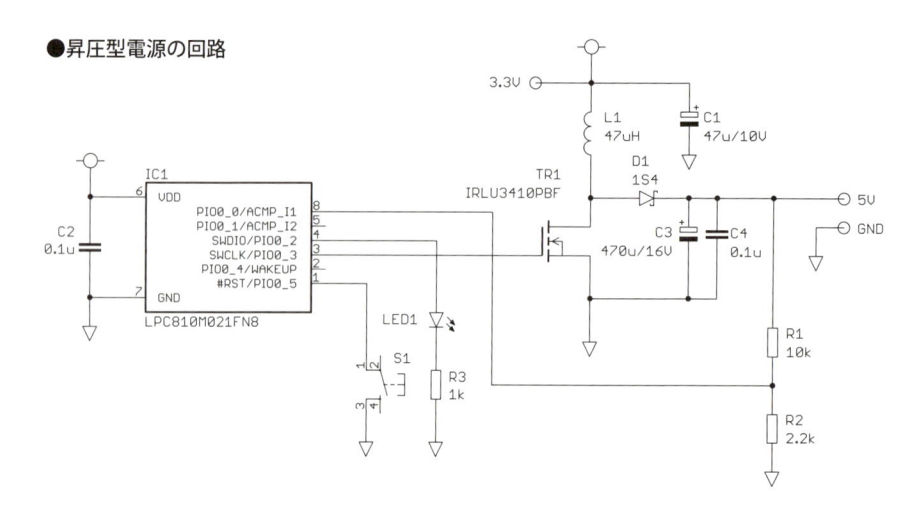

●昇圧型電源の回路

　高電圧が生成される仕組みを下に示します。インダクタをPWMでスイッチングするとデューティ比に応じた高電圧が得られます。最初の電圧は出たとこ勝負です。それを分圧してコンパレータに入れ、定電圧源と比較してデューティ比を調整します。定電圧源は0.9Vですから、出力電圧は、分圧したあと0.9Vとなるように調整されます。

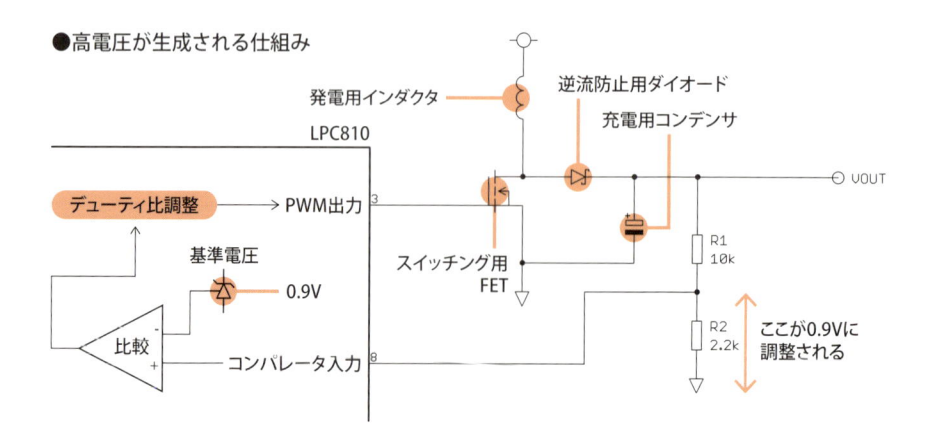

●高電圧が生成される仕組み

配置図と部品表を下に示します。モノが電源なので、あちこちへジャンパワイヤを引き回すことが想像されますから、ピンソケットを多めに取り付けました。ダイオードは電圧降下が小さくて発電した電圧を無駄にしないショットキバリヤダイオードです。出力電圧は抵抗R1の値で決まり、部品表の10kΩだと5Vになります。

●配線図と部品表

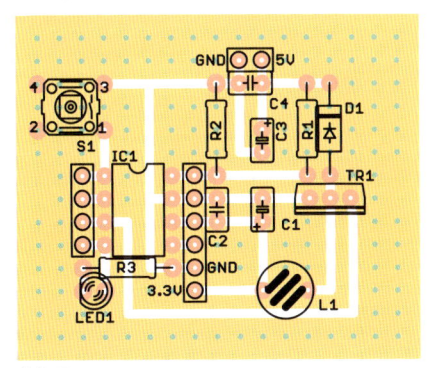

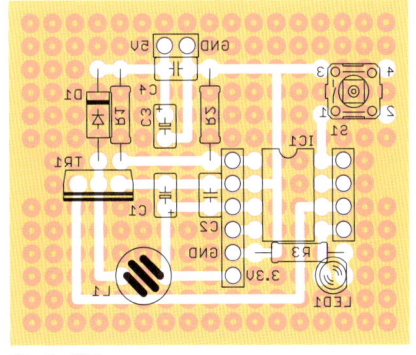

⬆部品面　　　⬆ハンダ面

部品番号	仕様	数量	備考
IC1	LPC810M021FN8	1	マイコン
TR1	IRLU3410PBF	1	NチャンネルエンハンスメントMOSFET
D1	1S4 (PANJIT)	1	ショットキバリアダイオード
LED1	OS5RKA3131A	1	高輝度LED
R1	10kΩ	1	1/4Wカーボン抵抗
R2	2.2kΩ	1	1/4Wカーボン抵抗
R3	1kΩ	1	1/4Wカーボン抵抗
C1	47μF	1	電解コンデンサ
C2、C4	0.1μF	2	積層セラミックコンデンサ
C3	470μF/16V	1	電解コンデンサ
L1	47μH/1.2A	1	インダクタ。製作例はLHL08NB470K
S1	タクトスイッチ	1	製作例はDTS-6 (Cosland) の黒
—	DIP8ピンICソケット	1	製作例は2227-8-3 (Neltron)
—	2ピン1列ピンソケット	1	42ピン1列ピンソケットをカットして使用
—	4ピン1列ピンソケット	1	42ピン1列ピンソケットをカットして使用
—	6ピン1列ピンソケット	1	42ピン1列ピンソケットをカットして使用
—	ユニバーサル基板	1	製作例はDタイプ（秋月電子通商）

2―昇圧型電源

⊕ 昇圧型電源のプログラム

昇圧型電源のプロジェクトsuc810のソースsuc810.cを右に示します。重要な処理は関数SCT_IRQHandler（記述❶）に集約されていて、ほかの部分はセットアップをするだけです。関数SCT_IRQHandlerは、下に示すとおり、PWMの周期の始まりで呼び出され、コンパレータの比較結果により、次の周期のデューティ期間を決定します。

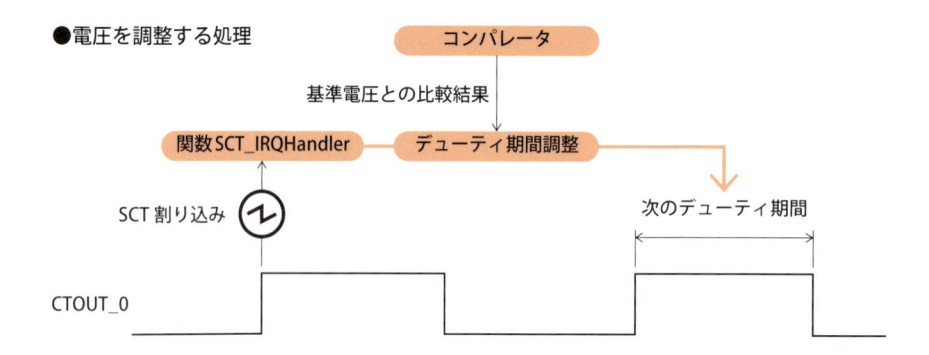

● 電圧を調整する処理

● 過負荷に対する安全対策

デューティ期間がシンボルSUC_LIMITの値を超えたら過負荷と判断し、LEDを点灯して時間を数えます。普通、過負荷は一時的に発生してすぐ解消します。その場合はLEDを消灯して通常の動作に復帰します。過負荷の時間がシンボルSUC_STOPの値を超えた場合は、異常事態なので緊急停止します。この仕組みを下に示します。

コンパレータの比較結果は必ず上か下になり、一致という判断はありません。出力電圧がぴったり狙ったところへきたとき無駄にバタつくため、デューティ期間の設定は10回のうち9回をスキップします（記述❷）。デューティ期間を設定しないときもデューティ期間の調整は続けており、過負荷が発生したら安全対策を実行します。

●プロジェクトsuc810のソースsuc810.c

```c
// suc810.c

#include "chip.h"  //LPCOpenのヘッダ

#define SUC_FREQ 24000 //スイッチング周波数
#define SUC_STOP 1000  //緊急停止する時間（スイッチング数）
#define SUC_SKIP 10    //デューティ期間調整周期（スイッチング数）
#define SUC_TERM (SystemCoreClock / SUC_FREQ)  //スイッチング周期
#define SUC_LIMIT (SUC_TERM * 80 / 100)  //デューティ比の上限（80%）

//SCTの割り込み関数 ──①
void SCT_IRQHandler(void) {
  uint32_t duty;  //デューティ期間
  static uint32_t stop = 0;  //緊急停止するまでの時間
  static uint32_t skip = 0;  //デューティ期間調整周期

  Chip_SCT_ClearEventFlag(LPC_SCT,SCT_EVT_0);//割り込みフラグをクリア
  duty = Chip_SCTPWM_GetDutyCycle(LPC_SCT, 1);//デューティ期間取得

  if (LPC_CMP->CTRL & ACMP_COMPSTAT_BIT) {  //もし5V以上なら
    if (duty > 1) {  //もしデューティ期間を減らせるなら
      if (duty == SUC_LIMIT) {  //もしデューティ期間の上限だったら
        Chip_GPIO_SetPinOutLow(LPC_GPIO_PORT, 0, 2);  //LEDを消灯
        stop = 0;  //緊急停止するまでの時間をクリア
      }
      duty--;  //デューティ期間を減らす
    }
  } else {  //そう（5V以上）でなければ
    if (duty < SUC_LIMIT) {  //もしデューティ期間を増やせるなら
      duty++;  //デューティ期間を増やす
      if (duty == SUC_LIMIT)  //もしデューティ期間の上限だったら
        Chip_GPIO_SetPinOutHigh(LPC_GPIO_PORT, 0, 2);//LEDを点灯
    } else {  //そうでなければ（デューティ期間を増やせない場合）
      stop++;  //緊急停止するまでの時間を増やす
      if (stop > SUC_STOP) {  //もし緊急停止する時間に達したら
        Chip_SCTPWM_Stop(LPC_SCT);  //PWMを停止
        LPC_SCT->OUTPUT = 0;  //スイッチングをオフにする
        while (1);  //動作を停止
      }
    }
  }
  if (skip++ % SUC_SKIP) //もしデューティ期間調整周期でなければ ──②
    return;  //打ち切る
  Chip_SCTPWM_SetDutyCycle(LPC_SCT, 1, duty);//デューティ期間を設定
}
```

2─昇圧型電源

253

```c
int main(void) {
  SystemCoreClockUpdate(); //システムクロックを登録

  Chip_Clock_EnablePeriphClock(SYSCTL_CLOCK_IOCON);
  Chip_IOCON_PinSetMode(LPC_IOCON,
    IOCON_PIO0, PIN_MODE_INACTIVE); //論理0番ピンのプルアップを無効に設定
  Chip_IOCON_PinSetMode(LPC_IOCON,
    IOCON_PIO3, PIN_MODE_PULLDN); //論理3番ピンにプルダウンを設定 ——❸
  Chip_Clock_DisablePeriphClock(SYSCTL_CLOCK_IOCON);

  //スイッチマトリクスでピンを設定
  Chip_Clock_EnablePeriphClock(SYSCTL_CLOCK_SWM);
  Chip_SWM_DisableFixedPin(SWM_FIXED_SWCLK); //SWCLK無効
  Chip_SWM_DisableFixedPin(SWM_FIXED_SWDIO); //SWDIO無効
  Chip_SWM_EnableFixedPin(SWM_FIXED_ACMP_I1); //ACMP1
  Chip_SWM_MovablePinAssign(SWM_CTOUT_0_O, 3); //CTOUT0
  Chip_Clock_DisablePeriphClock(SYSCTL_CLOCK_SWM);

  //汎用ポートをセットアップ
  Chip_GPIO_SetPinDIROutput(LPC_GPIO_PORT, 0, 2); //出力に設定
  Chip_GPIO_SetPinOutLow(LPC_GPIO_PORT, 0, 2); //0を出力

  //コンパレータをセットアップ
  Chip_ACMP_Init(LPC_CMP); //コンパレータを起動してリセット
  //+側はピン,-側は定電圧源 ——❹
  Chip_ACMP_SetPosVoltRef(LPC_CMP, ACMP_POSIN_ACMP_I1);
  Chip_ACMP_SetNegVoltRef(LPC_CMP, ACMP_NEGIN_INT_REF);

  //SCTをセットアップ
  Chip_SCTPWM_Init(LPC_SCT); //SCTを起動してリセット
  Chip_SCTPWM_SetRate(LPC_SCT, SUC_FREQ); //周波数を設定
  //index1を指定して最低のデューティ期間を設定
  Chip_SCTPWM_SetDutyCycle(LPC_SCT, 1, 1);
  Chip_SCTPWM_SetOutPin(LPC_SCT, 1, 0); //index1はCTOUT0に出力
  //SCT(index0)を指定して割り込みを設定
  Chip_SCT_EnableEventInt(LPC_SCT, SCT_EVT_0); ——❺
  NVIC_EnableIRQ(SCT_IRQn); //SCTの割り込みを許可
  Chip_SCTPWM_Start(LPC_SCT); //PWMを開始

  while (1) //つねに繰り返す
    __WFI(); //割り込みが発生するまでスリープ
  return 0; //文法上の整合をとる記述
}
```

SCTはベタなPWMの設定に割り込みを追加しています(記述❺)。PWMを出力するピンは緊急停止中などの誤動作を防ぐためプルダウンを設定します(記述❸)。コンパレータは＋側がピン、-側が定電圧源で(記述❹)、もし取り違えると出力電圧が0Vまたは上限に貼り付きます。セットアップを終えたら、あとは果報を寝て待ちます。

⊕ 昇圧型電源のテスト

　昇圧型電源の特性は、概略、インダクタの容量とスイッチングする周波数で決まります。狙った特性を出す数式があるのですが、必要なデータが見付からなかったり(たとえばスイッチング素子の飽和電圧)、計算どおりの部品が手に入らなかったりして、実際のところ役に立ちません。普通は直感で設計し、出た特性を狙ったことにします。
　というわけで、昇圧型電源の特性を調べます。負荷に抵抗をつなぎますが、製作物でよく使う1/4Wカーボン抵抗は数分で焼き切れてしまいます。下に示すとおり、2Wセメント抵抗をつないで、要所の波形を見つつ、昇圧型電源が無理をしないギリギリのところへもっていきます。ときどきLEDが点灯したりしてスリル満点です。

●昇圧型電源の特性を観測している様子

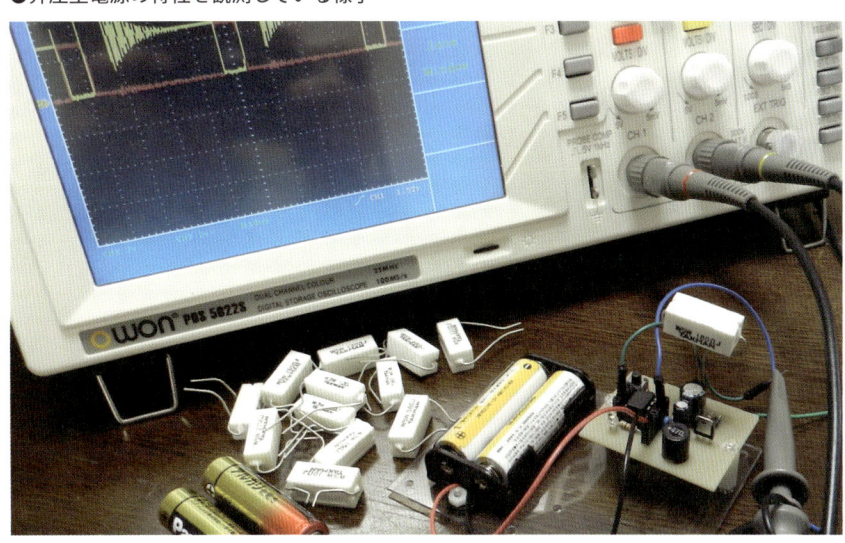

昇圧型電源のスイッチング動作を下に示します。電源は単三乾電池2本です。インダクタはPWMのデューティ期間に電力を蓄積し、終了と同時に放出します。負荷が軽いと電力の放出はすぐ終わり、あとはコンデンサが負荷へ放電します。負荷を重くするにしたがいデューティ期間と電力を放出する期間が延びて出力5Vを維持します。

負荷が22Ω（電流227mA）のときデューティ期間と電力を放出する期間がPWMの1周期とほぼ一致し、エネルギー変換効率が最大になります。出力電圧は負荷18Ω（電流278mA）まで5Vを維持しますが、電力を放出している途中で次のデューティ期間が始まり、エネルギー変換効率が落ちます。負荷10Ω以下だと安全対策が働きます。

●昇圧型電源のスイッチング動作

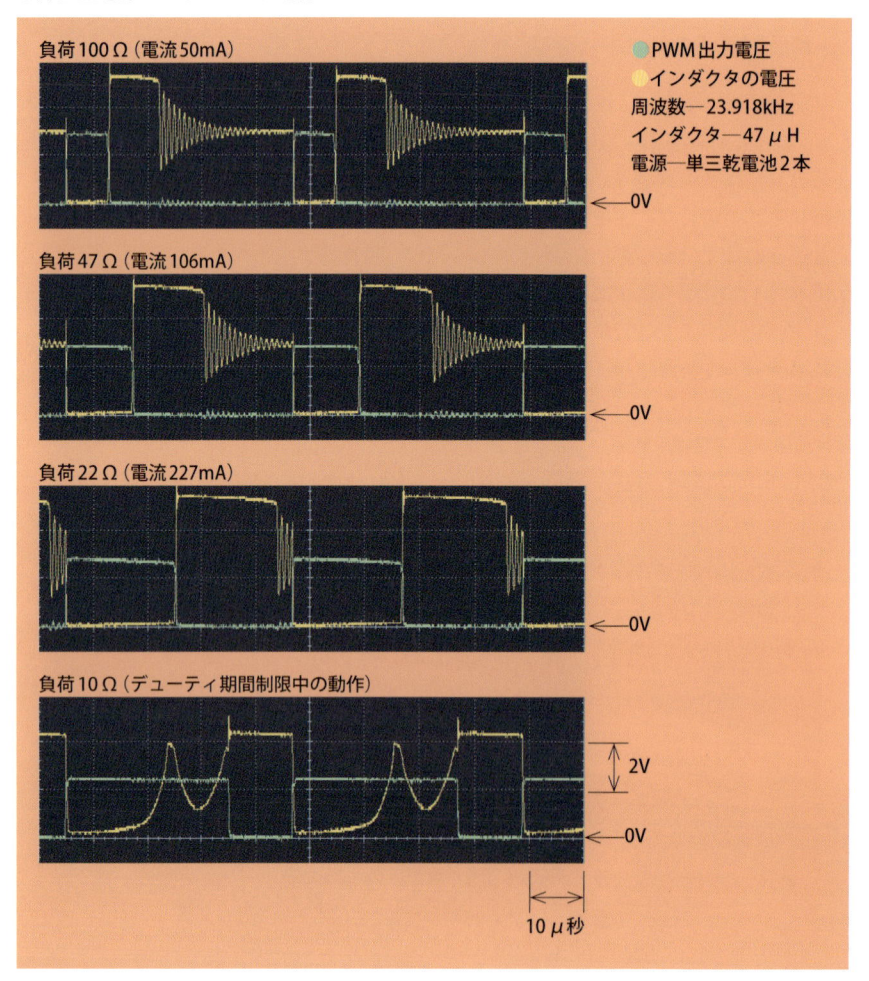

● 昇圧型電源の電流-電圧特性

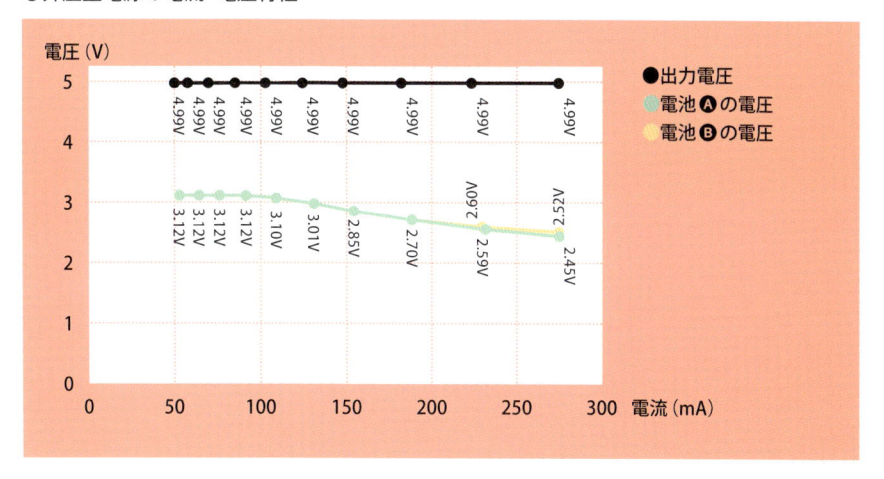

昇圧型電源の電流-電圧特性を上に示します。出力電圧は安全対策が働くまで5Vを維持します。インダクタの容量とスイッチングする周波数を調整すればもっといけそうな感じですが、電池がもちません。普通の電池(Ⓐ)と長持ちする電池(Ⓑ)を試しましたが、どちらも出力150mAあたりから電圧を下げ、出力278mAでネをあげます。

昇圧型電源の公称出力電流は少し余裕を見込んで200mAとします。その付近の出力波形を下に示します。デューティ期間の始まりで200mV程度のスパイクノイズが発生していますが、これは昇圧型電源の宿命で、織り込みずみです。経験上、デジタル回路の動作には影響がありません。アナログ回路でどうかは個別の判断になります。

● 出力電圧の波形

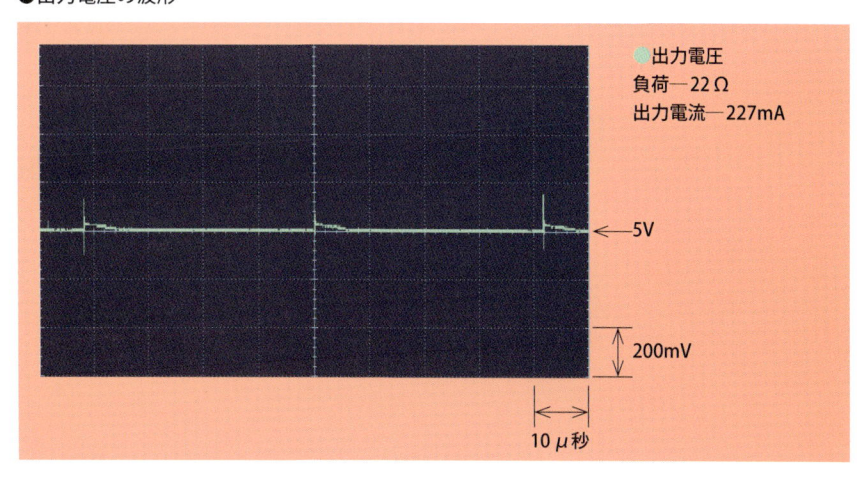

2—昇圧型電源

chapter4 3 カラーLED基板

PLUS⊕ONE──速度の不足を克服する

[第4章]
無理難題編
Mission Impossible

⊕ カラーLED基板の概要

　赤、緑、青のLEDを組み合わせたカラーLEDは青がノーベル賞をとって一躍ときの部品となりましたが、電気街では前世紀から定番です。現在のハヤリは制御用ICを内蔵したタイプで、1本の信号線に最大1024本がつながります。LPC810で複数のカラーLEDを点灯したいときピン数が足りない問題は、このハヤリが解決してくれました。

　あとふたつ問題があります。第1に、電源電圧が5Vです。これは、別項の昇圧型電源で解決します。第2に、猛烈な速度が要求されます。これは、関数をアセンブリ言語で書くことで解決します。LPC810に制御用IC内蔵カラーLEDを4本つないだ、カラーLED基板の製作例を下に示します。4本がそれぞれの色で、ちゃんと点灯しています。

●カラーLED基板が動作している様子

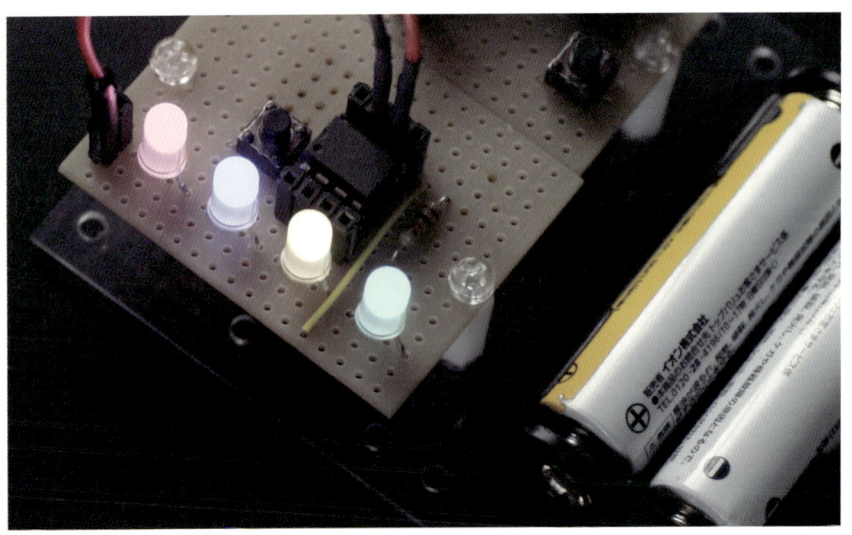

●カラーLED基板の製作例

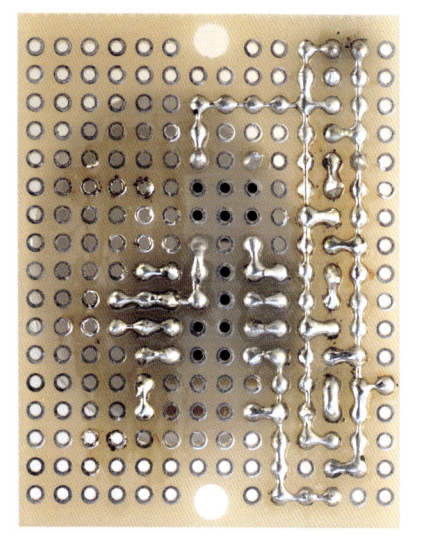

　製作例の外観を上に示します。制御用IC内蔵カラーLEDはユニバーサル基板に乗る数だけつないであり、理屈ではあと1020本つなげます。その上のピンソケットは5Vを入力するところです。3.3Vでも点灯するという噂があり、まんざらデタラメではなさそうです。5Vの電源を用意するのが面倒くさい人は、やってみる価値があります。
　製作例で使った制御用IC内蔵カラーLEDはShenzhenのPL9823-F5です。外観を下に示します。制御用ICはWorldsemiのWS2811で、LPC810の直接的な制御の対象はWS2811ということになります。ほかの製品もWS2811か同系列の制御用ICを採用しているので、PL9823-F5がうまく点灯すれば、ほかの製品もたぶんうまく点灯します。

●PL9823-F5の外観

⊕ カラーLED基板の設計と製作

　PL9823-F5のデータシートに掲載された応用回路例を下に示します。電源につながる抵抗は、LEDの電流調整用ではなく、突入電流を防ぐダンピング抵抗です。普通、これは省略します。電源とGNDの間にはバイパスコンデンサが入っています。なるべく簡単な回路にしたいので、ちょっとしたバクチになりますが、これも省略してみます。

● PL9823-F5の応用回路例（データシートから転載）

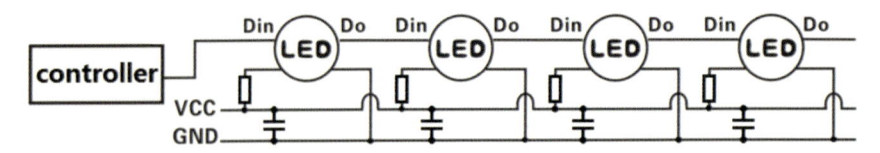

　カラーLED基板の回路を下に示します。結局、PL9823-F5を4本、ただ直列に接続した恰好です。PL9823-F5の電源電圧が5Vですから、LPC810の制御信号も1が5Vでなければなりません。ピンをオープンドレインに設定し、内部のプルアップを取り消し、外部で5Vへプルアップします。LPC810は、全部のピンでこの方法が使えます。

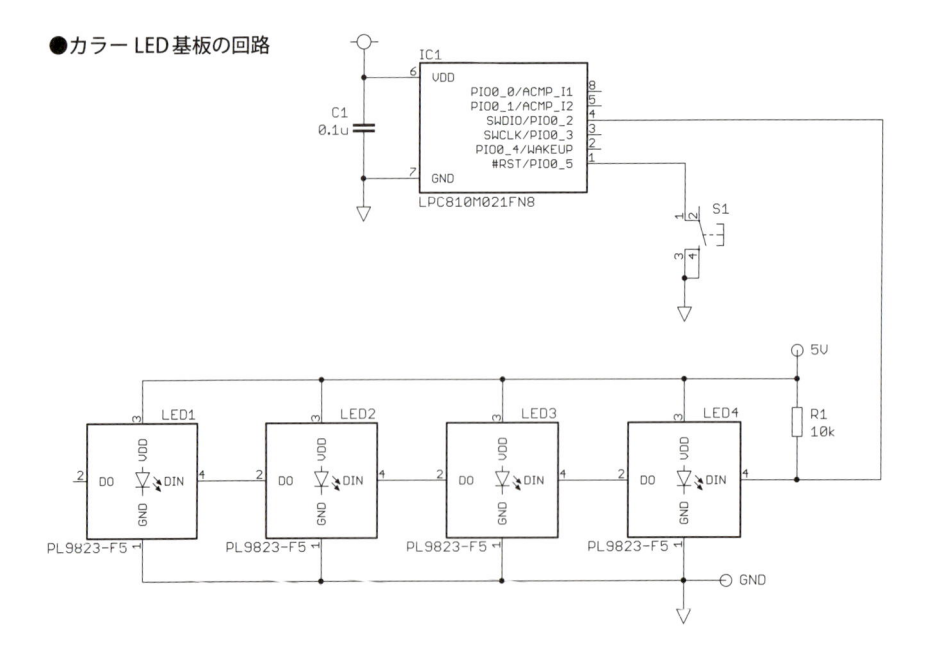

● カラーLED基板の回路

●配線図と部品表

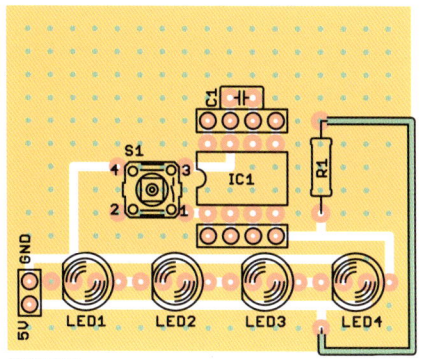

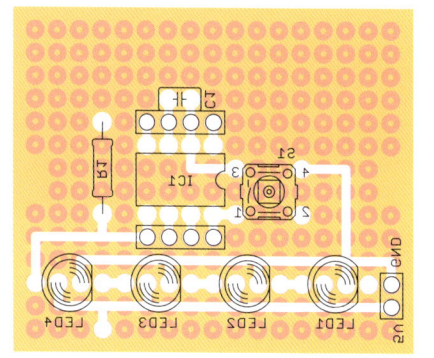

🔽部品面　　　　　　　　　🔽ハンダ面

部品番号	仕様	数量	備考
IC1	LPC810M021FN8	1	マイコン
LED1〜LED3	PL9823-F5	4	制御用IC内蔵カラーLED
R1	10kΩ	1	1/4Wカーボン抵抗
C1	0.1μF	1	積層セラミックコンデンサ
S1	タクトスイッチ	1	製作例はDTS-6（Cosland）の黒
—	DIP8ピンICソケット	1	製作例は2227-8-3（Neltron）
—	4ピン1列ピンソケット	2	42ピン1列ピンソケットをカットして使用
—	2ピン1列ピンソケット	1	42ピン1列ピンソケットをカットして使用
—	ユニバーサル基板	1	製作例はDタイプ（秋月電子通商）

　配線図と部品表を上に示します。PL9823-F5はピン配置がよく考えられており、すべて同じ方向へ向ければ自然と最短の配線になります。ピン間隔は実測0.7mmで、ユニバーサル基板の穴と一致しませんから、広げてグッと押し込まみます。製作物を美しく仕上げるため、下に示すとおり、高さをできるだけ揃え、垂直に立ててください。

●PL9823-F5を取り付けた状態

3―カラーLED基板　　　　261

⊕ PL9823-F5の制御

　PL9823-F5の制御信号を下に示します。開始と終了は区切り信号で指定します。制御信号は、LED1色あたり8ビット、1本あたり24ビットで明るさを指定します。仮に96ビットを出力したとすると、先頭のPL9823-F5から24ビットずつ適用され、4本が点灯します。途中で打ち切った場合、以降のPL9823-F5は現状の色を保持します。

●制御信号の形式

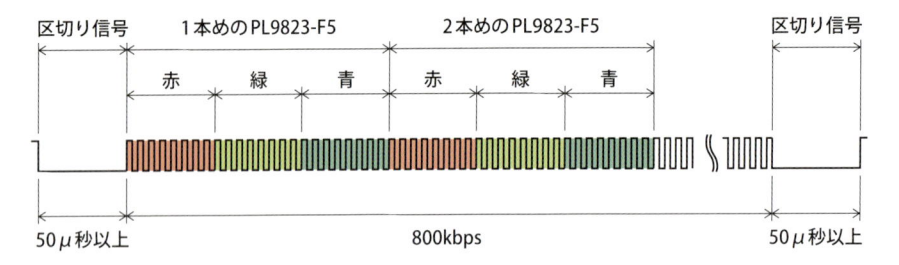

```
区切り信号 | 1本めのPL9823-F5 | 2本めのPL9823-F5 | 区切り信号
             赤  緑  青         赤  緑  青
50μ秒以上        800kbps                    50μ秒以上
```

　制御信号の1ビットの形式を下に示します。PL9823-F5とWS2811のデータシートに食い違いがあり、多くの製品が採用しているWS2811の説明にしたがいました。1ビットの周期は125n秒、1と0はデューティ比で区別します。LPC810を24MHzで動作させた場合、1周期は30クロック、最短のデューティ期間は6クロックになります。

●制御信号の1ビットの形式

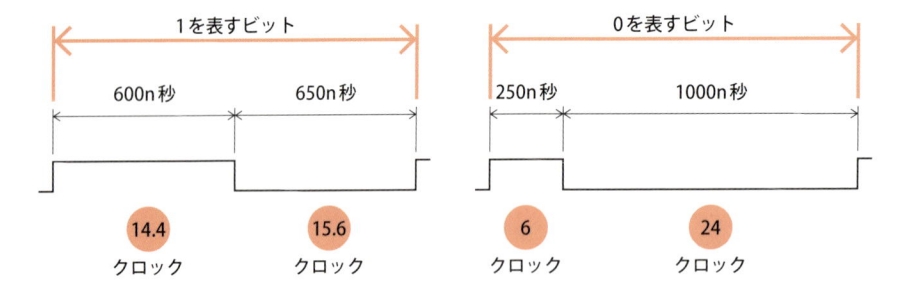

```
    1を表すビット              0を表すビット
  600n秒  |  650n秒        250n秒  |  1000n秒
   14.4      15.6            6         24
  クロック   クロック       クロック    クロック
```

　こういう波形を見るとSCTでPWMを出力し、割り込みでデューティ比を設定したくなりますが、それはWS2811が要求する速度をなめています。合理的に動作するとされるLPC810（Cortex-M0+）でも、割り込むだけで18クロックを要します。まともなやりかたではとうてい太刀打ちできないため、関数をアセンブリ言語で記述します。

WS2811へ制御信号を書き込む関数rgbWriteのヘッダを下に示します。関数をアセンブリ言語で書く場合、引数の型と順序をよく承知しておく必要があります。1番めの引数は制御信号の配列を指すポインタで、それ自身は4バイトの符号なし整数です。2番めの引数は制御信号のバイト数で、それ自身は1バイトの符号なし整数です。

●関数rgbWriteのヘッダws2811.h

```
// ws2811.h

#ifndef WS2811_H_
#define WS2811_H_

// rgbWrite―WS2811へ制御信号を書き込む
// 引数：data―制御信号の配列、count―制御信号のバイト数
void rgbWrite(const uint8_t *data, uint8_t count);

#endif
```

関数rgbWriteに関係するCPUのレジスタは、汎用レジスタr0～r12、リンクレジスタlr、プログラムカウンタpcです。関数rgbWriteが呼び出された時点で、これらのレジスタは下に示すデータを保持しています。以降の処理には汎用レジスタを使います。そのうちr4～r12は、処理を終えた時点で元の内容に戻しておく必要があります。

●関数rgbWriteが呼び出された時点でCPUのレジスタが保持する内容

レジスタ	内容	説明
r0	32ビット	1番めの引数―制御信号の先頭アドレス
r1	8ビット	2番めの引数―制御信号の数
r2		3番めの引数
r3		4番めの引数
r4		ほかの処理で使用中
︙		
r12		ほかの処理で使用中
lr	32ビット	呼び出した命令の次のアドレス
pc	32ビット	次に実行する命令のアドレス

3―カラーLED基板　　263

制御信号を出力するピンは、C言語で汎用ポートの出力に設定しておいて、アセンブリ言語で下に示すとおり操作します。アドレス0xa0002200のレジスタはビットを立てると該当ピンが1を出力します。同0xa0002280はビットを立てると該当ピンが0を出力します。どちらも0x04を書き込むことで論理2番ピンのビットが立ちます。

●論理2番ピンを1または0にする方法

0xa0002200	～	PIO0_5	PIO0_4	PIO0_3	PIO0_2	PIO0_1	PIO0_0	0x04を書くと1
0xa0002280	～	PIO0_5	PIO0_4	PIO0_3	PIO0_2	PIO0_1	PIO0_0	0x04を書くと0

　関数rgbWriteのソースを下に示します。先頭（記述❶）と末尾（記述❹）は定型的な記述で、その中間が本物の処理にあたります。コメントの数字は制御信号の1ビットの先頭から数えたクロック数です。普通の命令は1クロック、分岐命令が分岐した場合は2クロックです。こうやってタイミングをはかりながら、論理2番ピンを操作します。
　ARM系はレジスタの値のみ処理します。定数やメモリの値はレジスタに読み込んで取り扱います。個別の操作はコメントで理解してください。処理の先頭でリンクレジスタlrがスタックに待避した呼び出し元のアドレスは（記述❷）、末尾でプログラムカウンタpcへ復帰します（記述❸）。これで、呼び出し元へ戻って動作を継続します。

●関数rgbWriteのソース ws2811.s

```
@ ws2811.s - ws2811 handler
@ LPC810@24MHz
@ void rgbWrite(const uint8_t *data, uint8_t count)

    .cpu cortex-m0plus
    .thumb
    .syntax unified

    .file "ws2811.s"
    .text
    .align 1
    .global rgbWrite
    .thumb_func
    .type rgbWrite, %function
```
❶

```
rgbWrite:
  push {r4, r5, r6, lr}    @ レジスタの内容をスタックに待避 ———②

  movs r2, 0x04            @ r2に論理2番ピンを操作する値を設定
  ldr  r3, =0xa0002200     @ r3にピンを1にするレジスタのアドレスを設定
  ldr  r4, =0xa0002280     @ r4にピンを0にするレジスタのアドレスを設定

.loop_byte:
  movs r5, 0x80            @ 28：r5に新規のビットマスクを設定
  ldrb r6, [r0, 0]         @ 29，30：r6に制御信号を設定

.loop_bit:
  str  r2, [r3, 0]         @ 1：論理2番ピンに1を出力
  b    .+2                 @ 2，3：次の命令へ分岐
  tst  r6, r5              @ 4：制御信号のビットを検査
  bne  .skip               @ 5(6)：もし1なら.skipへ分岐
  str  r2, [r4, 0]         @ 6：論理2番ピンに0を出力
.skip:
  b    .+2                 @ 7，8：次の命令へ分岐
  b    .+2                 @ 9,10：次の命令へ分岐
  b    .+2                 @ 11,12：次の命令へ分岐
  b    .+2                 @ 13,14：次の命令へ分岐
  str  r2, [r4, 0]         @ 15：論理2番ピンに0を出力
  nop                      @ 16：何もせずに次へ進む
  b    .+2                 @ 17，18：次の命令へ分岐
  b    .+2                 @ 19，20：次の命令へ分岐
  lsrs r5, r5, 1           @ 21：ビットマスクのビットを右へ移動
  beq  .next_byte          @ 22，(23)：もし0なら.next_byteへ分岐
  nop                      @ 23：何もせずに次へ進む
  b    .+2                 @ 24，25：次の命令へ分岐
  b    .+2                 @ 26，27：次の命令へ分岐
  b    .loop_bit           @ 29，30：.loop_bitへ分岐

.next_byte:
  adds r0, 1               @ 24：制御信号のポインタを次へ移動
  subs r1, 1               @ 25：制御信号の数を減らす
  bne  .loop_byte          @ 26，27：もし0でなければ.loop_byteへ分岐

  pop  {r4, r5, r6, pc}    @ レジスタの内容をスタックから復帰 ———③

  .size rgbWrite, .-rgbWrite ———④
```

3 ― カラー LED 基板

第4章 無理難題編

プログラムをアセンブリ言語で書いて、ようやくLPC810がARM系だということを実感できました。その一方で、レジスタのやりくりにひどく神経を使い、今夜は眠れそうもありません。ARM系の実感と健康をハカリに掛けたら健康が勝ります。アセンブリ言語は、ほかにうまい方法がないとき、しかたなく使うくらいが適当です。

⊕ カラーLED基板のプログラム

　カラーLED基板のプロジェクトrgb810を作ります。目標は、4本のPL9823-F5をそれぞれの色で点灯し、0.5秒ごとに色を隣へ送ることです。簡単な動作ですが、何かの偶然で達成されることはありません。プロジェクトの構成を下に示します。PL9823-F5の点灯に関数rgbWriteを使います。0.5秒の間隔はMRTハンドラで作ります。

●プロジェクトrgb810の構成

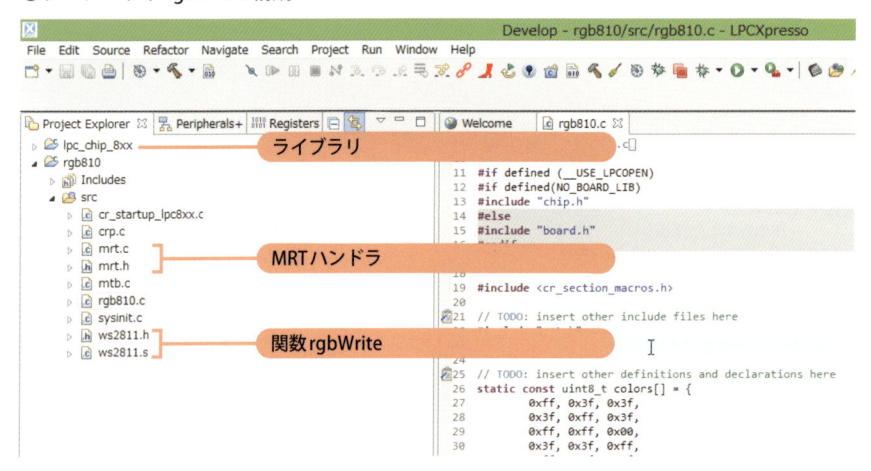

　関数mainを含むソースrgb810.cの記述を右に示します。色テーブルに赤、緑、黄、青の4色を繰り返し定義してあります（記述❶）。先頭をズラしながら4色を書き込むことで、色が行列を進むように、隣へ送られます。赤、緑、青は、少し濁らせています。そうしたほうが濁らせない黄とよく馴染み、全体の色調が統一されるように感じます。

　制御信号の書き込みは関数rgbWriteが実現します（記述❸）。その前後にやるべきことがあります。制御信号を出力するピンは汎用ポートの出力に設定しておきます（記述❷）。制御信号は前後に50μ秒以上の区切り信号が必要です（記述❹）。最初の1回だけ区切り信号が入らないかも知れませんが、その問題は0.5秒あとに解消されます。

●プロジェクト rgb810 のソース rgb810.c

```c
// rgb810.c

#include "chip.h"       //LPCOpenのヘッダ
#include "mrt.h"        //MRTハンドラのヘッダ
#include "ws2811.h"     //関数rgbWriteのヘッダ

static const uint8_t colors[] = {  //色テーブル ―①
  0x7f, 0x3f, 0x3f,     //パステル調の赤
  0x3f, 0x7f, 0x3f,     //パステル調の緑
  0x7f, 0x7f, 0x00,     //黄
  0x3f, 0x3f, 0x7f,     //パステル調の青
  0x7f, 0x3f, 0x3f,     //パステル調の赤
  0x3f, 0x7f, 0x3f,     //パステル調の緑
  0x7f, 0x7f, 0x00      //黄
};

int main(void) {
  SystemCoreClockUpdate();  //システムクロックを登録

  //スイッチマトリクスでピンを設定
  Chip_Clock_EnablePeriphClock(SYSCTL_CLOCK_SWM);
  Chip_SWM_DisableFixedPin(SWM_FIXED_SWDIO);  //SWDIO無効
  Chip_Clock_DisablePeriphClock(SYSCTL_CLOCK_SWM);

  //論理2番ピンをオープンドレインに設定
  Chip_Clock_EnablePeriphClock(SYSCTL_CLOCK_IOCON);
  Chip_IOCON_PinSetMode(LPC_IOCON, IOCON_PIO2, PIN_MODE_INACTIVE);
  Chip_IOCON_PinEnableOpenDrainMode(LPC_IOCON, IOCON_PIO2);
  Chip_Clock_DisablePeriphClock(SYSCTL_CLOCK_IOCON);

  //汎用ポートをセットアップ ―②
  Chip_GPIO_SetPinDIROutput(LPC_GPIO_PORT, 0, 2);  //出力に設定
  Chip_GPIO_SetPinOutLow(LPC_GPIO_PORT, 0, 2);    //0を出力

  mrtSetup();  //MRTをセットアップ

  int count = 0;  //繰り返し回数を数えるカウンタ
  while (1) {  //つねに繰り返す
    int top = (count++ & 0x03) * 3;  //色テーブルの先頭を計算
    rgbWrite(&colors[top], 12);  //WS2811へ制御信号を書き込む ―③
    mrtWait(MRT_MS(500));  //0.5秒停止 ―④
  }
  return 0;  //文法上の整合をとる記述
}
```

3―カラー LED 基板

267

⊕ カラー LED 基板のテスト

　カラー LED 基板をテストする接続を下に示します。これは昇圧型電源のテストにもなります。電源は単三乾電池2本の想定です。その3Vを昇圧型電源に入れ、昇圧型電源から3Vと5Vをカラー LED 基板に入れます。GNDは1本のジャンパワイヤでつながっていればいいので、3VのGNDをつなぎ、5VのGNDはつなぎません。

●カラー LED 基板をテストする接続

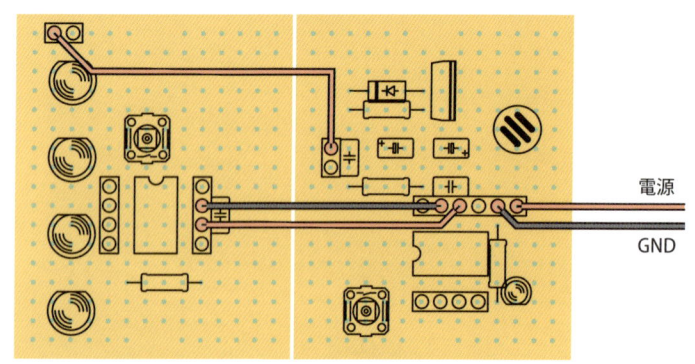

🔼カラー LED 基板　　🔼昇圧型電源

　カラー LED 基板が動作した様子を下に示します。カラー LED を普通に撮影すると、実物が何色で光っていても白く写ります。写真の色が見た目と一致するよう、思い切り絞り込みました。もはやこれがカラー LED 基板なのか、ほかのインチキな製作物でごまかしているのかわからない状態ですが、その点は冒頭の写真で確認してください。

●rgb810の実行例

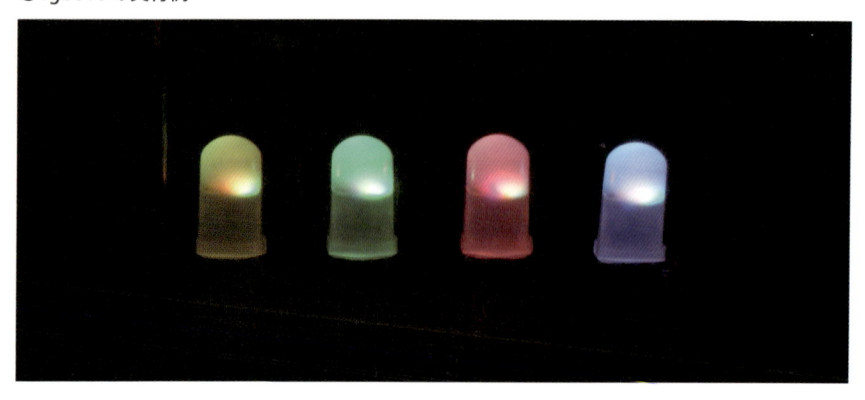

試しにカラー LED 基板を電源電圧 3V で動かしてみたところ、下に示すとおり、正常に動作しました。部品店でアタリの PL9823-F5 を引いたのだと思いますが、もし全部が 3V で点灯するのだったらガッカリです。昇圧型電源やオープンドレインで 5V を出力する方法などカラー LED 基板に注いだ工夫が、いらなかったことになります。

●カラー LED 基板を 3V で動作させた例

　PL9823-F5 は 3 色とも最高の明るさ (0xff) に設定すると消費電流が 50mA を上回るようです。4 本の合計が 200mA を超え、昇圧型電源の安全対策が働きます。この問題は、昇圧型電源の力量不足というよりカラー LED に 50mA も流す使いかたの間違いです。実例は最高の半分を上限とすることで安定して十分に明るく点灯させています。

3―カラー LED 基板

chapter4
4 AD変換器
PLUS ⊕ ONE──電圧を読めない弱点を克服する

[第4章]
無理難題編
Mission Impossible

⊕ AD変換器の動作原理

　LPC810はAD変換器を備えていないため、アナログの電圧はコンパレータで取り扱うのが精一杯です。同じ価格帯のマイコンと比べ、ちょっと残念な部分ですが、致命的な弱点ではありません。現在のAD変換器（ΔΣ型）はコンパレータとデジタルの回路で構成されています。その気になれば、LPC810でAD変換器を作ることができます。

　製作例が動作している様子を下に示します。LPC810のAD変換器で電池の電圧を読み、I²Cを通じ、LPC810親機が表示しています。本物のAD変換器と比べ、部品を3個、余計に使いますが、本物ではないなりのメリットもあります。製作例は3.194Vを3194に変換するプログラムになっていて、計算なしで単位mVの電圧が得られます。

●AD変換器が動作している様子

製作例の外観を下に示します。これ自体はI²Cのスレーブで、2ピン1列ピンソケットに電圧を加え、マスタから2バイトのAD変換値を読み込みます。AD変換器を構成するのは、LPC810、2本の抵抗、1本のコンデンサです。LEDはAD変換器のプログラムをデバッグするために取り付けてあり、正常なら、電圧が低いほど明るく光ります。

●製作例の外観

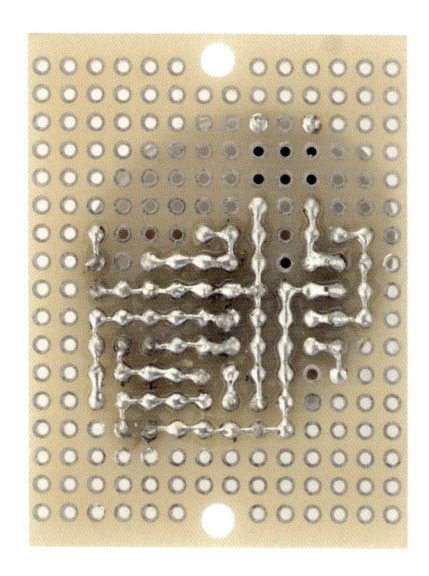

　AD変換機の構造を下に示します。入力した電圧は、コンパレータがフルスケールの中央の電圧と比較し、その結果で中央へ向けて引っ張ります。入力にはコンデンサがあって中央の電圧にいたるまで時間が掛かります。その間、上向きに引っ張った時間を数えることで、電圧（正確には前回と今回の電圧差）に反比例する値が得られます。

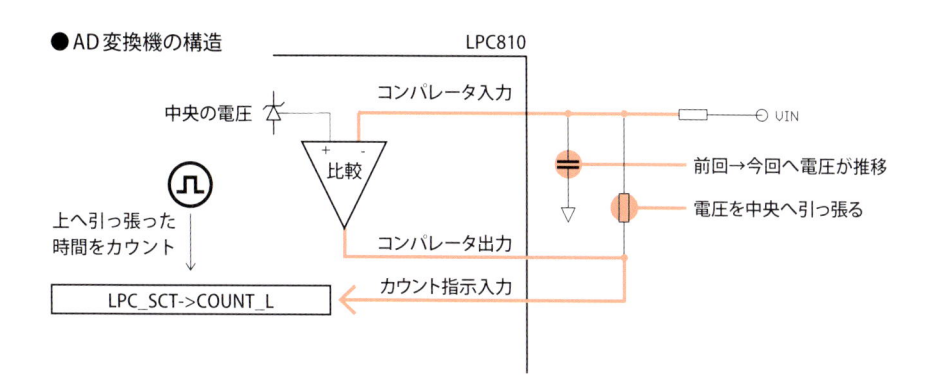

●AD変換機の構造

●AD変換の動作例

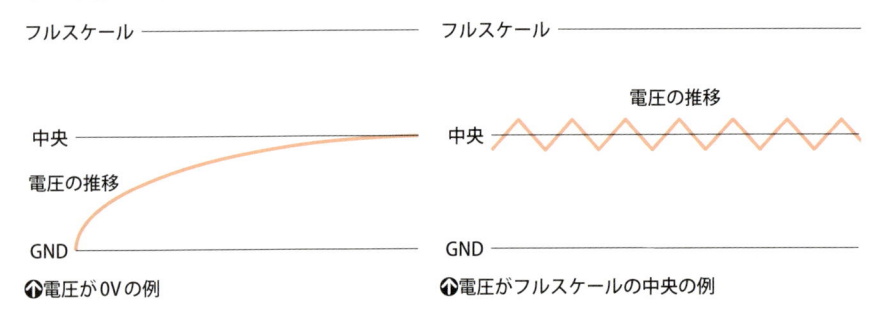

⇧電圧が0Vの例　　　　　　　　　⇧電圧がフルスケールの中央の例

　AD変換器の構造を知ってもAD変換の仕組みはわかり辛いと思うので典型的な動作例をふたつ上に示します。電圧が0Vだとコンパレータは上向きに引っ張り続け、カウントが最大値になります。電圧がフルスケールの中央だとコンパレータは上向きに引っ張ったり下向きに引っ張ったりするため、カウントも最大値の半分になります。

⊕ AD変換器の設計と製作

　AD変換器の回路を下に示します。論理3番ピンはスイッチマトリクスでコンパレータ出力とSCTのカウント指示入力を二重に設定します。論理0番ピンはコンパレータ入力とします。ここにつながる抵抗R4、R5、コンデンサC2の値はAD変換の動作に影響します。この回路はNXPのアプリケーションノートAN11329にならっています。

●AD変換器の回路

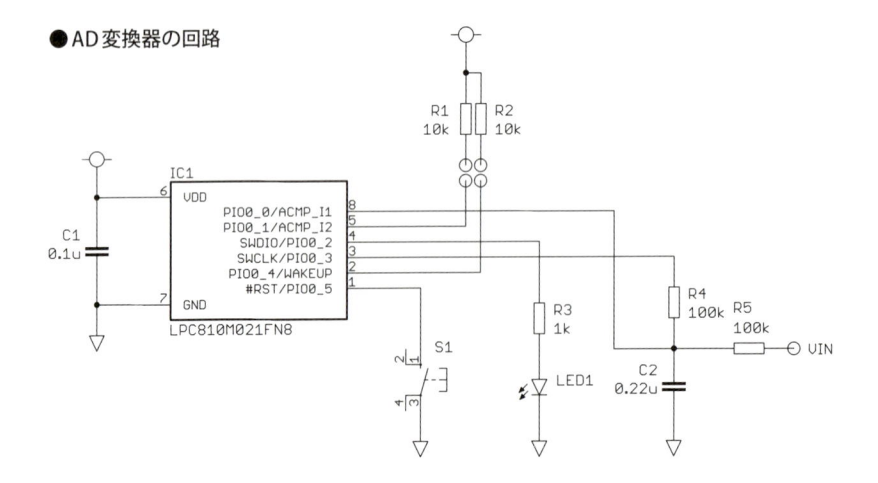

配線図と部品表を下に示します。AD変換の重要な働きがLPC810の内部の仕組みで実現されるため、この部分に関係する外付け部品はごく普通の抵抗とコンデンサだけです。AD変換器は、けっこう難しい処理をやっているにもかかわらず、製作にあたり特筆すべきことが何もないということが特筆に価します。

●配線図と部品表

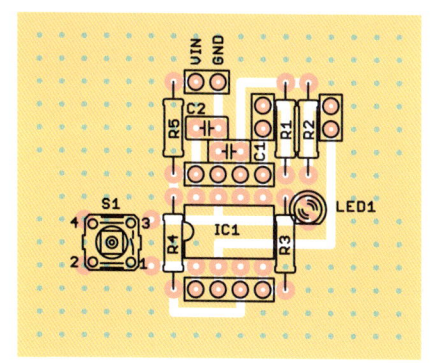

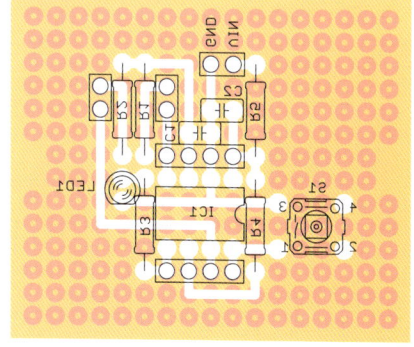

⬆部品面　　　　　　　　　　　　　　　⬆ハンダ面

部品番号	仕様	数量	備考
IC1	LPC810M021FN8	1	マイコン
LED1	OS5RKA3131A	1	高輝度LED
R1、R2	10kΩ	2	1/4Wカーボン抵抗
R3	1kΩ	1	1/4Wカーボン抵抗
R4、R5	100kΩ	2	1/4Wカーボン抵抗
C1	0.1μF	1	積層セラミックコンデンサ
C2	0.22μF	1	積層セラミックコンデンサ
S1	タクトスイッチ	1	製作例はDTS-6（Cosland）の黒
—	DIP8ピンICソケット	1	製作例は2227-8-3（Neltron）
—	4ピン1列ピンソケット	2	42ピン1列ピンソケットをカットして使用
—	2ピン1列ピンソケット	2	42ピン1列ピンソケットをカットして使用
—	2ピン1列ピンヘッダ	2	42ピン1列ピンヘッダをカットして使用
—	ジャンパピン	2	製作例はMJ-254-6（Useconn）の赤
—	ユニバーサル基板	1	製作例はDタイプ（秋月電子通商）

4―AD変換器

⊕ AD変換器のプログラム

　AD変換器のプロジェクトadc810を作ります。目標は電圧をmV単位の実数に変換し、I²Cのスレーブの立場でマスタに知らせることです。プロジェクトの構成を下に示します。スレーブの働きはI²Cスレーブハンドラが実現します。本当はMRTハンドラを使いたい短い停止があるのですが、1箇所だけなので普通の繰り返しで代替します。

●プロジェクトadc810の構成

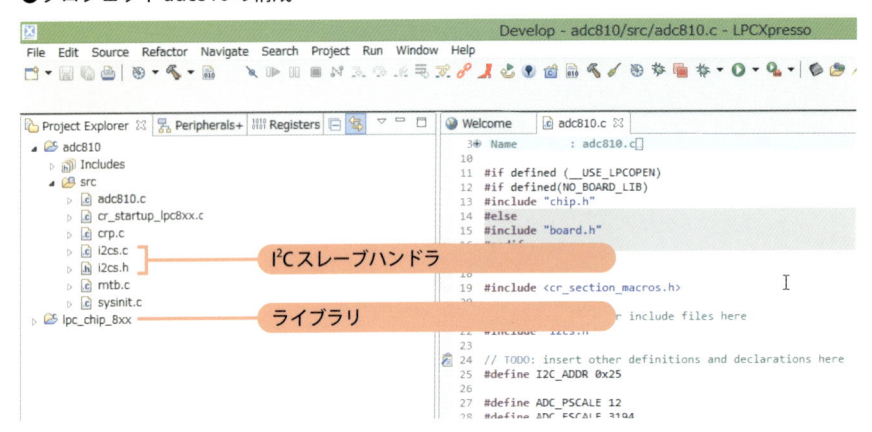

　関数mainを含むソースadc810.cの記述を右に示します。冒頭のシンボルはAD変換の動作を定義します（記述❶）。ADC_VLADDRはコンパレータの基準電圧を設定して中央の電圧を作ります。下に示すとおりド真ん中がないため、15で1.597Vとしています。ADC_FSCALEはフルスケールとなる1.597Vの2倍を3194に変換する定義です。

●プロジェクトadc810の構成

電源電圧

31	3.300V
30	
16	1.703V
15	1.597V
14	1.490V
1	
0	0.000V

$$基準電圧(V) = \frac{電源電圧(V)}{31} \times ADC\_VLADDR$$

AD変換は周期的に実行され、終了するたびに関数SCT_IRQHandlerが割り込みます。この時点でSCTの下位16ビットにいちおうAD変換値といえるものがあるのですが、それは前回と今回の電圧差に反比例した値です。普通にいうAD変換値は、得られた値から前回の値を引き、その値をフルスケールから引いたものです（記述❷）。

●プロジェクトadc810のソースadc810.c

```
// adc810.c

#include "chip.h" //LPCOpenのヘッダ
#include "i2cs.h" //I²Cスレーブハンドラのヘッダ

#define I2C_ADDR 0x25 //アドレス

#define ADC_PSCALE 12 //AD変換頻度
#define ADC_VLADDR 15 //フルスケールの中央の電圧
#define ADC_FSCALE 3194 //フルスケールのAD変換値        ❶

//SCTの割り込み関数
void SCT_IRQHandler(void) {
  static uint32_t old_val; //前回のAD変換値
  uint32_t adc_val; //今回のAD変換値
  uint32_t delta; //AD変換値の前回と今回の差

  if((LPC_SCT->EVFLAG & 1) == 0) //もしAD変換の完了ではなかったら
    return; //何もせずに戻る

  //AD変換値の取得
  delta = LPC_SCT->COUNT_L; //AD変換値の前回と今回の差を取得
  adc_val =   //今回のAD変換値を計算 ──── ❷
  ADC_FSCALE - ((0x10000 + delta - old_val) & 0xffff);
  old_val = delta; //前回のAD変換値として記録

  //送信用の配列に保存
  __disable_irq(); //割り込みを保留
  i2csTxBuf[0] = adc_val >> 8; //AD変換値の第1バイト
  i2csTxBuf[1] = adc_val & 0xff; //AD変換値の第2バイト
  __enable_irq(); //割り込みを再開

  //割り込みフラグをクリア
  Chip_SCT_ClearEventFlag(LPC_SCT, SCT_EVT_0);
}
```

```c
int main(void) {
  SystemCoreClockUpdate(); //システムクロックを登録

  Chip_Clock_EnablePeriphClock(SYSCTL_CLOCK_IOCON);
  Chip_IOCON_PinSetMode(LPC_IOCON, IOCON_PIO0,
  PIN_MODE_INACTIVE); //論理0番ピン（ACMP1)のプルアップを無効に設定
  Chip_IOCON_PinSetMode(LPC_IOCON, IOCON_PIO3,
  PIN_MODE_INACTIVE); //論理3番ピン（ACMP_O/CTIN_0)のプルアップを無効に設定
  Chip_Clock_DisablePeriphClock(SYSCTL_CLOCK_IOCON);

  //スイッチマトリクスでピンを設定
  Chip_Clock_EnablePeriphClock(SYSCTL_CLOCK_SWM);
  Chip_SWM_DisableFixedPin(SWM_FIXED_SWCLK);    //SWCLK無効
  Chip_SWM_DisableFixedPin(SWM_FIXED_SWDIO);    //SWDIO無効
  Chip_SWM_EnableFixedPin(SWM_FIXED_ACMP_I1);   //ACMP1
  Chip_SWM_MovablePinAssign(SWM_ACMP_O_O, 3);   //ACMPO
  Chip_SWM_MovablePinAssign(SWM_CTIN_0_I, 3);   //CTIN0
  Chip_SWM_MovablePinAssign(SWM_CTOUT_0_O, 2);  //CTOUT0
  Chip_SWM_MovablePinAssign(SWM_I2C_SDA_IO, 4); //SDA
  Chip_SWM_MovablePinAssign(SWM_I2C_SCL_IO, 1); //SCL
  Chip_Clock_DisablePeriphClock(SYSCTL_CLOCK_SWM);

  //SCTをセットアップ
  Chip_SCT_Init(LPC_SCT); //SCTを起動してリセット

  //SCTの上位16ビットとイベント0をセットアップ ――❸
  LPC_SCT->MATCH[0].H = ADC_FSCALE - 1; //周期の初期値を設定
  LPC_SCT->MATCHREL[0].H = ADC_FSCALE - 1; //周期を設定
  LPC_SCT->EV[0].CTRL = 0x1010;  //MATCH[0].H一致でイベント0を実行
  LPC_SCT->EV[0].STATE = 3; //全部の効果を有効に設定
  LPC_SCT->LIMIT_H = 1; //イベント0で次の周期を開始
  //イベント0で割り込みを発生
  Chip_SCT_EnableEventInt(LPC_SCT, SCT_EVT_0);

  //SCTの下位16ビットとイベント1、2をセットアップ ――❹
  LPC_SCT->EV[1].CTRL = 0x2400;  //CTIN0の上昇端でイベント1を実行
  LPC_SCT->EV[1].STATE = 3; //全部の効果を有効に設定
  LPC_SCT->START_L = 2; //イベント1でカウントを開始
  LPC_SCT->OUT[0].SET = 2; //イベント1でCTOUT0に1を出力

  LPC_SCT->EV[2].CTRL = 0x2800;  //CTIN0の下降端でイベント2を実行
  LPC_SCT->EV[2].STATE = 3; //全部の効果を有効に設定
  LPC_SCT->STOP_L = 4; //イベント2でカウントを停止
  LPC_SCT->OUT[0].CLR = 4; //イベント2でCTOUT0に0を出力
```

```c
//分周比の設定とカウント値のクリア
LPC_SCT->CTRL_H = ((ADC_PSCALE - 1) << 5) | 0x08;
LPC_SCT->CTRL_L = ((ADC_PSCALE - 1) << 5) | 0x0A;

//コンパレータをセットアップ
Chip_ACMP_Init(LPC_CMP);  //コンパレータを起動してリセット
//基準電圧を設定
Chip_ACMP_SetupVoltLadder(LPC_CMP, ADC_VLADDR, false);
Chip_ACMP_EnableVoltLadder(LPC_CMP);  //基準電圧を有効に設定
volatile uint32_t delay;
for (delay = 0; delay < 255; delay++);  //基準電圧の安定を待つ
//+入力は基準電圧、-入力はACMP1、非同期動作のためクロック不要
Chip_ACMP_SetPosVoltRef(LPC_CMP, ACMP_POSIN_VLO);
Chip_ACMP_SetNegVoltRef(LPC_CMP, ACMP_NEGIN_ACMP_I1);
Chip_Clock_DisablePeriphClock(SYSCTL_CLOCK_ACOMP);

NVIC_EnableIRQ(SCT_IRQn);  //SCTの割り込みを許可
i2csSetup(I2C_ADDR, 0, 2);  //I²Cスレーブをセットアップ

while (1)  //つねに繰り返す
    __WFI();  //割り込みが発生するまでスリープして待機
return 0;  //文法上の整合をとる記述
}
```

　AD変換の周期はSCTの上位16ビットで作ります（記述❸）。SCTの下位16ビットはコンパレータが上向きに引っ張った時間を数えます（記述❹）。セットアップのしかたが微に入りすぎていて、LPCOpenが助けてくれないため、レジスタを直接操作する形式で記述しています。セットアップしたあとSCTは下に示すとおり動作します。

●SCTをセットアップしたあとの動作（ⒺはイベMakedント）

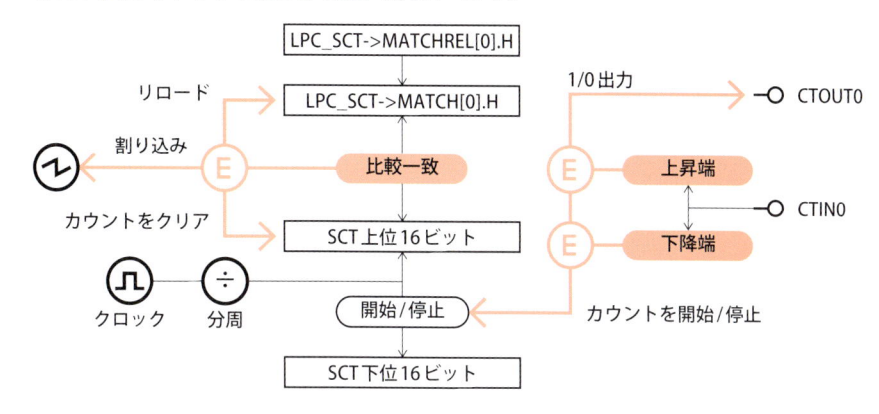

第4章　無理難題編

　SCTは取り扱いに習熟するとさまざまに応用の利く便利な仕組みですから、本来は丁寧に説明したいところですが、小さな多くの機能が関係しており、わかりやすくまとめることは不可能です。原理原則はヒマなときLPC81x User manualを呼んでいただくことにして、本書は、できるだけ多くの実例を示すように努めています。

⊕ 電圧計のプログラム

　AD変換器が正しく動作するかどうかテストするため、LPC810親機をつないで見た感じを電圧計とします。そのプロジェクトadcVoltMeterの構成を下に示します。あらかじめLPC810親機のハードウェアを動かす各種のハンドラをコピーしてあります。目標は、AD変換器から1秒おきに電圧を読み込み、LCDへ表示することです。

●プロジェクトadcVoltMeterの構成

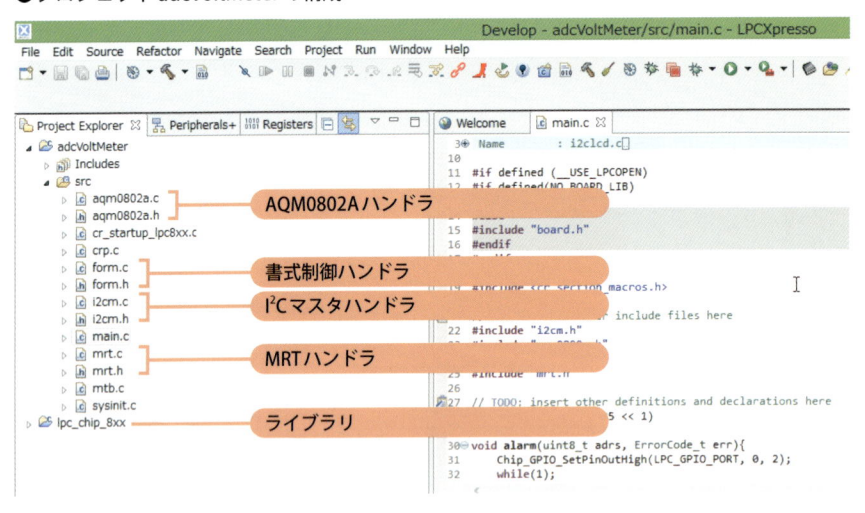

　関数mainを含むソースmain.cの記述を右に示します。AD変換器が正しく動作するかどうかテストするプログラムが正しく動作しなかったらシャレになりません。精密温度計や超音波距離計と組み合わせて正しく動作したソースをもとに、AD変換器のアドレス（記述❶）や表示のしかた（記述❷）などに最低限の変更を加えました。

●プロジェクト adcVoltMeter のソース main.c

```c
// main.c

#include "chip.h"      //LPCOpenのヘッダ
#include "i2cm.h"      //I²Cマスタハンドラのヘッダ
#include "aqm0802a.h"  //AQM0802Aハンドラのヘッダ
#include "form.h"      //書式制御ハンドラのヘッダ
#include "mrt.h"       //MRTハンドラのヘッダ

#define ADC_ADRS (0x25 << 1) //AD変換器のアドレス ────①

//エラー処理関数
void alarm(uint8_t adrs, ErrorCode_t err){
  //圧電ブザーを鳴らす
  Chip_GPIO_SetPinOutHigh(LPC_GPIO_PORT, 0, 2);
  while(1); //停止
}

int main(void) {
  SystemCoreClockUpdate(); //システムクロックを登録

  //スイッチマトリクスでピンを設定
  Chip_Clock_EnablePeriphClock(SYSCTL_CLOCK_SWM);
  Chip_SWM_DisableFixedPin(SWM_FIXED_SWCLK); //SWCLK無効
  Chip_SWM_DisableFixedPin(SWM_FIXED_SWDIO); //SWDIO無効
  Chip_SWM_MovablePinAssign(SWM_I2C_SDA_IO, 0); //SDA
  Chip_SWM_MovablePinAssign(SWM_I2C_SCL_IO, 1); //SCL
  Chip_Clock_DisablePeriphClock(SYSCTL_CLOCK_SWM);

  //汎用ポートをセットアップ
  Chip_GPIO_SetPinDIROutput(LPC_GPIO_PORT, 0, 2); //出力に設定
  Chip_GPIO_SetPinDIROutput(LPC_GPIO_PORT, 0, 3); //出力に設定
  Chip_GPIO_SetPinOutLow(LPC_GPIO_PORT, 0, 2); //0を出力
  Chip_GPIO_SetPinOutLow(LPC_GPIO_PORT, 0, 3); //0を出力

  mrtSetup(); //MRTをセットアップ
  i2cmSetupErr(alarm); //I²Cのエラー処理関数を登録
  i2cmSetup(); //I²Cマスタをセットアップ
  lcdSetup();  //AQM0802Aをセットアップ

  lcdLocate(0, 0); //表示開始位置を上の行の先頭に設定  ┐
  lcdPuts("Voltage "); //タイトルを表示                │
  lcdLocate(0, 1); //表示開始位置を下の行の先頭に設定  ├─②
  lcdPuts("Wait...."); //起動待ちを表示                ┘
```

4─AD変換器

```
  mrtWait(MRT_MS(1000));    //1秒停止
  lcdLocate(5, 1);    //表示開始位置を下の行の第5桁（6文字め）に設定
  lcdPuts("V   ");    //単位を表示

  uint8_t i2cbuf[3];    //I²Cマスタ通信用バッファ
  i2cbuf[0] = ADC_ADRS;    //AD変換器のアドレス
  int16_t volt;    //電圧

  while(1){    //つねに繰り返す
    i2cmRx(i2cbuf, 3);    //アドレス+2バイトを読み込む
    volt = (i2cbuf[1] << 8) | i2cbuf[2];    //電圧を復元 ────❸

    lcdLocate(0, 1);    //表示開始位置を下の行の先頭に設定
    lcdPuts(formDec(volt, 1, 3));    //電圧を表示 ────❹

    mrtWait(MRT_MS(1000));    //1秒停止
  }
    return 0 ;    //文法上の整合をとる記述
}
```

AD変換器の通信手順は読み込み2バイト、書き込みなしです。LPC810親機は1バイトずつ2回読み込んだ値を2バイトの符号なし整数に復元します（記述❸）。これがもう単位mVの電圧ですから、実数に換算する必要はありません。ただし、このプログラムは下から3桁めに小数点を追加し（記述❹）、見掛け上、単位Vの電圧に換算します。

⊕ 電圧計のテスト

電圧計の接続を右に示します。AD変換器の電源は、正確な3.3Vでなければならないため、書き込み装置からとっています。書き込み装置の電源がUSBのバスパワーである必要はありません。たとえば、USBケーブルを税別100円ショップで売っている携帯電話の充電器に挿しても動きます。実際に動かしてみた製品を下に示します。

●電源に使った携帯電話の充電器

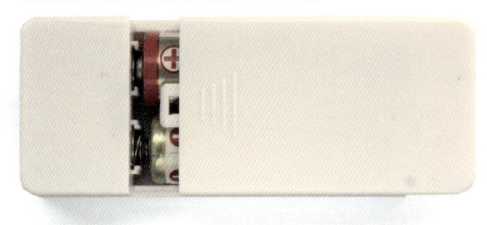

●電圧計の接続

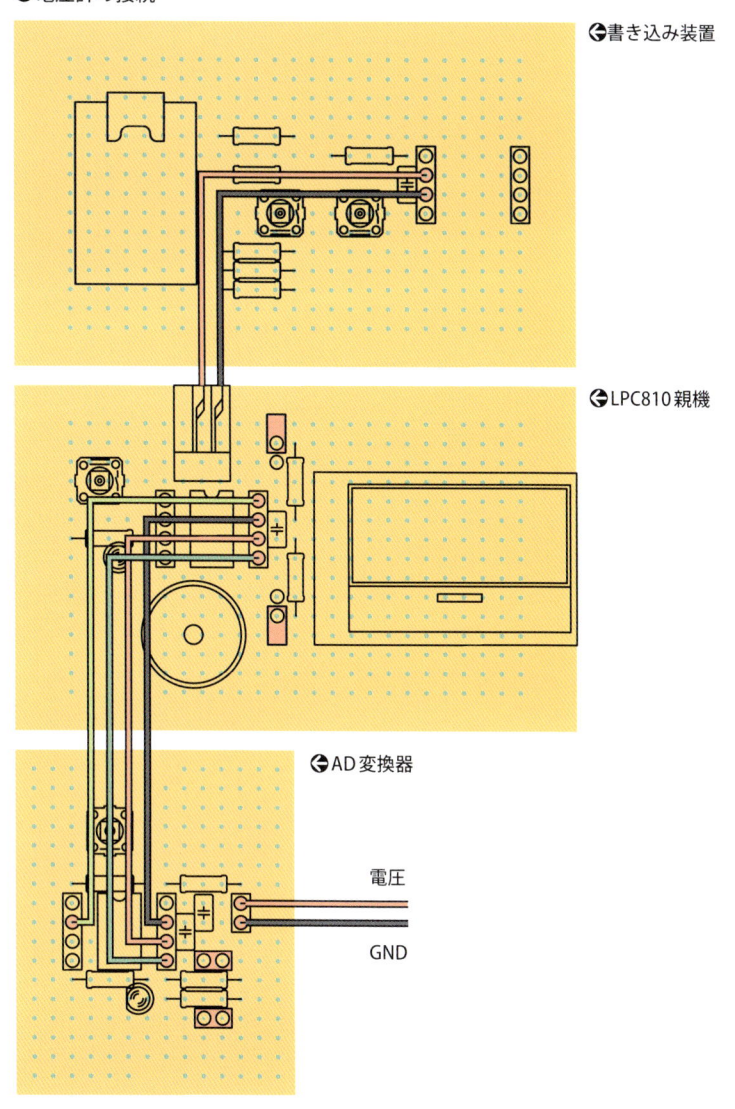

↢書き込み装置

↢LPC810親機

↢AD変換器

電圧
GND

　電圧計のAD変換器に単三乾電池1本をつないだところ、いい感じに1.5V強が表示されました。一方、入力をショートさせてみると0Vをわずかに上回ります。AD変換していることは間違いありませんが、正確さにやや問題がありそうです。このあたりの詳細な動作を調べるため、微小電圧出力機を作って、引き続きテストします。

4—AD変換器

chapter4 5 微小電圧出力機

PLUS ⊕ ONE —— LPC810でアナログの弱点を克服する

[第4章]
無理難題編
Mission Impossible

⊕ 微小電圧出力機の概要

　電子回路の出力電圧は、たとえフルスイングのオペアンプでも、下限が0Vに少し届きません。0.1V程度なので普通は許容しますが、別項で製作したAD変換器の電気的特性を調べようとすると、0Vまで出力できなくては困ります。この課題をアナログの伝統的な手法で解決し、正確な0V～3.3Vを出力する、微小電圧出力機を作ります。

　製作例が動作している様子を下に示します。出力電圧はありきたりな電子回路だと無理な0.001V（テスタの表示は1mV）に調整しています。ぴったり0Vの出力もできますが、テスタが外れているように誤解されるので避けました。上限は3.3Vに届きます。これも、電源電圧3.3Vで動くありきたりな電子回路には出力できない電圧です。

●製作例が0.001Vを出力した様子

製作例の外観を下に示します。下端の2ピン1列ピンソケットが電圧を出力する端子です。その電圧は右端の半固定抵抗で調整します。左上のLPC810は別項で紹介した昇圧型電源として働き、12Vを作ります。右側のICはフルスイングではない普通のオペアンプですが、昇圧型電源の12Vで動作し、普通より高い電圧を出力します。

●製作例の外観

正確な0V〜3.3Vは下に示す仕組みで出力します。普通のオペアンプを12Vで動作させると出力電圧範囲は1V〜10.5Vくらいです。目指す電圧範囲に対し、高いほうに大きな余裕ができるため、GNDを6Vへ持ちあげます。その結果、相対的な電圧範囲が-5V〜4.5Vとなり、目標の0V〜3.3Vを直線性の優れたところでカバーします。

●正確な0V〜3.3Vを出力する仕組み

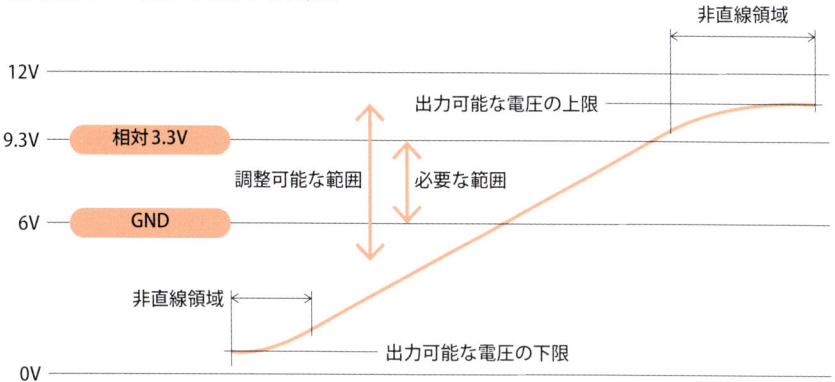

5—微小電圧出力機

283

⊕ 微小電圧出力機の設計と製作

　微小電圧出力機の回路を下に示します。LPC810は昇圧型電源を構成し、抵抗R1の値により、12Vを出力します。オペアンプはその12Vで動作し、IC2Aが4V〜10Vを出力します。本当は1V〜10.5Vを出力できるのですが、抵抗R3とR4で制限しています。IC2Bは6Vを出力し、これをGNDとすることで、出力電圧は-2V〜4Vになります。

●微小電圧発生機の回路

　配線図と部品表を右に示します。オペアンプのLM358Nは多くのメーカーが製造しています。LM358Nと名が付けばどれでも使えます。出力電圧を1mVの単位で調整するには半固定抵抗がそれなりの品質をもっていなければなりません。製作例で使った半固定抵抗は25回転で密封型のサーメット、早い話、これ以上はないという製品です。

●配線図と部品表

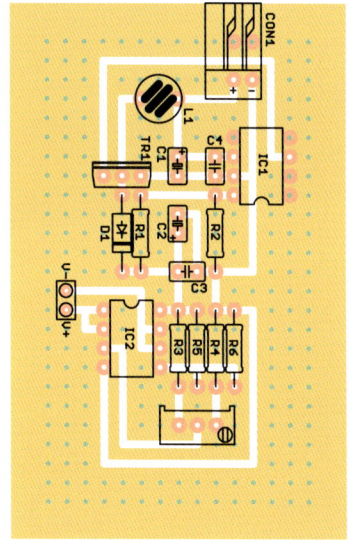

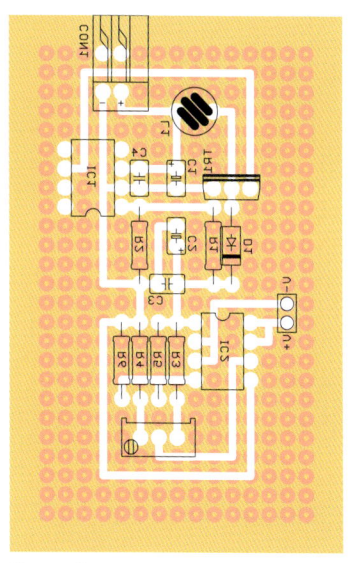

⬆部品面　　　　　　　　　　⬆ハンダ面

部品番号	仕様	数量	備考
IC1	LPC810M021FN8	1	マイコン
IC2	LM358N（HTC）	1	オペアンプ
TR1	IRLU3410PBF	1	Nチャンネルエンハンスメント MOSFET
D1	1S4（PANJIT）	1	ショットキバリアダイオード
R1	27kΩ	1	1/4Wカーボン抵抗
R2	2.2kΩ	1	1/4Wカーボン抵抗
R3	3.3kΩ	1	1/4Wカーボン抵抗
R4	6.8kΩ	1	1/4Wカーボン抵抗
R5、R6	10kΩ	2	1/4Wカーボン抵抗
VR1	10kΩ半固定抵抗	1	製作例は3296W（Bourns）
C1	47μF	1	電解コンデンサ
C2、C4	0.1μF	2	積層セラミックコンデンサ
C3	470μF/16V	1	電解コンデンサ
L1	47μH/1.2A	1	インダクタ。製作例はSBCP-80470H
CON1	ターミナルブロック	1	製作例はTB401a-1-2-E（Alphaplus）
―	DIP8ピンICソケット	2	製作例は2227-8-3（Neltron）
―	2ピン1列ピンソケット	1	42ピン1列ピンソケットをカットして使用
―	ユニバーサル基板	1	製作例はDタイプ（秋月電子通商）

5―微小電圧出力機

LPC810は別項の昇圧型電源と同じプロジェクトsuc810のプログラムで動かします。外付け部品が抵抗1本しか違わないので、電気的特性も似た傾向を示します。すなわち、デューティ期間の始まりで200mV程度のスパイクノイズを発生します。それが出力電圧にどう影響するか調べました。微小電圧出力機の出力電圧波形を下に示します。

●微小電圧出力機の出力電圧波形

●電圧側（AC中心9.3V）／●GND側（AC中心6V）

周波数―23.918kHz
インダクタ―47μH
電源―単三乾電池2本
相対電圧設定―3.3V

←AC

●相対電圧

↕200mV

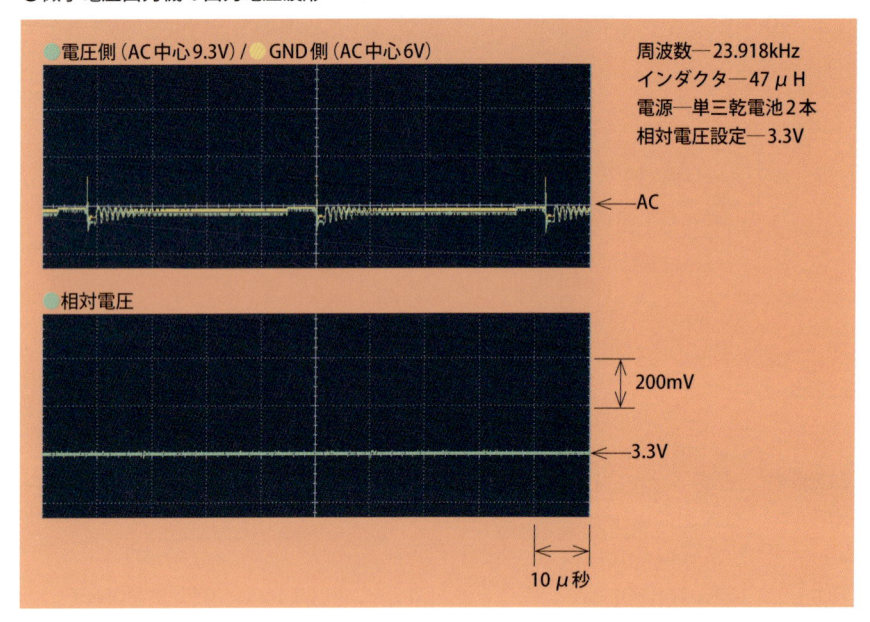

←3.3V

｜←10μ秒→｜

　昇圧型電源のスパイクノイズは、そのまま出力電圧に乗っています。しかし、電圧側とGND側が同じ形にゆがむため、相対電圧はまっすぐです。これは奇跡やまぐれ当たりではなく、アナログの世界でよく知られた事実です。ラジオの電波など外来の雑音も、電圧側とGND側が等しく拾えば、やはりきれいに打ち消されます。

⊕ AD変換器のテスト

　微小電圧出力機が期待どおりに動作したので、これを使ってAD変換器の正確さを調べます。接続のしかたを右に示します。AD変換器と微小電圧出力機の電源は必ず完全に分離してください。中途半端な説明をしてうまく伝わらなかったら惨事を招きますから、微小電圧出力機の電源は単三乾電池2本でなければならないと限定します。

●AD変換器の精度を調べる接続

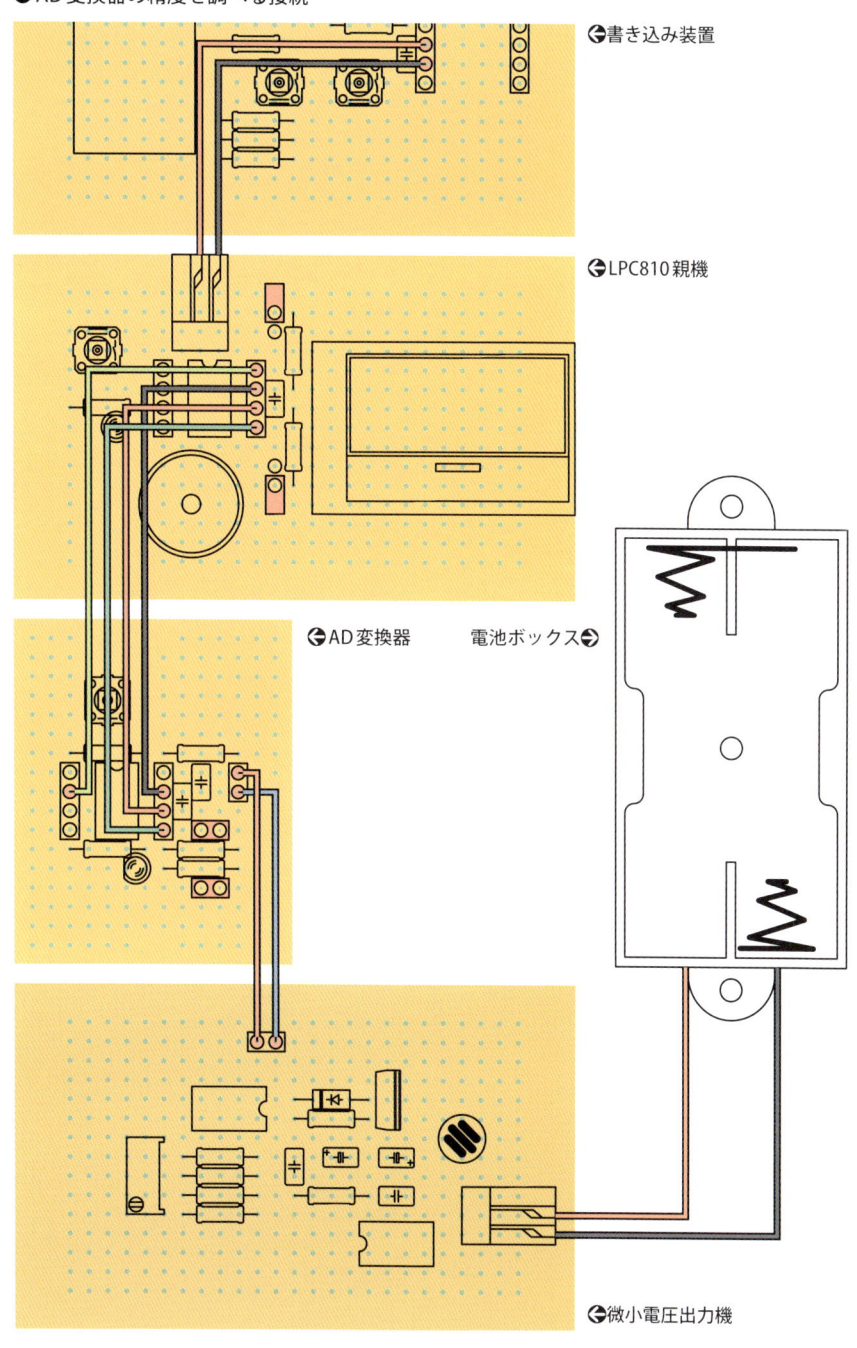

←書き込み装置

←LPC810親機

←AD変換器　　電池ボックス→

←微小電圧出力機

5―微小電圧出力機

AD変換器の電圧-AD変換値特性を下に示します。AD変換値が要所の数字に達したとき実際の電圧がどのくらいかを調べました。AD変換値の3194は実際も3.194Vです。AD変換値が0となる電圧は少しズレて-0.102Vでした。この間のAD変換値と電圧の関係は直線的です。したがって、多少のズレはプログラムで数学的に補正できます。

●AD変換器の電圧-AD変換値特性

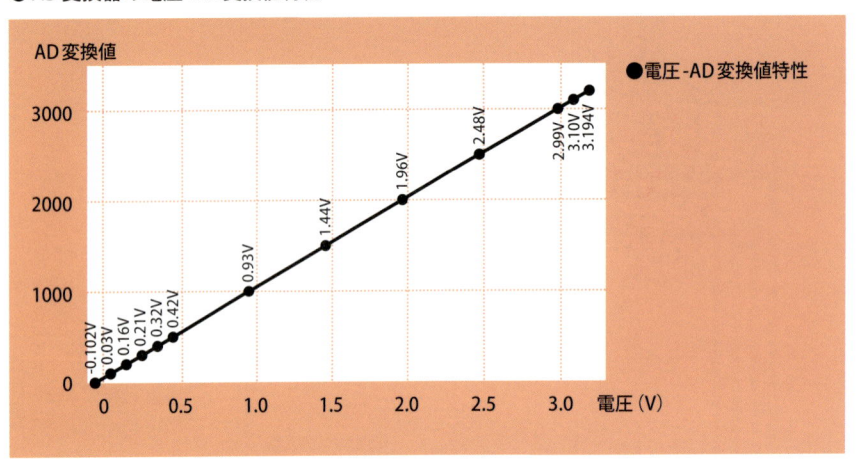

●電圧-AD変換値特性

AD変換値のデータ点: -0.102V, 0.03V, 0.16V, 0.21V, 0.32V, 0.42V, 0.93V, 1.44V, 1.96V, 2.48V, 2.99V, 3.10V, 3.194V

　実はAD変換値で±20程度、電圧で±0.02V程度の揺れがあって、このグラフはいちばん長く表示された値をとっています。本物のAD変換ではローパスフィルタと統計処理で揺れを取り除くのですが、LPC810でそこまでやったら頑張りすぎです。AD変換器は、技術的にはAD変換に成功しているので、これをもって完成とします。

小学校で習わない電気のあとひとつ

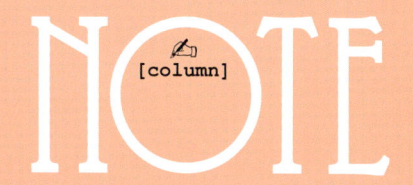

[column] NOTE

電気の仕組みは小学校の高学年で習います。教科書がとてもよくできていて、やんちゃ坊主にも理解できるいくつかの事例を通じ、電気の9割が身に付きます。これで生涯、少なくとも日常生活において、電気の問題に悩まされることはありません。あまりに困らないので電気の全部を知っている気分になりますが、話をわかりやすくする目的で省略されたあと1割があります。電子工作は日常生活より立ち入って電気を取り扱うため、ときどき習っていない事実が関係します。

本書の製作物がどういう理屈で動いているかを理解していただくうえでひとつだけいっておきますと、電圧は製作物の中の相対値です。基準はGNDです。GNDは普通、製作物でいちばん電圧の低いところに設定するため0Vです。しかし、微小電圧出力機は違います。オペアンプも古典的な流儀だとGNDを中点にとることになっていて、理工学書の回路をそのまま使うと動かないことがあります。

仮に小学校の教科書がこの事実を踏まえていたら説明がこうかわります。豆電球は電圧の高いところと低いところをつないだときに点灯します。電池が1本なら＋側と-側につなぎます。2本直列の

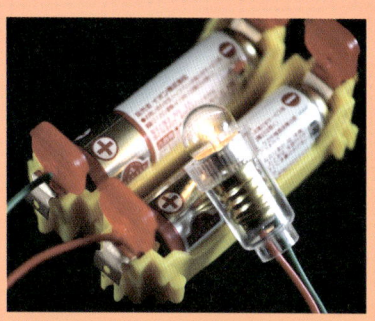

↑電池の＋側だけで豆電球を点灯した例

3Vと1本だけの1.5Vがある場合、これらの＋側と＋側につないでも電池1本分の明るさで点灯します。確かにこれでは、やんちゃ坊主が頭を抱えてしまいます。

この教科書がさらに踏み込むと日常生活が少し向上します。家電製品のGNDはその製品の中の0Vであって、文字どおりのグランドを基準にした本当の0Vではありません。ですから、GNDに触れたままグランドに立つと感電することがあります。悲劇を避けるため、家電製品のGND（いわゆるアース）はグランドに接続してください。洗濯機や電子レンジの取扱説明書にそう書いてあるのですが、誰もやっていないと思うので、仮の教科書になったつもりで説明しました。

5―微小電圧出力機

[索引]

数

103AT—135
16進数—34
1S4—251
1S2076A—159
2227-16-3—243
2227-8-3—22
3296W—285
3端子レギュレータ—211
5V許容—27
74HC595—242
74HC4511—242
7セグメントLED—241
7セグメントLEDドライバ—242

A

acl810—233
aclProto—222
adc810—274
adcVoltMeter—278
ADXL345—216
ADXL345ハンドラ—220
AD変換器—270
AE-AQM0802—83
AE-FT231X—22
AE-LPS25H—59
AE-SOP8-DIP8—73
AM335x—146

AM2321—73
AM2321ハンドラ—77
aosProto—79
API—30、62
AQM0802A—83
AQM0802Aハンドラ—87
Arduino—168
ARM—12
ATmega328P—168

B

barProto—68
BB-601—41
BD6211—228
BeagleBone Black—146
B定数—135

C

C-533SR—241
Cortex-A8—146
Cortex-M0+—12
CPU—263

D

Debug—18
DRS4016-Z—115
DTS-6—22

F
fbc810 — 182
FET — 190
FlashMagic — 24
frq810 — 111
frqReader — 127

G
Galileo Gen2 — 169
GND — 283

H
HEXファイル — 19

I
I²C — 14
I²Cスレーブハンドラ — 107
I²Cマスタハンドラ — 61
ICソケット — 23
iraProto — 202
IRLU3410PBF — 190
irr810 — 212
ISPモード — 20

K
kitchinTimer — 244

L
LBR-127HLD — 177
lcdProto — 90
lcdWeather — 96
LCD表示装置 — 82
LED — 40
ledMrt — 50
ledSystick — 43
ledWkt — 54
LHL08NB470K — 251
Linux — 148
LM358N — 284
LMC555 — 133
LMC6482AIN — 180
LPC810 — 12
LPC810親機 — 124
lpc_chip_8xx — 16
LPCXpresso IDE — 16
LPS25H — 59
LPS25Hハンドラ — 66

M
MJ-254-6 — 106
MRT — 44
MRTハンドラ — 46

N
NECフォーマット — 194
NJU7032D — 159
NOP — 42
NXP — 12

O
OS5RKA3131A — 41
osc810 — 120
OSI5LA5113A — 189

P
PB04-SE12SHPR — 106
PHA-1x4SG — 74
PL9823-F5 — 259
PL-IRM2161-XD1 — 189
PWM — 118

Q
Quark SoC X1000 — 169

R
Release — 18
rgb810 — 266
rgbWrite — 263
ROM — 30、62

S

SCL—60
SCT—111、277
SDA—60
SG90—209
SPI—242
ST7032i—83
suc810—252
SysTickタイマ—42

T

TA48M033F—211
TB401a-1-2-E—95
tmp_reader—151
tmpReader—141

U

uartProto—36
UB-WRD01—119
UR1612MPR/UT1612MPR—156
USB-非同期シリアル変換モジュール—20
usm810—160
usmReader—164
usmReader（スケッチ）—170

W

__WFI—42
WKT—53
WS2811—259

あ

アクリルケース—215
アクリル板—14、242
アセンブリ言語—263
圧電ブザー—106
アドレス—94
安全最大角—215
安全対策—252

い

インダクタ—249、250
インポート—16、17

う

ウェイクアップ—52

え

エディタ—16
エネルギー変換効率—256

お

応答—75
オープンドレイン—210、260
オシロスコープ—181
オペアンプ—180、284
温湿度計—72
温湿度センサモジュール—72
温度-周波数対照表—139

か

カーボン抵抗—255
回転角—210
回転速度—234
開発環境—15
開発装置—26
書き込み装置—20
仮想ポート—23
加速度センサ—216
加速度センサモジュール—218
型変換—65
傾き検出器—216
家電製品—188
家電製品協会フォーマット—194
過負荷—252
カラーLED基板—258
関節—226

き

基準電圧—274
気象観測装置—92
キッチンタイマ—247
逆転—230
ギヤボックス—229
共用体—65

く

クイックスタートパネル—16
空転—230
繰り返し—44
クロスユニバーサルアーム—232
クロック—30、244
クロック生成器—57

け

血流—176

こ

コンソール—16
コントラスト—85
コンパレータ—28

さ

サーボモータ—209
サーミスタ—135

し

閾値—171
ジグ—114
四捨五入—99
システムクロック—47
シフトレジスタ—241
シャフト—232
ジャンパピン—106
ジャンパワイヤ—137
周波数カウンタ—104
重力加速度—216

出力20mA（ハイカレントドライバ）—27
出力電圧範囲—283
昇圧型電源—248
小信号スイッチング用ダイオード—159
省電力クロック生成器—53
消費電流—56
書式制御—32
書式制御ハンドラ—32
ショットキバリヤダイオード—251
シリアル-パラレル変換—241
心電図—176
心拍数—186

す

スイッチマトリクス—26
スイッチング—250
水平維持装置—226
数値表示装置—240
スタック—264
ステルス性—155
スパイクノイズ—257、286
スリープ—42
スレーブ—92

せ

制御用IC内蔵カラーLED—259
整数—33
正転—230
精密温度計—134
整流—158
赤外線LED—189
赤外線受光モジュール—189
セメント抵抗—255

そ

ソース—30
ソニーフォーマット—194

た

ターミナルブロック—93、95

ダイオード─251
大気圧計─58
大気圧センサモジュール─58
ダイナミック点灯─244
タイマIC─133
タイムアウト─75
タクトスイッチ─22、24
楽しい工作シリーズ─232
ダンピング抵抗─260
端末機能─25

ち

遅延─45
超音波距離計─154
超音波送受信器─156
直接音─157
直流モータ─229

て

ディープパワーダウン─52
抵抗値計─132
停止─45
定電圧源─250
デバイス名─23
デバッガ─27
デューティ期間─252
デューティ比─118
電圧計─278
電源スイッチ─233
電池─100、207、257、286
電池ボックス─233
電力制御─42

と

統計処理─288
ドライバ─23
トルク─229

な

名前の変更─18

に

日本語─15

は

バイパスコンデンサ─260
バス─60
バスストール─45
発振回路─133
パルス─45、210
パワーオンリセット─27
パワーダウン─52
半固定抵抗─284
反射音─157
反転─116
反転増幅─158
汎用スイッチ─124
汎用ポート─27
汎用リモコン─212
汎用レジスタ─263

ひ

光反射率─177
微小電圧出力機─282
ピッチ変換基板─73
非同期シリアル─29
非同期シリアルハンドラ─29
表計算ソフト─139
標準モード─21
ビルド設定─18
ピン間隔─13
ピン数─12
ピンソケット─13、23
ピンの選択─28
ピンヘッダ─73
ピン割り込み─120

ふ

フォトリフレクタ─177
フォント─89

符号付き整数—33、65
浮動小数点数—33
フラッシュメモリ—57
プルアップ—94、210、260
フルスイング—180
ブレッドボード—13
プログラムカウンタ—263
プロジェクト—18
プロジェクトエクスプローラ—16
分圧—250
分岐命令—264

へ

ヘッダ—30

ほ

方形波発振器—114
保護シール—127
細ピンヘッダ—73

ま

マスク—117
マスタ—58

み

ミニモーター—229
脈拍—181

む

無安定動作—133

め

メモリ—12

も

モータドライバ—228
文字コード—89
文字列—33

ゆ

ユーザー定義文字—89
ユニバーサル金具—232
ユニバーサル基板—13
指先脈拍計—176

ら

ライブラリ—16
ラッチ—244

り

リーダ—197
リセット—27
リセットスイッチ—124
リピート—44、199
リモコン解析機—188
リモコンサーボ—208
リモコンハンドラ—192
リンクレジスタ—263

れ

連結端子—232

ろ

ロータリースイッチ—114
論理ピン番号—28

わ

ワークスペース—19
ワイヤードユニバーサル—118
ワンショット—45

ボクのLPC810工作ノート
2015年4月30日 初版第1刷発行

著者	鈴木哲哉
装丁	渡辺シゲル
編集・DTP	有限会社マイン出版
発行者	黒田庸夫
発行所	株式会社ラトルズ
	〒102-0083 東京都千代田区麹町1-8-14 麹町YKビル3階
	TEL 03-3511-2785　FAX 03-3511-2786
	http://www.rutles.net
印刷・製本	株式会社ルナテック

ISBN978-4-89977-433-4
Copyright © 2015 Tetsuya Suzuki
Printed in Japan

【お断り】

●本書の一部または全部を無断で複写複製することは、法律で認められた場合を除き、著作権の侵害となります。
●本書に関してご不明な点は、当社Webサイトの「ご質問・ご意見」ページ (http://www.rutles.net/contact/index.php) をご利用ください。電話、ファックス、電子メールでのお問い合わせには応じておりません。
●当社への一般的なお問い合わせは、info@rutles.net または上記の電話、ファックス番号までお願いいたします。
●本書の内容については、間違いがないよう最善の努力を払って検証していますが、著者および発行者は、本書の利用によって生じたいかなる障害に対してもその責を負いませんので、あらかじめご了承ください。
●乱丁、落丁の本が万一ありましたら、小社営業部宛てにお送りください。送料小社負担にてお取り替えいたします。